国家人力资源和社会保障部
国 家 工 业 和 信 息 化 部 信息专业技术人才知识更新工程（“653工程”）指定教材
全国高等职业教育“十一五”计算机类专业规划教材

D A N P I A N J I
Y U A N L I Y U K O N G Z H I J I S H U

单片机
原理与控制技术

丛书编委会

中国电力出版社
http://jc.cepp.com.cn

内容提要

本书系统地介绍了80C51系列单片机的原理及控制技术。主要内容包括单片机基础知识，80C51单片机内部结构和工作原理，指令系统，中断、定时/计数器和串行口，并、串行扩展，常用外围设备接口，以及单片机应用系统的开发、设计和应用实例。

本书精选了单片机原理及控制技术的基本知识，并注意反映当代单片机技术发展的趋势，较好地体现了培养应用型人才的要求。本书写作过程中注重项目驱动教学，具有体系清晰、内容典型、注重应用、方便教学等特点。

本书可以作为高职高专自动化、计算机、应用电子技术、机电类等专业的教材，也可以作为工程技术人员学习单片机控制技术的参考书。

图书在版编目（CIP）数据

单片机原理与控制技术／《国家人力资源和社会保障部、国家工业和信息化部信息专业技术人才知识更新工程（“653工程”）指定教材》编委会编. —北京：中国电力出版社，2009

国家人力资源和社会保障部、国家工业和信息化部信息专业技术人才知识更新工程（“653 工程”）指定教材

ISBN 978-7-5083-7218-1

Ⅰ. 单… Ⅱ. 国… Ⅲ. ①单片微型计算机－基础理论－教材②单片微型计算机－计算机控制－教材 Ⅳ. TP368.1

中国版本图书馆CIP数据核字（2009）第010606号

书　　名：单片机原理与控制技术
出版发行：中国电力出版社
地　　址：北京市三里河路6号　　邮政编码：100044
电　　话：（010）68362602　　传　　真：（010）68316497，88383619
服务电话：（010）58383411　　传　　真：（010）58383267
E-mail：infopower@cepp.com.cn
印　　刷：汇鑫印务有限公司
开本尺寸：184mm×260mm　　印　　张：12.75　　字　　数：282千字
书　　号：ISBN 978-7-5083-7218-1
版　　次：2009年3月北京第1版
印　　次：2009年3月第1次印刷
印　　数：0001—3000册
定　　价：21.00元

专家指导委员会

丛书编委会

本书编委会

丛书编委会院校名单

（按拼音排序）

丛 书 序

自20世纪90年代以来，伴随着信息技术创新和经济全球化步伐的不断加快，全球信息化进程日益加速，中国的经济社会发展对信息化提出了广泛、迫切的需求。党的十七大报告做出了要“大力推进信息化与工业化融合”，“提升高新技术产业，发展信息、生物、新材料、航空航天、海洋等产业”的重要指示，这对信息技术人才提出了更高的要求。

为贯彻落实科教兴国和人才强国战略，进一步加强专业技术人才队伍建设，推进专业技术人才继续教育工作，人力资源和社会保障部组织实施了“专业技术人才知识更新工程（‘653工程’）”，联合相关部门在现代农业、现代制造、信息技术、能源技术、现代管理等5个领域，重点培训300万名紧跟科技发展前沿、创新能力强的中高级专业技术人才。工业和信息化部与人力资源和社会保障部在2006年1月19日联合印发《信息专业技术人才知识更新工程（“653工程”）实施办法》（国人部发［2006］8号），对信息技术领域的专业技术人才培养进行了部署和安排，提出了要在6年内培养信息技术领域中高级创新型、复合型、实用型人才70万人次左右。

作为国家级人才培养工程，“653工程”被列入《中国国民经济和社会发展第十一个五年规划纲要》和《2006—2010年全国干部教育培训规划》，成为建设高素质人才队伍的重要举措。

本系列教材作为“653工程”指定教材，严格按照《信息专业技术人才知识更新工程（“653工程”）实施办法》的要求，以培养符合社会需求的信息专业技术人才为目标，汇聚了众多来自信息产业部门、著名高校、科研院所和知名企业的学者与技术专家，组成强大的教学研发和师资队伍，力求使教材体系严谨、贴近实际。同时，教材采用“项目驱动”的编写思路，以解决实际项目的思路和操作为主线，连贯多个知识点，语言表述规范、明确，贴近企业实际需求。

为了方便教师授课和学生学习，促进学校教学改革，提升教学质量，本系列教材不仅提供教师授课所用的教学课件、习题和答案解析，而且针对教材中所涉及的案例、项目和实训内容，提供了多媒体视频教学演示课件。另外，在教学过程中，随时可以登录教师之家——中国学术交流网（www.jiaoshihome.cn），寻求教学资源的支持，我们特别为每一本教材设置了针对教师授课和学员学习的答疑论坛。同时，本套教材举办“有奖促学”活动，凡购买本套教材，学习完后，举一反三创作出个人作品，上传至教师之家——中国学术交流网，每个学期末将根据创作内容和网站点击率综合评选一次，选出一、二、三等奖和纪念奖，并在假期中颁发奖项。

学员学习本系列教材后经考核合格，可以申请“专业技术人才知识更新工程（‘653工程’）培训证书”。该证书可以作为专业技术人员职业能力考核的证明，以及岗位聘用、任职、定级和晋升职务的重要依据。

我们希望以本系列教材为载体，不断更新教学内容，改进教学方法，搭建学校与企业沟通的桥梁，大力推进校企合作、工学结合的人才培养模式，探索一条充满生机和活力的中国信息技术人才培养之路，为建设社会主义和谐社会提供坚强的智力支持和人才保证。

丛书编委会

前　言

近年来，单片微型计算机的应用越来越广泛。特别在工业测控、仪器仪表、航天航空、军事武器、家用电器等领域中得到了广泛应用，已成为传统机电设备进化为智能化机电设备的重要手段。

本书主要以 80C51 为例进行介绍，全书共分 9 个模块，模块一、模块二主要介绍了 80C51 的结构特点和原理；模块三、模块四主要介绍了 80C51 的指令系统和汇编语言程序的设计方法；模块五主要介绍了 80C51 的中断系统及定时/计数器；模块六主要介绍 80C51 的串行通信技术；模块七主要介绍了 80C51 的系统扩展；模块八主要介绍 80C51 的接口技术；模块九主要介绍 80C51 应用系统的设计方法。

本书由山东经贸职业学院的李丹明、马起朋和湖南铁路科技职业技术学院的刘刚、罗华阳编写，李丹明任主编。马起朋编写了模块一并绘制了书中全部插图，模块二～模块八由李丹明编写，模块九由刘刚编写。刘刚做了本书模块一至模块六的 PPT，罗华阳做了模块七至模块九的 PPT。全书由李丹明统稿。

湖南铁路科技职业技术学院的陈湘认真审阅了全部书稿，并提出了宝贵的修改意见。

由于编者水平有限，时间仓促，同时本书的实例也比较多，疏漏之处在所难免，真诚希望广大读者热心批评指正。

编　者

2009 年 1 月

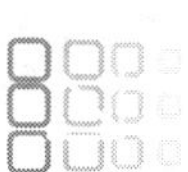

目　录

模块一 单片机概述

当代得到广泛应用的计算机是微电子与计算数学相结合的产物。微电子学的基本元件及其集成电路构成了计算机的硬件基础；计算数学的计算方法与数据结构则是计算机的软件基础。

从 1946 年世界第一台电子计算机问世到现在，计算机的发展随着电子技术的发展已经历了四代，即电子管、晶体管、集成电路及超大规模集成电路。然而其结构都是冯·诺依曼结构，即计算机的组成分为五部分：运算器、控制器、存储器、输入部分和输出部分。现在，大部分微机的运算器和控制器集成在一块大规模集成电路上，称为微处理器，也称为中央处理单元（Center Processing Unit，CPU），也有的机器把存储器和 CPU 集成在一起。

计算机的发展随着微电子技术的发展而发展，并且由于芯片的集成度的提高而使机器微型化，出现了微型计算机（Micro Computer）、单板机（Single Board Computer）、单片机（Single Chip Micro Computer）等机型。顾名思义，单片机即一个芯片的计算机，在这一个芯片上包括了计算机的五个组成部分：运算器、存储器、控制器、输入部分及输出部分。这种把计算机的五个组成部分集成在一块芯片上的计算机又称为嵌入式微控制器（Embedded-Micro-Controller）。

单片机具有功能强、体积小、成本低、功耗小等特点，使它在工业控制、智能仪器、节能技术改造、通信系统、信号处理及家用电器产品中都得到了广泛应用。另外，单片机在很大程度上改变了传统的设计方法，以往采用模拟电路、数字电路实现的电路系统，大部分功能单元都可以通过对单片机硬件功能的扩展及专用程序的开发，来实现系统提出的要求，这意味着许多电路设计问题将转化为程序设计问题。

目前，由于 Intel 公司向许多厂商转让了 8051 微处理器的生产权，从而派生出百余种该系列的芯片，它们既保留 8051 核心结构又增加了各个厂家的专用功能，或在原来功能基础上加以补充，使其速度更快、功耗更低、封装多样、资源丰富，如 Flash ROM、A/D、PSW、I^2C、CAN 等专用功能模块；又由于市场上向用户提供了软件包和硬件接口，为用户使用此类型的单片机提供了很多便利条件。

任务一 了解单片机

学习目标

★ 了解单片机的分类方法及各种单片机的特点。

★ 了解单片机的硬件特性。

★ 了解单片机的特点及应用领域。

★ 了解单片机的发展趋势。

1．单片机的分类

单片机作为计算机发展的一个重要领域，其分类也是一个很重要的问题。根据目前发展情况，从不同角度单片机大致可以分为通用型/专用型、总线型/非总线型及工控型/家电型。

（1）通用型/专用型。这是按单片机适用范围来区分的。例如，80C51 是通用型单片机，它不是为某种专用用途设计的；专用型单片机是针对一类产品甚至某一个产品设计生产的，比如美国 SILICON 公司 C8051F35x 系列单片机完全是为高精度测量仪器量身定做的一款高性能单片机。其内部集成了 24 位 8 通道 ADC，采样速率为 1Ksps；8 位 2 通道 DAC，内带温度传感器、一个补偿器等资源。该款单片机就是典型的专用型单片机，具有超小封装，万分位的最高误差，主要用于精确测量仪器等。

（2）总线型/非总线型。这是按单片机是否提供并行总线来区分的。总线型单片机普遍设置有并行地址总线、数据总线、控制总线，这些引脚用以扩展并行外围器件。如我们常常见到的 80C51 单片机就是总线结构。非总线型单片机把所需要的外围器件及外设接口集成在一片内，在许多情况下不需要扩展总线，大大地节省了封装成本和芯片体积。20 引脚的 80C2051 单片机，就是一种非总线型的。其外部的引脚很少，成本较低。单片机的引脚图及逻辑符号如图 1-1 所示。

（3）工控型/家电型。这是按照单片机大致应用的领域进行区分的。一般而言，工控型寻址范围大，运算能力强；用于家电的单片机多为专用型，通常是小封装、低价格，外围器件和外设接口集成度高。显然，上述分类并不是唯一的和严格的。例如，80C51 类单片机既是通用型又是总线型，还可以作工控用。

2．单片机的硬件特性

单片机的硬件具有如下特性。

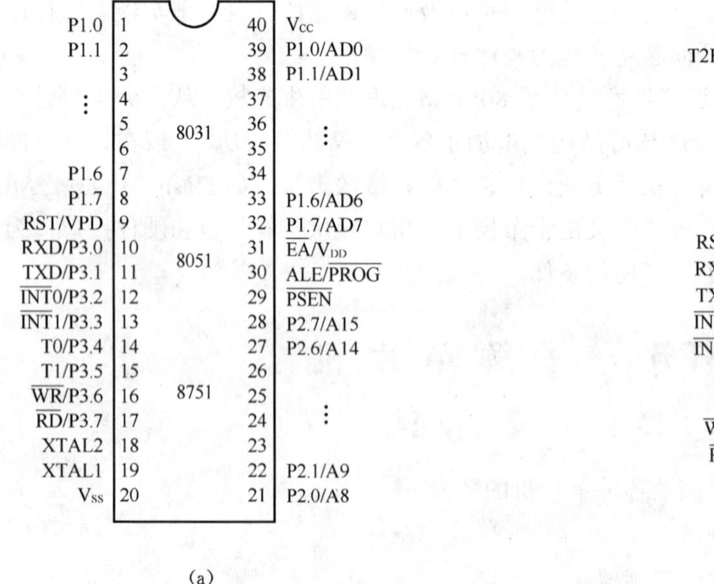

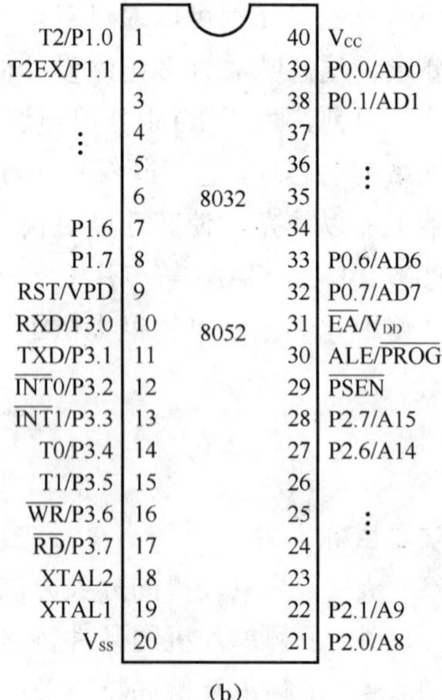

图 1-1　单片机的引脚图及逻辑符号（一）

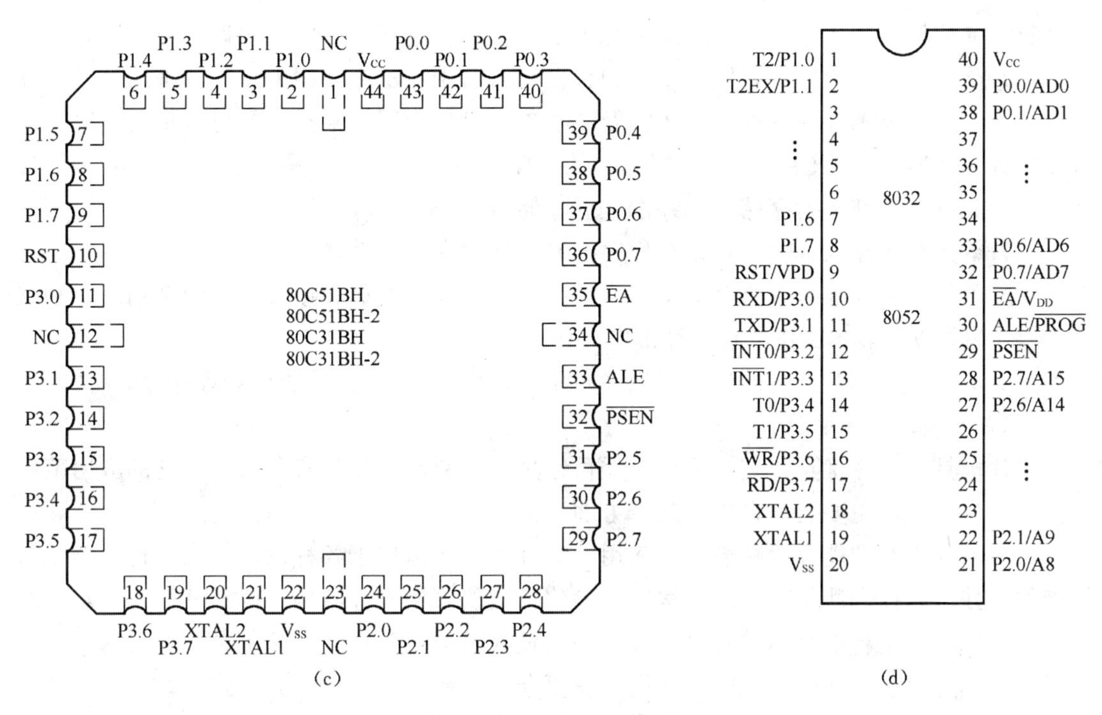

(c) (d)

图 1-1 单片机的引脚图及逻辑符号（二）

（1）集成度高：如单片机包括 CPU、4KB ROM（8031 无）、128B RAM、2×16 位定时/计数器、4×8 位并行口、全双工串行口。

下面简要介绍串行通信方式。根据串行通信时的数据流向定义，有三种方式，如图 1-2 所示。

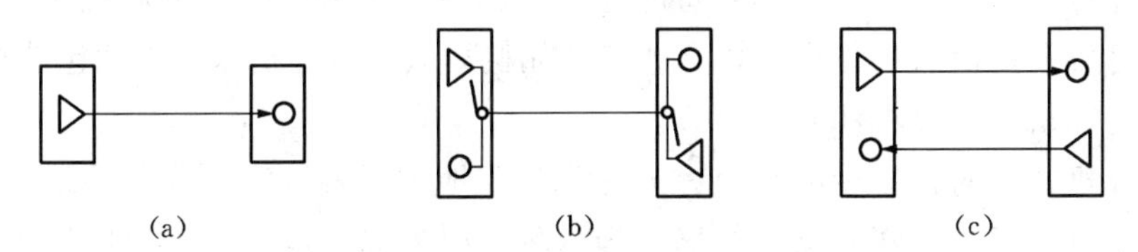

(a) (b) (c)

图 1-2 串行通信示意图

（a）单工通信；（b）半双工通信；（c）全双工通信

①只向一端发送或从一端接收，称为单工通信。

②可以双向发送，但在某一时刻只能向一个方向传送，称为半双工通信。

③可以在同一时刻双向传送数据，称为全双工通信。

（2）系统结构简单，使用方便，模块化。

（3）单片机可靠性高，可工作到 10^6～10^7h 无故障。

（4）处理功能强，速度快，即使执行最长指令，只需 4μs（晶振 12MHz）。

3. 单片机的特点

单片机主要有以下特点。

（1）单片机内集成有存储器，由于受体积限制，容量不大，但可根据需要扩展。

（2）单片机内的程序存储器 ROM 和数据存储器 RAM 在空间上分开，采用不同的寻址方式，使用两个不同的地址指针 PC 及 DPTR。另外，用户根据需要可以扩展程序存储器及数据存储器。这时 CPU 可以进行操作的存储器就分成四个区域：内部程序存储器、外部程序存储器、内部数据存储器、外部数据存储器。

（3）单片机的输入、输出接口在程序控制下都可有第二功能。

（4）单片机内部都有一个全双工的串行接口，可同时发送和接收。有两个物理上独立的接收、发送缓冲器 SBUF，有四种工作方式。

（5）单片机内部有专门的位处理机（布尔处理机），具有较强的位处理能力。

4. 单片机的应用领域

单片机具有很多优点，它已成为人类日常生活和科研工作的有效工具。它的应用范围涵盖了很多领域，主要表现在以下几个方面。

（1）单片机在智能仪器仪表中的应用。单片机广泛地用于各种仪器仪表，使仪器仪表智能化，并可以提高测量的自动化程度，简化仪器仪表的硬件结构，提高其性价比。在恶劣的环境中，由于智能化的单片机的存在，也使人机交互变得更加简单易行。

（2）单片机在分布式系统中的应用。在复杂的系统中，常采用分布式系统。分布式系统由其性能要求不同一般由若干台功能相同或不同的单片机组成，各自完成特定的任务，它们通过有线或无线途径进行通信，协调工作。比如超市的扫条码结算机、传感器网络等，都是单片机在分布式系统中的应用。而且由于单片机有很强的抗干扰能力，它可以在恶劣的环境下代替人进行工作。

（3）单片机在机电一体化中的应用。机电一体化产品是集机械技术、微电子技术、自动化技术和计算机技术于一体，具有智能化特征的各种机电产品。单片机在机电一体化产品的开发中可以发挥巨大的作用。其典型产品如机器人、数控机床、自动包装机、点钞机、医疗设备、打印机、传真机和复印机等。

（4）单片机在实时控制中的应用。单片机广泛地用于各种实时控制系统中。例如，在工业测控、航空航天、尖端武器、机器人等各种实时控制系统中，都可以用单片机作为控制器。单片机的实时数据处理能力和控制功能，可使系统保持在最佳工作状态，提高系统的工作效率和产品质量。

（5）单片机在人类生活中的应用。自从单片机问世以后，它就一直和人们的日常生活息息相关。如洗衣机、电冰箱、电子宠物、录音笔、MP3、MD 等设备中都可以看到单片机的影子。单片机的应用使这些设备变得更加智能生动、更加受人们的欢迎。单片机的智能化功能正在使人们的生活变得越来越丰富多彩。

5. 单片机发展趋势

单片机的发展趋势朝着多品种、多规格、高性能及多层次用户的方向发展，表现在以下几个方面。

（1）高档单片机性能不断提高。首先表现在 CPU 能力不断加强，主要体现在数据处理速度和精度方面。采用的措施有增加 CPU 的字长，扩充硬件，提高主频，提高总线速度以及指令系统和提高效率。

其次表现在内部资源增加，如存储器和I/O端口。程序存储器ROM容量高达几十KB，内部数据存储器RAM也可达到几KB；I/O端口方面增加了A/D、D/A、PWM、LED、LCD等接口电路。

另外提高了寻址范围，目前最高可寻址几十MB。

（2）超小型、低功耗、廉价。出现了微巨型单片机，运算速度为1.2亿次/秒、CPU字长32位并可运行64位浮点运算。

指令系统从复杂指令系统向精简指令系统过渡。

单片机开发系统向多用户、C编译、在线实时开发方向发展。

议一议

查阅资料，具体说明单片机在某一领域的应用。

想一想

（1）什么叫单片机？它有哪些特点？

（2）单片机的应用领域有哪些？在生活中见到应用单片机的例子有哪些？

（3）单片机由哪几部分组成？各主要功能部件的作用是什么？

做一做

观察80C51类单片机，了解它们的外形特征及引脚排列情况。

模块二

80C51的结构和原理

本模块主要介绍80C51单片机的内部结构、引脚功能、工作方式和时序。这些内容对后续章节的学习十分重要。

任务一　了解单片机的内部结构和引脚功能

学习目标

★ 了解单片机的内部结构。

★ 了解单片机的引脚分布及功能。

1. 内部结构

80C51单片机内部结构框图如图2-1所示。按功能分，单片机由微处理器（CPU）、存储器、I/O端口、定时/计数器和中断系统五部分组成。

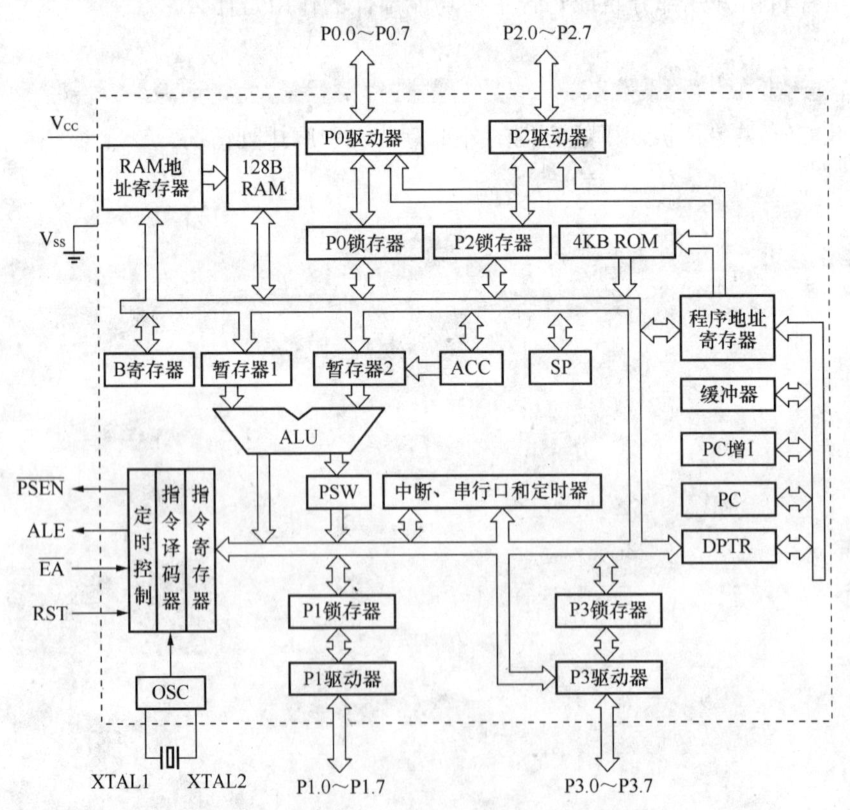

图2-1　80C51系列单片机内部结构图

80C51 单片机主要包括以下功能部件。

（1）1 个 8 位的 CPU。

（2）4KB ROM。

（3）128B 内 RAM。

（4）32 条可编程 I/O 口线。

（5）2 个 16 位定时器/计数器。

（6）5 个中断源，可设置成 2 个优先级。

（7）21 个特殊功能寄存器。

（8）1 个可编程全双工串行口，可实现多机通信。

（9）可寻址 64KB 的外 ROM 和外 RAM 控制电路。

（10）片内振荡器和时钟电路。

2. 引脚功能

80C51 系列单片机一般采用双列直插方式封装（DIP），有 40 个引脚。随着表面贴装技术的发展，也有部分芯片采用方型封装，有 44 个引脚。下面以采用 DIP40 封装的 80C51 为例，介绍 80C51 单片机的管脚及功能。

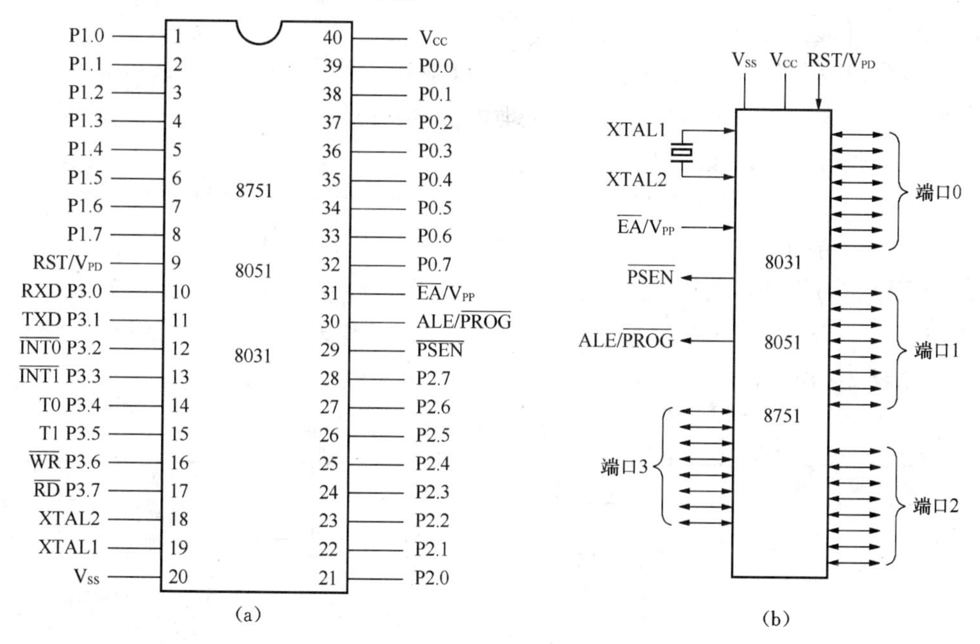

图 2-2 80C51 引脚图

各引脚功能描述如下。

（1）电源引脚。V_{CC} 接+5V 电源，V_{SS} 为接地端。

（2）时钟引脚。

①XTAL1：接外部晶体的一个引脚。晶体振荡电路的反相输入端。

②XTAL2：接外部晶体的另一个引脚。晶体振荡电路的输出端。

（3）控制引脚。

①ALE/$\overline{PROG}$：地址锁存允许信号/编程脉冲输入端。

ALE 的功能是用来锁存 P0 口送出的低 8 位地址。$\overline{PROG}$ 的功能是片内 EPROM 编程写入（固化程序）时，该引脚作为编程脉冲输入端。

②$\overline{EA}$/V_{PP}：内外 ROM 选择/片内 EPROM 编程电源。

当 $\overline{EA}$ 接高电平时，CPU 只访问片内 ROM，若 PC 的值超过 0FFFH，将自动转去执行片外 ROM；若 $\overline{EA}$ 接低电平，CPU 只访问片外 ROM。对于无片内 ROM 的 8031，需外扩 EPROM，必须将 $\overline{EA}$ 引脚接地。

V_{PP} 用于当 80C51 需要对片内的 EPROM 进行固化编程时，作为编程高电平（12～21V）的输入端。

③$\overline{PSEN}$：外 ROM 读选通信号。在访问片外 ROM 时，80C51 自动在本引脚上产生一负脉冲，用于为片外 ROM 芯片的选通。所以本引脚一般接片外 ROM 芯片的 $\overline{CS}$ 端。其他情况下，$\overline{PSEN}$ 线均为高电平封锁状态。

④RST/V_{PD}：复位/备用电源。RST 是复位信号输入端，当 RST 输入端连续保持 2 个机器周期的高电平时，就可以使 80C51 芯片完成复位操作。

V_{PD} 是备用电源输入端。当主电源 V_{CC} 发生故障而降低到规定低电平时，V_{PD} 向片内 RAM 供电，以保证片内 RAM 中信息不丢失。

（4）I/O 接口引脚。80C51 共有 4 个并行 I/O 端口，每个端口都有 8 条引脚线。

①P0 口：一般 I/O 口引脚或数据/低位地址总线复用引脚。P0 口即可以作为地址、数据总线使用，也可以作为通用 I/O 口使用。

②P1 口：一般 I/O 口。

③P2 口：一般 I/O 口引脚或数据/高位地址总线复用引脚。P2 口即可作为通用 I/O 口使用，也可以作为片外存储器的高 8 位地址总线，输出高 8 位地址。

④P3 口：一般 I/O 口引脚或第二功能引脚。P3 口除作为一般 I/O 口使用外，还具有第二功能，如表 2-1 所示。

表 2-1　　P3 口线的第二功能说明

P3 的相应口线	第 二 功 能	使 用 说 明
P3.0	RXD	串行数据接收口
P3.1	TXD	串行数据发送口
P3.2	$\overline{INT0}$	外部中断 0 输入
P3.3	$\overline{INT1}$	外部中断 1 输入
P3.4	T0	计数器 0 计数输入
P3.5	T1	计数器 1 计数输入
P3.6	$\overline{WR}$	外部 RAM 写选通信号（输入）
P3.7	$\overline{RD}$	外部 RAM 写选通信号（输出）

议一议

（1）80C51 单片机每一根控制线的功能。

（2）80C51 单片机的引脚有什么作用，如何使用？

想一想

（1）80C51 单片机 P3 口的第二功能是什么？

（2）80C51 单片机的 ALE 线的作用是什么？如不与片外 RAM/ROM 相连时 ALE 线上输出的脉冲频率是多少？可作什么用？

（3）80C51 单片机 I/O 口有几个？分别说出其主要作用。

做一做

上网查询 C8051F35X 和 C8051F020 单片机的资料，分析两种单片机的主要区别。

任务二　熟悉单片机存储器

学习目标

★ 了解单片机存储器的分类及作用。

★ 了解单片机数据存储器的划分及各部分的作用。

★ 熟悉单片机内部各特殊功能寄存器的作用。

80C51 的存储器有片内和片外之分。片内存储器集成在芯片内部；片外存储器又称外部存储器，是专门的存储器芯片，需要通过总线与 80C51 连接。片内和片外存储器中又有 ROM 和 RAM 之分，存储器结构如图 2-3 所示。

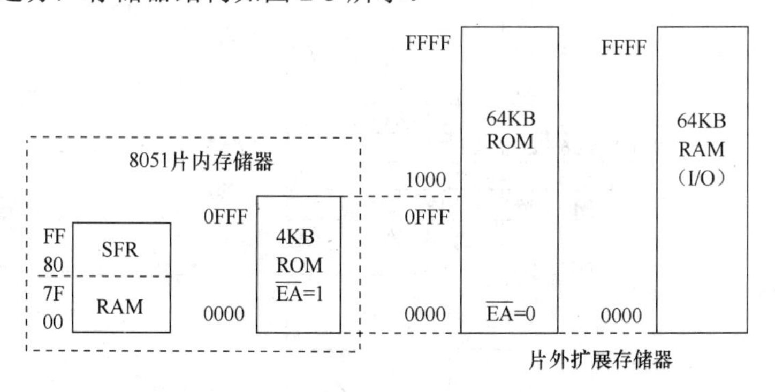

图 2-3　存储空间分配图

1．程序存储器

程序存储器用于存放源程序和表格常数，以程序计数器 PC 作为地址指针。80C51 单片机的程序计数器 PC 为 16 位，可以寻址到的地址空间为 64KB。在 64KB 程序存储器中有 6 个地址单元具有特殊功能，其中 0000H 是单片机在复位后程序开始执行的地址，即程序计数器 PC 的内容为 0000H，所以程序执行从 0000H 地址开始的。其他几个地址是 5 个中断源中断服务程序入口地址，如表 2-2 所示。80C51 复位后，PC＝0000H，CPU 从地址为 0000H 的 ROM 单元中读取指令和数据。从 0000H～0003H 只有 3B，不能存放一个完整的程序，因此这 3B 需用来安排一条跳转指令，而主程序则跳转到新地址开始。

表 2-2　　各中断服务程序的入口地址

中　断　源	入　口　地　址	中　断　源	入　口　地　址
外部中断 0	0003H	定时/计数器 1	001BH
定时/计数器 0	000BH	串行口中断	0023H
外部中断 1	0013H		

2. 数据存储器

数据存储器（RAM）用来存放中间运算结果和数据等。80C51 的 RAM 存储器分为片内 RAM 和片外 RAM：片内 RAM 共 256B，地址范围为 00H～FFH；片外 RAM 共 64KB，地址范围为 0000H～FFFFH。

片内 RAM 分为两部分，低 128B（00H～7FH）是真正的用户可用 RAM 区，高 128B（80H～FFH）为特殊功能寄存器（SFR）区。

（1）低 128B RAM 结构。图 2-4 为 80C51 内部结构图，包括 3 个物理空间：工作寄存器区、位寻址区和数据缓冲区。

地址									区域
7FH…30H									数据缓冲区
2FH	7F	7E	7D	7C	7B	7A	79	78	位寻址区
2EH	77	76	75	74	73	72	71	70	
2DH	6F	6E	6D	6C	6B	6A	69	68	
2CH	67	66	65	64	63	62	61	60	
2BH	5F	5E	5D	5C	5B	5A	59	58	
2AH	57	56	55	54	53	52	59	58	
29H	4F	4E	4D	4C	4B	4A	49	48	
28H	47	46	45	44	43	42	41	40	
27H	3F	3E	3D	3C	3B	3A	39	38	
26H	37	36	35	34	33	32	31	30	
25H	2F	2E	2D	2C	2B	2A	29	28	
24H	27	26	25	24	23	22	21	20	
23H	1F	1E	1D	1C	1B	1A	19	18	
22H	17	16	15	14	13	12	11	10	
21H	0F	0E	0D	0C	0B	0A	09	08	
20H	07	06	05	04	03	02	01	00	
1FH…18H	3组								工作寄存器区
17H…10H	2组								
0FH…08H	1组								
07H…00H	0组								R7…R0

图 2-4　低 128 字节 RAM 功能图

①工作寄存器区（00H～1FH）。这 32B RAM 单元分成 4 个工作寄存器组，每组有 8 个工作寄存器（R0～R7）。CPU 的当前工作寄存器组可以通过对 PSW 中 RS1、RS0 的值来

设置。未被使用的寄存器组也可作一般 RAM 使用。CPU 复位后，由于 RS1、RS0 的默认值为 0，因此选中第 0 组寄存器为当前的工作寄存器 R0～R7。

②位寻址区（20H～2FH）。这 16B RAM 单元具有双重功能。它们既可以像普通 RAM 单元一样按字节存取，也可以对每个 RAM 单元中的每一位单独存取，即位寻址。

20H～2FH 用作位寻址时，共有 128 位，每位都分配了一个特定地址，即 00H～7FH。这些地址称为位地址，如图 2-4 所示。

③数据缓冲区（30H～7FH）。总共有 80B RAM 单元，用于存放数据或作堆栈操作使用。中断系统中的堆栈一般都设在这一区域，80C51 对数据缓冲区中的每个 RAM 单元是按字节存取的。

（2）特殊功能寄存器区（SFR）。片内 RAM 区的 80H～FFH 为特殊功能寄存器区，简称 SFR，共有 128B。每个 SFR 单元均有特殊功能。也就是说，当在某个 SFR 单元存入不同的数据后，可能会影响单片机的定时器、中断系统、串行口等功能部件的状态。所有特殊功能寄存器的地址分配如表 2-3 所示。

表 2-3　特殊功能寄存器的地址分配

标识符	名称	位地址	字节地址
ACC	累加器	E0H～E7H	0E0H
B	B 寄存器	F0H～F7H	0F0H
PSW	程序状态字	D0H～D7H	0D0H
SP	堆栈指针		81H
DPL	数据寄存器指针（低 8 位）		82H
DPH	数据寄存器指针（高 8 位）		83H
P0	P0 口寄存器	80H～87H	80H
P1	P1 口寄存器	90H～97H	90H
P2	P2 口寄存器	A0H～A7H	0A0H
P3	P3 口寄存器	B0H～B7H	0B0H
IP	中断优先级控制器	B8H～BFH	0B8H
IE	中断允许控制器	A8H～AFH	0A8H
TMOD	定时器方式选择寄存器		89H
TCON	定时器控制寄存器	88H～8FH	88H
T2CON	定时器 2 控制寄存器	C8H～CFH	0C8H
TH0	定时器 0 高 8 位		8CH
TL0	定时器 0 低 8 位		8AH
TH1	定时器 1 高 8 位		8DH
TL1	定时器 1 低 8 位		8BH
TH2	定时器 2 高 8 位		0CDH
TL2	定时器 2 低 8 位		0CCH
RCAP2H	定时器 2 捕捉寄存器高 8 位		0CBH
RCAP2L	定时器 2 捕捉寄存器低 8 位		0CAH
SCON	串行控制寄存器	98H～9FH	98H
SBUF	串行数据缓冲器		99H
PCON	电源控制和波特率选择寄存器		87H

下面对部分特殊功能寄存器先做介绍，其余部分将在后续有关章节中叙述。

①累加器 ACC。累加器 ACC 是一个最常用的寄存器，许多指令的操作数取自于 ACC，许多的运算结果存放在 ACC 中。

②寄存器 B。寄存器 B 主要在进行乘除运算时存放另外一个操作数，乘除运算完成后，存放运算的一部分结果；若不进行乘除运算，则 B 寄存器可作为一般的寄存器使用。

③程序状态字寄存器 PSW。程序状态字寄存器 PSW 主要用来存储程序执行后（加、减、数据传递等）的状态。它是一个 8 位寄存器，其结构和定义如表 2-4 所示。

表 2-4　　PSW 的结构和定义

位编号	PSW.7	PSW.6	PSW.5	PSW.4	PSW.3	PSW.2	PSW.1	PSW.0
位地址	D7	D6	D5	D4	D3	D2	D1	D0
位定义名	Cy	AC	F0	RS1	RS0	OV	/	P

CY：进位标志位。

进行加减运算时，若操作结果在最高位有进位（做加法运算时）或借位（做减法运算时），则 CY＝1，否则 CY＝0。

AC：辅助进位标志位（半进位标志位）。

当操作结果的低 4 位有进位（加法）或借位（减法）时，AC＝1，否则 AC＝0。

F0：用户标志位。

F0 只具有存储功能，未规定具体含义，可由用户在使用过程中自行规定其含义，用于程序控制或其他功能。

RS1、RS0：当前工作寄存器组选择位，RS1、RS2 的含义如表 2-5 所示。

表 2-5　　RS1、RS2 的 含 义

RS1	RS0	寄 存 器 区	R0～R7 所占单元的地址
0	0	0 组	00H～07H
0	1	1 组	08H～0FH
1	0	2 组	10H～17H
1	1	3 组	18H～1FH

OV：溢出标志位。用于表示有符号数算术运算中的溢出，若两个操作数的运算结果超出＋127～－128 范围，则 OV＝1，否则 OV＝0。

P：奇偶标志位。其值反映累加器 A 中 1 的个数。若累加器 A 中 1 的个数为奇数，则 P＝1，否则 P＝0。

（3）指针寄存器。

PC：16 位的程序计数器。用于存放下一条指令所在的 16 位地址。

SP：堆栈指针。它总是指向栈顶，可用软件设置初始值，系统复位时 SP＝07H。

DPTR：16 位的数据指针。

数据指针 DPTR 用来存放 16 位的地址，由 DPH、DPL 组成。

想一想

（1）80C51 内 RAM 的组成是如何划分的？各有什么功能？

（2）80C51 单片机的内部 RAM 可划分为几个区域？各自的特点是什么？

议一议

（1）开机复位后，CPU 使用的是哪组工作寄存器？地址为多少？如何改变当前工作寄存器组？

（2）位地址与字节地址如何区别？位地址 7CH 具体在片内 RAM 中的什么位置？

（3）80C51 单片机的程序存储器和数据存储器共处同一地址空间为什么不会发生总线冲突？

任务三　熟 悉 I/O 端 口

学习目标

★ 熟悉单片机各 I/O 口的特点及功能。

★ 了解单片机 I/O 口的内部组成结构。

80C51 有 4 个 8 位并行 I/O 口，分别称为 P0、P1、P2 和 P3，每个端口各有 8 条 I/O 口线。这 4 个端口为单片机与外部元件或系统进行信息交换提供了多功能的输入/输出通道。它们是单片机扩展外部功能，构成单片机应用系统的重要的组成部分。在这 4 个端口中，每位 I/O 口内部都有一个锁存器、一个 8 位数据输出带动器和一个 8 位数据输入缓冲器。

1. P0 口

P0 口为三态双向 I/O 口，图 2-5 是 P0 口的一位结构图。内部无上拉电阻，其输出驱动器上的上拉场效应管仅用于访问外部存储器时输出地址（或数据）为 1 时使用，其他情况下，上拉场效应管截止。P0 口作为输入/输出口使用时，可直接与外部设备相连。绝大多数应用场合 P0 口只能作为地址/数据口使用。

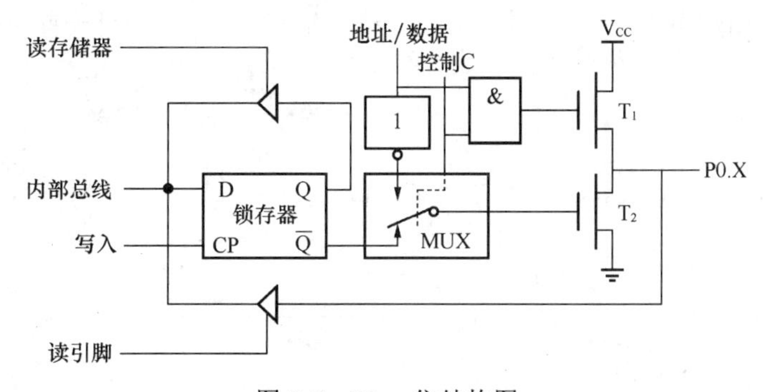

图 2-5　P0 一位结构图

P0 口的输出驱动器中有两个场效应管，上面的管子导通，下面的管子截止，输出为高电平；上面的管子截止，下面的管子导通，输出为低电平；当上下两个管子均截止时，输出浮空，此时端口可作高阻输入。P0 口的输出驱动器中含有一个多路电子开关，当其接至端口锁存器 $\overline{Q}$ 端时，作为双向 I/O 口使用。将 1 写至端口锁存器时，上下管子均为截止，输出浮空。这时应外接上拉电阻，将口线拉至高电平，否则 P0 口输出的信号不确定。将 0 写至锁存器时，下面管子导通，输出低电平。作输入时，端口锁存器应置为 1，保证从引脚读入的数据正确。

当多路开关接至地址/数据端时，P0 口作为地址/数据端口使用，分别输出外部存储器的低 8 位地址和传送数据。由于存储器在被访问期间要求地址信号一直有效，而 P0 口是分时传输地址/数据信号，地址信号只在某个时间段出现并非一直有效，所以需要由地址锁存允许信号 ALE 将低 8 位的地址锁存到外部地址锁存器中，接着 P0 口便输入/输出数据。P0 口输出的低 8 位地址来源于程序计数器 PC 低 8 位，或数据指针 DPTR 低 8 位，或 R1 和 R0。

P0、P2 口作为地址/数据总线口使用时，控制总线包括外部程序存储器选通信号 $\overline{PSEN}$，外部 RAM/IO 电路的读信号 $\overline{RD}$ 和写信号 $\overline{WR}$ 。在使用 80C51 单片机 I/O 时，要注意以下的应用特性。

（1）准双向口的使用。P0、P1、P2、P3 做普通 I/O 口时，都是准双向口，其输入和输出有本质不同。输入操作是读引脚状态，输出操作是对端口锁存器的写入操作。当端口锁存器内容 0 时，$\overline{Q}$ 端为 1，使输出场效应管导通，I/O 引脚将钳位在低电平。无论 I/O 引脚输入 0 电平还是 1 电平，读引脚操作的结果都是 0 状态。因此，准双向 I/O 作输入口时，应先使锁存器置 1，称为置输入状态，然后再读引脚。

（2）端口复用的识别。端口在使用时，无论是 P1、P2 的总线复用，还是 P3 口的功能复用均由系统自动选择，不需人工干预。

（3）P0 口作普通 I/O 口。P0 口作普通 I/O 口使用时，P0 口用作输出口时，因输出级处于开漏状态，必须外接上拉电阻，否则无法输出高电平，上拉电阻阻值一般在 5～10kΩ之间。

（4）I/O 口的驱动特征。P0 口每一根 I/O 口线均可以驱动 8 个 TTL 负载，P1、P2、P3 口可以驱动 4 个 TTL 负载。当负载过多超过限定时，必须在口线上增加驱动器，否则会造成端口工作不稳定。

2. P1 口

P1 口为准双向 I/O 口，如图 2-6 所示是 P1 口的一位结构图，它的每一位可以分别定义为输入线或输出线。用户可以把 P1 口的某些位操作为输出线使用，另外一些位作为输入线使用。

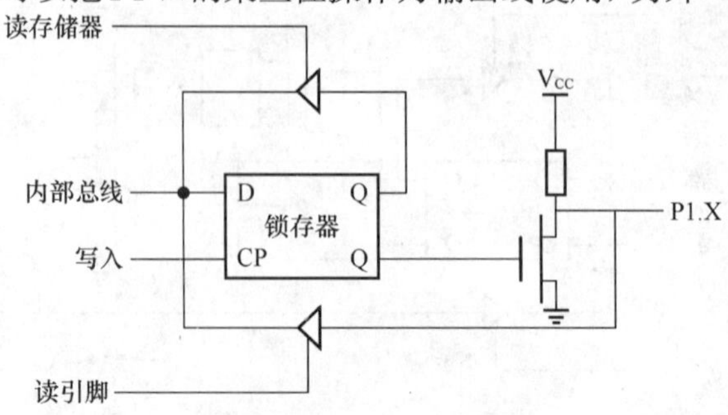

图 2-6　P1 口一位结构图

当 P1 口用作输入口时，应先向端口写入 1。它也有读引脚和读锁存器两种方式。当输出数据时，由于内部有了上拉电阻，所以不需要再外接上拉电阻。

3. P2 口

P2 口为准双向 I/O 口，它的结构如图 2-7 所示，P2 有两种使用功能。一种是作为普通的 I/O 口使用；另一种是作系统扩展的地址总线口使用，输出高 8 位的地址。

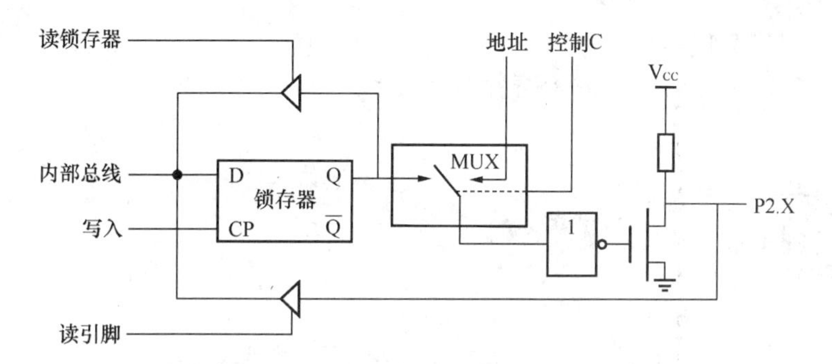

图 2-7 P2 口一位结构图

P2 口的输出驱动器有一个多路电子开关（MUX），当 MUX 开关接至输出锁存器 Q 输出端时，P2 口作为第一功能输出线与 P1 口的功能相似；当 MUX 开关接至地址端时，P2 口的状态由 CPU 送出的地址确定：访问程序存储器时，地址来源于程序计数器 PC 的高 8 位；访问数据存储器或 I/O 设备时，地址来源于数据指针 DPTR 的高 8 位，特殊情况地址若采用间址寄存器 R1 或 R0 访问时，则 P2 口保持原有的地址信息不变。

4. P3 口

P3 为准双向多功能 I/O 口，结构如图 2-8 所示，它可以分别定义为第一功能输入/输出线或第二功能输入/输出线。P3 口锁存器 Q 端接与非门后驱动场效应管，与非门的另一个控制线为第二功能输出线。P3 口的引脚状态通过输入缓冲器送入内部总线或者第二功能输入线上。

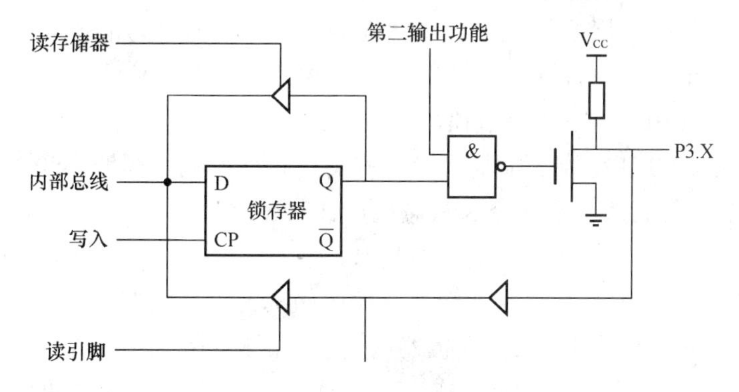

图 2-8 P3 口一位内部结构图

当 P3 口定义为第一功能输入/输出线时，第二功能输出线总是高电平，此引脚输出电平取决于端口锁存器的状态。当输入 1 时，写入端口锁存器的数据从 Q 端输出，使输入场效应管导通，引脚输出低电平。同样，P3 口的某一位作为输入线时，该位端口锁存器应保持 1，使输出场效应管截止，引脚状态由外部输入电平所确定。

当 P3 口定义为第二功能输入/输出线时，该位的端口锁存器必须保持 1，输出场效应管的状态由第二功能输出确定。

想一想

（1）在并行扩展外存储器或 I/O 口情况下，P0、P2 口各起什么作用？

（2）P0～P3 口用作输入口时，有什么前提？

练一练

画出 P0～P3 口的结构。

任务四　熟悉时钟和时序

学习目标

★ 理解时钟和机器周期的概念。

★ 明确时序的含义。

为了对 CPU 时序进行分析，首先要规范一种能够度量各信号出现时间的单位，这个单位常常就是时钟周期、机器周期和指令周期。

1. 时钟的基本概念

单片机中有时钟周期、机器周期和指令周期等一些很重要的概念，下面分别进行介绍它们之间的区别和联系。

（1）时钟周期。时钟周期 T 又称为振荡周期，其频率通常为晶振的频率，是所有计时单位中最小的时间单位。时钟周期是计算机的基本工作周期。每两个时钟周期称为一个状态 S，每个状态分为 P1 和 P2 两个节拍。

（2）机器周期。CPU 完成一个基本操作所需时间称为机器周期。80C51 单片机的一个机器周期有 12 个振荡周期，即 6 个 S 状态构成：S1～S6。因此，一个机器周期中的 12 个振荡周期可表示为 S1P1、S1P2、S2P1、S2P2、…、S6P2。

（3）指令周期。CPU 执行一条指令所需的时间称为指令周期。由于机器执行不同指令所需的时间不同，因此不同指令所占用机器周期数也不相同。占用一个机器周期的指令称为单周期指令，占用两个机器周期的指令称为双周期指令。在 80C51 单片机中，有单周期指令、双周期指令和四周期指令。四周期指令只有乘法和除法两条指令，其余均为单周期和双周期指令。根据指令的周期数和晶振频率可以计算出执行某条指令所需的时间。

2. 指令取指/执行时序

80C51 每条指令的执行都可以分为取指和执行两个部分。在取指阶段，CPU 从内部或外部程序存储器中取出操作码和操作数。指令执行阶段对指令操作码进行译码，通过一系列控制信号完成指令的执行。如图 2-9 所示为 80C51 的取指、执行时序。

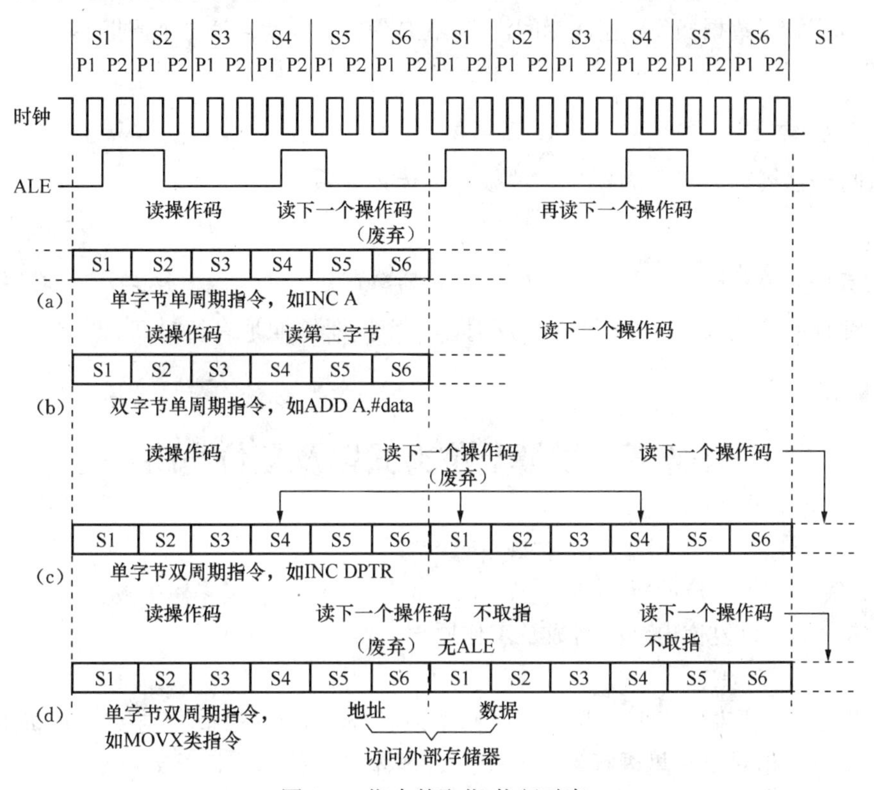

图 2-9　指令的取指/执行时序

由图 2-9 可知，在每个机器周期内，地址锁存信号 ALE 在每个机器周期内出现两次有效，第一次出现在 S1P2 和 S2P1 节拍中，第二次出现在 S4P2 和 S5P1 节拍中，持续时间为一个状态 S。ALE 信号每出现一次，CPU 就进行一次取指操作。

（1）单字节单周期指令时序。这类指令的指令码只有一个字节（如 INC A 指令），存放在程序存储器 ROM 中，机器从取出指令码到完成指令执行仅需一个机器周期，如图 2-9（a）所示。

机器在 ALE 第一次有效（S2P1）时从 ROM 中读出指令码，将指令码送到指令寄存器 IR，然后开始执行。在执行期间，CPU 在 ALE 第二次有效时封锁 PC 指针，使第二次读操作无效并且在 S6P2 时完成指令执行。

（2）双字节单周期指令时序。双字节单周期指令时序如图 2-9（b）所示。以 ADD A，#data 指令为例，CPU 需分两次从 ROM 中读出指令码。在 ALE 第一次有效时读出指令操作码，CPU 对它译码后，对程序计数器 PC 加 1，在 ALE 第二次有效时读出指令的第二字节，在 S6P2 时完成指令执行过程。

（3）单字节双周期指令时序。单字节双周期指令时序如图 2-9（c）所示。以 INC DPTR 指令为例，CPU 在第一机器周期 S1 期间从程序存储器 ROM 中读出指令操作码，译码后得知是单字节双周期指令，控制器自动封锁后面的连续三次读操作，并在第二机器周期的 S6P2

时完成指令的执行。80C51 在执行访问片外数据存储器指令 MOVX 时，时序如图 2-9（d）所示，也是一条单字节双周期指令，CPU 在第一个机器周期 S5 开始送出片外数据存储器的地址后，进行读/写数据操作。在此期间没有 ALE 信号，因此，第二个周期不产生取指操作。

想一想

什么叫机器周期？机器周期与时钟频率有什么关系？

练一练

当时钟频率分别为 12MHz 和 6MHz 时，一个机器周期是多长时间？

任务五　了解复位方式以及复位电路

学习目标

★ 了解单片机复位的概念。

★ 熟悉单片机复位电路的组成及工作原理。

单片机进行工作时，有时会遇到程序问题或者外界的一些扰动，导致单片机工作异常。这时就需要及时地对单片机进行复位操作，这样才可以使单片机重新正常工作。本节主要介绍单片机的复位方式以及复位电路的相关内容。

1. 复位操作

复位是单片机的初始化操作。其主要功能是初始化 PC 指针，使 CPU 从 0000H 单元开始执行程序。除此之外，当由于程序运行出错或操作错误使系统处于死锁状态时，也需按复位键重新启动，使程序重新进入正常运行状态。

除 PC 指针之外，复位操作还对其他寄存器有影响，如表 2-6 所示。

表 2-6　单片机复位后寄存器的默认值

寄　存　器	复位默认值	寄　存　器	复位默认值
PC	0000H	DPTR	0000H
TCON	00H	P0～P3	FFH
ACC	00H	SCON	00H
TL0	00H	IP	**000000B
PSW	00H	SBUP	不定
TH0	00H	IE	0*000000B
SP	07H	PCON	0***0000B
TL1	00H	TMOD	00H
TH1	00H		

2. 复位信号和复位电路

复位信号由 RST 引脚输入，高电平有效。该高电平信号持续 24 个振荡周期（即两个机器周期）以上，单片机即可正常复位。

（1）简单复位电路。复位操作有上电自动复位和按键手动复位两种方式。

上电自动复位是通过外部复位电路的电容充电来实现的，其电路图 2-10（a）所示。单片机上接通电源后电容即开始充电，如果电容充电时间达到 24 个振荡周期，则单片机可以正常复位。

除上电自动复位外，有时在程序运行时，通过手动按键强制 CPU 进入复位状态。手动按键复位有电平方式和脉冲方式两种。其中，按键电平复位时通过使复位端经电阻与 V_{CC} 电源接通而实现，其电路如图 2-10（b）所示，该种方式与上电复位原理相同；而按键脉冲复位是利用 RC 微分电路产生的正脉冲来实现，电路如图 2-10（c）所示。

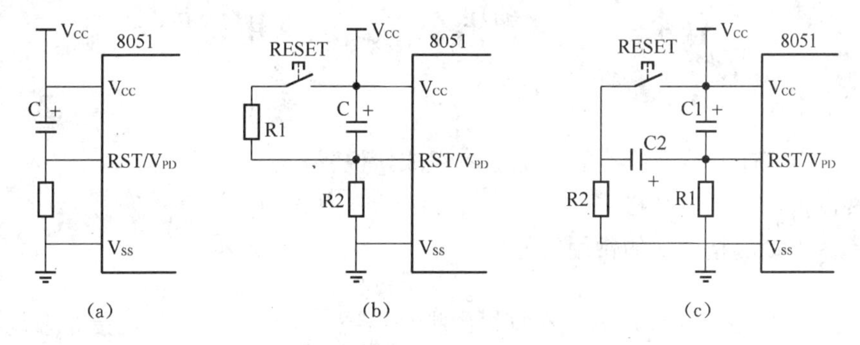

图 2-10 单片机的复位电路

（2）利用单片机监控芯片实现复位。在设计复位电路时，可以采用集成芯片。比如 MAX706/MAX813L 等 MAXIM 公司生产的价格低廉 CPU 监控芯片。该芯片除提供复位功能外，还提供微处理器监控功能，即看门狗电路。利用此种集成芯片也可以实现 80C51 单片机的复位电路设计。

想一想

80C51 单片机复位的条件是什么？复位后 PC、SP 和 P0～P3 的值是多少？

模块三

指 令 系 统

一台计算机要充分发挥作用，除了硬件设施外，还必须配以适当的软件。硬件主要指内部结构和外部设备，软件主要指各种程序和指令系统，而指令系统是软件的基础，学习和使用单片机的一个很重要的环节就是理解和掌握它的指令系统。上一模块已经学习了 80C51 单片机的内部结构和工作原理。本模块将介绍指令的格式、分类和寻址方式，并以大量实例阐述 80C51 单片机指令系统中每条指令的含义和特点，为学习汇编语言程序设计打下基础。

任务一　熟悉指令格式及常用符号

学习目标

★ 了解 80C51 指令及指令系统的基本组成，说明各部分的作用。

★ 熟悉 80C51 的指令格式。

★ 熟悉 80C51 指令中的常用符号。

计算机所有指令的集合称为该计算机的指令系统，不同种类单片机指令系统一般是不同的，单片机的功能需要通过它的指令系统来实现。

1. 指令格式

汇编语言程序是由一条条的助记符指令组成的，助记符指令通常由操作码和操作数两部分构成，而助记符指令再加标号、注释等内容便构成了汇编语句。

指令由操作码和操作数构成。操作码用来规定要执行的操作的性质，操作数用于指定操作的地址和数据。

例如，指令 ADD　A，B 的功能是将累加器 A 与寄存器 B 中的数据相加，结果存入累加器 A 中。其中 ADD 表示加法，是指令的操作码；而 A、B 表示作加法运算的数据的来源，是指令的操作数。

每条指令必定有一个操作码，操作数则可能有 1 个、2 个、3 个或者没有。每条指令包括的操作数不同，所占 ROM 空间自然也不相同。根据指令所占 ROM 单元的多少，可将指令分为单字节指令、双字节指令和三字节指令。

一条完整的汇编语句由四部分构成，如下所示：

[标号:]操作码 [操作数][;注释]

方括号内的字段表示可选项，也就是说，汇编语句最少可以只包括操作码，最多包括四部分，也可以包含两部分或三部分。其中操作码为必选项，缺少操作码无法构成汇编语句，其他三部分均为可选项。

四个区段之间必须用规定的分隔符分开。标号与操作码之间用“:”分隔，操作码与操作数之间用空格分隔，两个操作数之间用“，”分隔，操作数与注释之间用“；”分隔。

标号是由用户定义的符号组成，由 1～8 个字母和数字构成，且第一个字符必须为英文字母，后跟数字或字母，也可以是下划线，但系统保留字（如操作码等）不能用作标号使用。标号代表了该指令第一字节所在的 ROM 单元地址，所以标号又称作该指令的符号地址。在对汇编源程序进行汇编的过程中，标号部分全部赋以相应的 ROM 地址。

合法字符举例：NEXT、MAIN、LOOP_1

非法字符举例：2NUM、SUM＋L、MOV

注释部分主要是为了便于程序的阅读，注释的有无不会对程序的执行造成任何影响，只是对阅读和调试程序带来很多方便。

2. 常用符号说明

为了表示的方便和简洁，常在指令的操作数部分使用一些特殊符号。在介绍指令系统之前，先将这些符号的含义列出，便于学习过程中查阅。

（1）R*n*：工作寄存器，可以是 R0～R7 中的一个。

（2）#data：表示 8 位立即数，实际使用时 data 应是 00H～FFH 中的一个。

（3）direct：表示 8 位直接地址。实际使用时 direct 应该是 00H～FFH 中的一个，也可以是特殊功能寄存器 SFR 中的一个。

（4）@R*i*：表示寄存器间接寻址，R*i* 表示 R0、R1 中的一个。

（5）#data16：表示 16 位立即数。

（6）@DPTR：表示以 DPTR 为数据指针的间接寻址，用于对 64KB RAM/ROM 寻址。

（7）bit：位地址。

（8）addr11：表示 11 位目标地址。

（9）addr16：表示 16 位目标地址。

（10）rel：表示 8 位带符号地址偏移量。

（11）$：表示当前指令的地址。

（12）/：位操作数的前缀，表示对该位取反。

（13）←：将箭头右边的内容送入左边的单元。

（14）(×)：某地址单元或寄存器中的内容。

（15）((×))：以×单元或寄存器中的内容为地址，进行间接寻址时单元的内容。

（16）C：布尔处理器的位累加器即 PSW 状态寄存器中的进位/借位标志 CY。

想一想

汇编语言的语句格式由哪几部分组成？其中哪一部分是不能省略的？

练一练

指出下列字符哪些是非法字符，并指出错误类型。

```
START+1, ADD, 3_WORD, 5QUEST, CLR, MAIN#%01, $OK
```

任务二　熟悉 80C51 指令系统的寻址方式

学习目标

★ 理解寻址方式的概念。

★ 在理解的基础上，熟悉 80C51 的七种寻址方式。

寻址方式指单片机寻找存放操作数的地址，并将其数据提取出来以及将操作结果放置何处的方法。单片机的指令是由操作码和操作数组成的，操作码规定了指令的操作性质，如加、减、与、或等运算，而参与这些操作的数便是操作数。这些操作数存放在什么地方，以什么方式寻找，操作完成之后的结果又以什么方式存放，存放到什么地方去，这些问题都需要解决，这就是寻址的过程。

不同类型的计算机，寻址方式也不尽相同。寻址方式越多，灵活性越大，其功能也就越强。例如，要寻找一个人，如果知道这个人的家庭地址、手机号码、办公室电话等，那么寻找到这个人就非常方便。80C51 单片机的寻址方式有七种，分别为寄存器寻址、直接寻址、寄存器间接寻址、立即数寻址、变址寻址、相对寻址、位寻址。由于 80C51 单片机指令中的操作数绝大部分都有两操作数，一般我们把它称之为目的操作数和源操作数，而且它们都有寻址方式，但下面介绍的主要是指源操作数的寻址方式。

1. 寄存器寻址

操作数存放在寄存器中，指令中直接给出该寄存器名称的寻址方式称为寄存器寻址。在寄存器寻址方式中，用符号名称表示寄存器。在形成的操作码中隐含有指定寄存器的编码。

可以实现寄存器寻址的寄存器有累加器 A、寄存器 B（除法指令中以 AB 寄存器对形式出现）、工作寄存器 R0～R7、数据指针 DPTR。

例如，`MOV  A,R2    ;A←(R2)`

该指令的功能是将工作寄存器 R2 的内容传送到累加器 A 中。在这条指令中，操作的“源操作数（R2）”和“目的操作数（A）”都采用了寄存器寻址方式。

例如，`INC   DPTR   ; DPTR  ←(DPTR)+1`

2. 直接寻址

直接寻址是指在指令中直接给出操作数的地址，直接寻址可访问三种地址空间。

（1）特殊功能寄存器 SFR（又叫专用寄存器）：直接寻址是唯一方式。

例如，`MOV  A,P1  ;A←(P1)`

（2）内部数据存储器 RAM 中的 128 个字节。

例如，`MOV  A,36H  ;A←(36H)`

（3）221 个位地址空间。

例如，`MOV  C,20H  ;C←(20H)`

3. 寄存器间接寻址

寄存器间接寻址方式是指寄存器的内容本身不是操作数，而是操作数的地址，即操作数是通过将寄存器的内容作为地址而间接得到的。寄存器间接寻址的符号为@，能够使用该寻址方式的只有R0、R1和DPTR等寄存器。

例如，`MOV  A,@R1   ;A ← ((R1))`

该指令的功能是先读出工作寄存器R1的内容，然后将其作为地址，再读出该地址对应单元的内容，并将其传送到累加器A中。

4. 立即数寻址

立即数寻址就是操作数在指令中直接给出，而不必再到RAM单元中寻找。指令中给出的操作数通常称为立即数，前面加符号#。

例如，`MOV  A,#36H   ;A ← 36H`

该指令的功能是将36H这个数直接送到累加器A中。

再如，`MOV  DPTR,#3456H  ;DPTR ← (3456H)`

该指令的功能是将3456H这个数直接送到DPTR寄存器中，实际是将34H（高8位）这个数送到DPH寄存器中，而将56H（低8位）这个数送到DPL寄存器中。

5. 变址寻址

变址寻址是指以数据指针DPTR或程序指针PC为基址寄存器，累加器A作为相对偏移量寄存器，并将两者的内容之和作为操作数地址。这种寻址方式只用于从程序存储器ROM中取出数据，然后传送到累加器A中。

例如，`MOVC  A,@A+DPTR  ;A ← ((A)+(DPTR))`

假设初始状态下A＝54H，DPTR＝3F21H，则指令的功能是取出程序存储器3F75H单元的内容，然后传送到累加器A中，如图3-1所示。

再如，`MOVC  A,@A+PC;A ← ((A)+(PC))`

`AJMP  @A+DPTR`

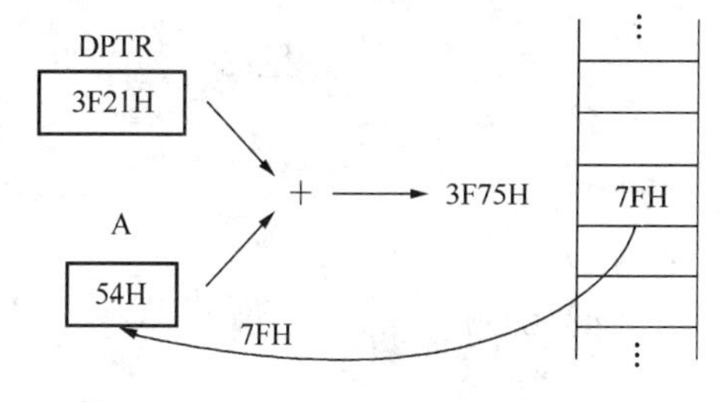

图3-1　变址寻址示意图

6. 相对寻址

相对寻址只能用于控制转移类指令之中，是以程序指针PC中当前值为基准，再加上指令中所给出的相对偏移量rel，以此值作为程序转移的目标地址。其中，相对偏移量rel是一个带符号的8位二进制数，取值范围为－128～＋127，在指令中以补码表示。

例如，`SJMP   rel; PC  ←  (PC)+ 2 + rel`

执行这条指令时程序跳转到当前PC值＋2＋rel的方向地址处，其中2为相对寻址的指令长度，rel为8位带符号数，其表示的范围为－128～127，如图3-2所示。

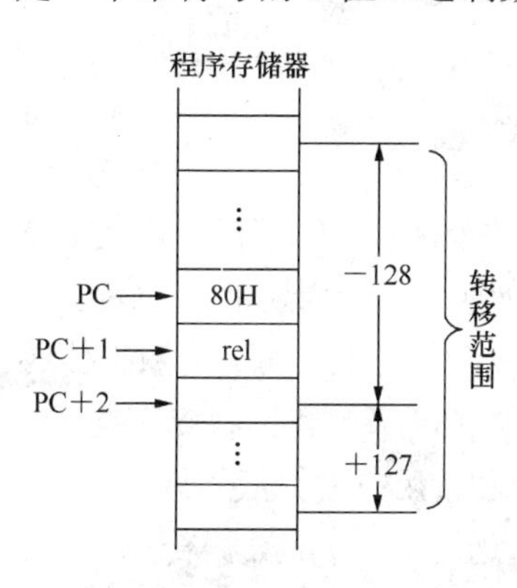

图3-2　变址寻址示意图

7. 位寻址

对位地址中的内容进行操作的寻址方式称为位寻址。采用位寻址指令的操作数是8位二进制中的某一位。指令中给出的是位地址。位寻址方式实质属于位的寻址。位寻址所对应的空间为片内RAM的20H～2FH单元中的128个可寻址位和SFR的可寻址位。

```
例如，MOV  C,48H  ; C  ←  (48H)
      CLR   ACC.0 ;ACC.0  ←  0
```

第一条指令的功能是把位地址 48H 中的信息（0 或 1）传送到位累加器 C 中。第二条指令的功能是将累加器 ACC 的第 0 位清 0。

想一想

（1）80C51 系列单片机有哪几种寻址方式？各寻址方式所对应的寄存器或存储器空间如何？

（2）访问内部 RAM 单元、外部 RAM 单元、外部程序存储器、特殊功能寄存器 SFR 可以分别采用哪些寻址方式？

练一练

指出下列指令中划线操作数的寻址方式。

（1）MOV A , 80H

（2）MOVC A , @A+DPTR

（3）MOV @R0 , A

（4）MOV A , #38H

（5）PUSH PSW

（6）DIV AB

（7）SETB P1.0

（8）DJNZ R0, rel

任务三　熟悉数据传送类指令

学习目标

★ 熟悉 80C51 各种寻址方式的数据传送类指令。

★ 掌握利用 80C51 数据传送类指令完成各种数据传送任务。

80C51 单片机共有 111 条指令。按指令在 ROM 中所占字节数分，有 1 字节指令 49 条，2 字节指令 47 条，3 字节指令 15 条。按指令执行时间分，又可分为 1 机器周期指令 64 条，2 机器周期指令 45 条，4 机器周期指令 2 条（乘法和除法）。按指令功能分类，可分为数据传送类（28 条）、算术运算类（24 条）、逻辑运算类（25 条）、位操作类（17 条）和控制转移类（17 条）五大类指令。80C51 指令系统具有储存效率高，执行速度快和使用方便灵活的特点。

80C51 单片机的数据传送指令共有 28 条，分为内部数据传送指令、外部数据传送指令、堆栈操作指令和数据交换指令四类。

1. 内部 RAM 之间数据传送指令

数据传送指令格式为：

```
MOV   [目的字节],[源字节]
```

指令功能是将源字节的内容传送到目的字节，源字节的内容保持不变。指令书写顺序是目的字节在前，源字节在后。

（1）以累加器 A 为目的字节的传送指令（4 条）。

汇编指令格式及注释如下：

```
MOV   A,Rn            ;A←(Rn),n=0~7
MOV   A,direct        ;A←(direct)
MOV   A,@Ri           ;A←((Ri)),i=0、1
MOV   A,#data         ;A←data
```

这组指令的功能是将源操作数所指定的内容送入累加器 A 中，源操作数有寄存器、直接、寄存器间接、立即四种寻址方式。

【例 3-1】 已知 R0＝78H，（78H）＝45H，则下面三条指令的执行过程为：

```
MOV   A,R0            ;A ← (R0),   (A)=78H
MOV   A,#0E9H         ;A ← E9H,    (A)=E9H
MOV   A,@R0           ;A ← ((R0)),(A)=45H
```

上述三条指令均向累加器 A 传送数据，其最终结果等于最后一次的值，即最终值 A＝45H。另外，在汇编语言程序设计中，由于经常会用到标号，所以在书写十六进制数据时，如果其第一位为字母，则要在字母前面加 0，以避免与标号造成混淆，上例中的 MOV　A,#0E9H 就是出于这种考虑。再如，通常 MOV　A,F0H 语句就要写成 MOV　A,0F0H 语句。

（2）以工作寄存器 Rn 为目的字节的传送指令（3 条）。

汇编指令格式及注释如下：

```
MOV   Rn,A            ;Rn← (A), n=0~7
MOV   Rn,direct       ;Rn← (direct),n=0~7
MOV   Rn,#data        ;Rn← data,n=0~7
```

这组指令的功能是把源操作数所指定的内容送到工作寄存器组 R0～R7 中的某个寄存器中，源操作数有寄存器、直接、立即三种寻址方式。应当注意的是，没有 MOV　Rn,Rn 指令。

【例 3-2】 若 A＝70H，（30H）＝60H，将执行下列指令后的结果写在注释区。

```
MOV   R1,A            ;将 A 中数据传送到 R1,R1=70H
MOV   R3,30H          ;将内 RAM 30H 单元中的数据传送到 R3,R3=60H
MOV   R3,#30H         ;将立即数 30H 传送到 R3,R3=30H
```

【例 3-3】 试将 R1 中的数据传送到 R2。

```
MOV   A,R1            ;A ← (R1)
MOV   R2,A            ;R2 ← (A)
```

（3）以直接地址为目的字节的传送指令（5 条）。

汇编指令格式及注释如下：

```
MOV  direct,A            ;direct ← ( A )
MOV  direct,Rn           ;direct ← (Rn),n=0~7
MOV  direct,direct       ;direct ← (direct)
MOV  direct,@Ri          ;direct ← ((Ri)),i=0、1
MOV  direct,#data        ;direct ← data
```

这组指令的功能是把源操作数所指定的内容送入由直接地址 direct 所指出的片内存储单元中，源操作数有寄存器、直接、寄存器间接、立即等寻址方式。

【例 3-4】若 A＝70H，R1＝30H，（30H）＝60H，（4EH）＝7FH，将执行下列指令后的结果写在注释区。

```
MOV  4FH,A           ;将 A 中的数据送入 4FH,(4FH)=70H
MOV  4FH,R1          ;将工作寄存器 R1 中的数据送入 4FH,(4FH)=30H
MOV  4FH,@R1         ;将以 R1 中内容为地址的存储单元中的数据送入 4FH,(4FH)=60H
MOV  4FH,4EH         ;将内 RAM 4EH 单元中的数据送入 4FH,(4FH)=7FH
MOV  4FH,#4EH        ;将立即数 4EH 送入 4FH,(4FH)=4EH
```

（4）以寄存器间址为目的字节的传送指令（3 条）。

汇编指令格式及注释如下：

```
MOV  @Ri,A           ;(Ri) ← (A),i=0、1
MOV  @Ri,direct      ;(Ri) ← (direct),i=0、1
MOV  @Ri,#data       ;(Ri) ← data,i=0、1
```

这组指令的功能是把源操作数所指定的内容送入以 R0 或 R1 为地址指针的 RAM 存储单元中，源操作数有寄存器、直接、立即三种寻址方式。

【例 3-5】若 A＝80H，R1＝50H，（50H）＝60H，（40H）＝70H，将执行下列指令后的结果写在注释区。

```
MOV  @R1,A           ;将 A 中数据送入以 R1 中数据为地址的存储单元,(50H)=80H
MOV  @R1,40H         ;将 40H 单元中数据送入以 R1 中数据为地址的存储单元,(50H)=70H
MOV  @R1,#40H        ;将立即数 40H 送入以 R1 中数据为地址的存储单元,(50H)=40H
```

【例 3-6】设内 RAM（30H）＝60H，分析以下程序连续运行的结果。

```
MOV  60H,#30H        ;60H ← 30H,(60H)=30H
MOV  R0,#60H         ;R0 ← 60H, (R0)=60H
MOV  A,@R0           ;A ← ((R0)),(A)=(60H)=30H
MOV  R1,A            ;R1 ← (A),(R1)=30H
MOV  40H,@R1         ;40H ← ((R1)),(40H)=(30H)=60H
MOV  60H,30H         ;60H ← (30H),(60H)=(30H)=60H
```

运行结果是 A＝30H，R0＝60H，R1＝30H，（60H）＝60H，（40H）＝60H；（30H）＝60H 内容未变。

【例 3-7】设内 RAM（30H）＝60H，（60H）＝10H，P0 口作为输入口，其输入的数据为 C0H，执行下列程序后结果如何？

```
MOV  R0,#30H         ;(R0)=30H
```

```
MOV  A,@R0          ;(A)=((R0))=(30H)=60H
MOV  R1,A           ;(R1)=60H
MOV  B,@R1          ;(B)=((R1))=(60H)=10H
MOV  @R1,P0         ;((R1))=(P0H)=0C0H
MOV  P1,@R1         ;(P1)=0C0H
```

执行结果：(R0)=30H,(A)=60H,(R1)=60H,(B)=10H,(60H)=0C0H,(P1)=0C0H

想一想

（1）设内 RAM（20H）=60H，（30H）=10H，（40H）=20H，（50H）=40H，分析以下程序连续运行的结果。

```
MOV  R0,#30H
MOV  @R0,40H
MOV  A,50H
MOV  R1,30H
MOV  B,@R0
MOV  PSW,@R1
```

（2）若（A）=40H，（R0）=50H，（50H）=60H，（40H）=08H。试分析执行下列程序段后上述各单元内容的变化。

```
MOV  A,@R0
MOV  @R0,40H
MOV  40H,A
MOV  R0,#0F7H
```

练一练

请按下列要求传送数据：

1）将 R2 中的数据传送到 40H。

2）将 R2 中的数据传送到 R3。

3）将 R2 中的数据传送到 B。

4）将 30H 中的数据传送到 40H。

5）将 30H 中的数据传送到 R7。

6）将 30H 中的数据传送到 B。

7）将立即数 30H 传送到 R7。

8）将立即数 30H 传送到 40H。

9）将立即数 30H 传送到以 R0 中内容为地址的存储单元中。

10）将 30H 中的数据传送到以 R0 中内容为地址的存储单元中。

11）将 R1 中的数据传送到以 R0 中内容为地址的存储单元中。

12）将 R1 中数据传送到以 R2 中内容为地址的存储单元中。

（5）16 位数据传送指令。

汇编指令格式及注释如下：

```
MOV  DPTR,#data16       ;DPTR ← data16
```

该指令的功能是将16位立即数送入DPTR，其中数据高8位送入DPH中，数据低8位送入DPL中。DPTR一般用作16位间址，可以是外RAM地址，也可以是ROM地址。用MOVC指令，则一定是ROM地址，用MOVX指令，则一定是外RAM地址。

```
例：MOV  DPTR,#1234H    ;DPTR=1234H，该指令也可以用两条8位数据传送指令实现
    MOV  DPH,#12H       ;DPH=12H
    MOV  DPL,#34H       ;DPL=34H,DPTR=1234H
```

2. 外RAM传送指令

汇编指令格式及注释如下：

```
MOVX  A,@Ri             ;A ← (Ri),i=0、1
MOVX  @Ri,A             ;(Ri) ← A,i=0、1
MOVX  A,@DPTR           ;A ← (DPTR)
MOVX  @DPTR,A           ;(DPTR) ← A
```

前两条指令以Ri做间接寻址寄存器，Ri的寻址范围为256B，后两条以DPTR做间接寻址寄存器，寻址范围为64KB。访问外部RAM的指令有三个特点：①寻址方式只能使用寄存器间接寻址，所用寄存器为DPTR或Ri；②外部RAM中的数据只能与累加器A互相传送；③使用助记符MOVX。

【例3-8】 按下列要求传送数据。

（1）内RAM 10H单元数据送外RAM 10H；设内RAM（10H）＝ABH。

（2）外RAM 30H单元数据送内RAM 30H；设外RAM（30H）＝64H。

（3）外RAM 1000H单元数据送内RAM 20H；设外RAM（1000H）＝12H。

（4）外RAM 2010H单元数据送外RAM 2020H；设外RAM（2020H）＝FFH。

```
解：（1）MOV    A,10H          ;(A)=0ABH
         MOV    R0,#10H        ;(R0)=10H
         MOVX   @R0,A          ;外RAM(10H)=0ABH
    （2）MOV    R0,#30H        ;(R0)=30H
         MOVX   A,@R0          ;(A)=外RAM(30H)=64H
         MOV    @R0,A          ;内RAM(30H)=64H
    （3）MOV    DPTR,#1000H    ;(DPTR)=1000H
         MOVX   A,@DPTR        ;(A)=(1000H)=12H
         MOV    20H,A          ;(20H)=12H
    （4）MOV    DPTR,#2010H    ;(DPTR)=2010H
         MOVX   A,@DPTR        ;(A)=0FFH
         MOV    DPTR,#2020H    ;(DPTR)=2020H
         MOVX   @DPTR,A        ;(2020H)=0FFH
```

3. 查表指令

汇编指令格式及注释如下：

```
MOVC   A,@A+PC          ;A ← (A+PC)
MOVC   A,@A+DPTR        ;A ← (A+DPTR)
```

这 2 条指令主要用于查表，其数据表格通常放在程序存储器中（用 DB、DW 伪指令填入）。这两条指令执行后，并不改变 PC 与 DPTR 寄存器的内容。

第一条指令为单字节指令，当 CPU 读取指令后，首先 PC 的内容自动加 1，然后将新的 PC 的内容与累加器 A 内的 8 位无符号数相加形成地址，取出该地址单元中的内容送至累加器 A。这条指令只能查找指令所在地址以后 256 字节范围内的代码或常数，因为累加器 A 中的值最大为 FFH。第二条指令是以 DPTR 为基址寄存器进行查表，其范围可达整个程序存储器 64KB 空间。

【例 3-9】 按下列要求传送数据。

设 ROM（2000H）＝ABH：

（1）ROM 2000H 单元数据送内 RAM 10H 单元。

（2）ROM 2000H 单元数据送外 RAM 80H 单元。

（3）ROM 2000H 单元数据送外 RAM 1000H 单元。

解：
```
（1） MOV      DPTR,#2000H       ;(DPTR)=2000H
      MOV      A,#00H            ;(A)=00H
      MOVC     A,@A+DPTR         ;(A)=0ABH
      MOV      10H,A             ;(10H)=0ABH
（2） MOV      DPTR,#1FFFH       ;(DPTR)=1FFFH
      MOV      A,#01H            ;(A)=01H
      MOVC     A,@A+DPTR         ;(A)=0ABH
      MOV      R0,#80H           ;(R0)=80H
      MOVC     @R0,A             ; 外 RAM(80H)=0ABH
（3） MOV      DPTR,#2000H       ;(DPTR)=2000H
      MOV      A,#00H            ;(A)=00H
      MOVC     A,@A+DPTR         ;(A)=0ABH
      MOV      DPH,10H           ;(DPTR)=1000H
      MOVX     @DPTR,A           ; 外 RAM(1000H)=0ABH
```

【例 3-10】 已知 ROM 中存有 0～4 的平方表，首地址为 2000H，试根据累加器 A 中的数值查找对应的立方值，存入内 RAM 30H（设 A＝3）。

解：若用 DPTR 作为基址寄存器，可编程如下：

```
1000H:  MOV      DPTR,#2000H       ;置 ROM 平方表首地址
        MOV      A,#03H            ;(A)=03H
        MOVC     A,@A+DPTR         ;(A)=(2003H)=09H
        MOV      30H,A             ;立方值存入内 RAM 30H 中
        …  …
2000H:  00H                        ;立方表:0^3=0
2001H:  01H                        ;1^3=1
2002H:  04H                        ;2^3=8
2003H:  09H                        ;3^3=27
2004H:  10H                        ;4^3=64
```

练一练

请按下列要求传送数据［设内 RAM（20H）＝0ABH，外 RAM（4000H）＝0CDH，

ROM（4000H）=0EFH]：

（1）内 RAM 20H 单元数据送外 RAM 20H 单元。

（2）内 RAM 20H 单元数据送外 RAM 2020H 单元。

（3）外 RAM 4000H 单元数据送内 RAM 20H 单元。

（4）外 RAM 4000H 单元数据送外 RAM 1000H 单元。

（5）ROM 4000H 单元数据送外 RAM 20H 单元。

（6）ROM 4000H 单元数据送内 RAM 20H 单元。

4. 堆栈操作指令

汇编指令格式及注释如下：

```
PUSH    direct          ;SP ←(SP)+1 , SP←(direct)
POP     direct          ;SP ←(direct),SP←(SP)-1
```

第一条指令称为入栈指令，其功能是先将堆栈指针 SP 的内容加 1，然后将直接地址对应单元中的数传送到 SP 所指示的单元中。第二条指令称为出栈指令，其功能是先将堆栈指针 SP 所指示单元的内容送入直接寻址单元中，然后将 SP 的内容减 1。

使用堆栈时，一般需重新设定 SP 的初始值。由于存入堆栈的第一个数存放在 SP＋1 存储单元，故实际栈底是在 SP＋1 所指示的单元。另外，要注意留出足够的存储单元作为堆栈区，因为栈顶是随数据的弹入和弹出而变化的，如果栈区设置不当，则可能发生数据重叠，引起混乱。当然，如果不重新设定 SP 的初始值，由于单片机复位后 SP=07H，则实际的堆栈区是从 08H 单元开始的，而 08H 至 1FH 为工作寄存器组，故一般需重新设定 SP 的值。

【例 3-11】已知单片机复位后 SP=07H，(30H）=23H，(31H）=45H，(32H）=67H，则以下几条指令的执行结果为：

```
PUSH    30H             ;(SP)=(SP)+1=08H,08H←(30H),(08H)=23H
PUSH    31H             ;(SP)=(SP)+1=09H,09H←(31H),(09H)=45H
POP     40H             ;40H←(09H),(40H)=45H,(SP)=(SP)-1=08H
PUSH    32H             ;(SP)=(SP)+1=09H,09H←(32H),(09H)=67H
POP     41H             ;41H←(09H),(41H)=67H,(SP)=(SP)-1=08H
POP     42H             ;42H←(08H),(42)=23H,(SP)=(SP)-1=07H
```

执行上述指令后，(SP）=07H，(40H）=45H，(41H）=67H，(42H）=23H，(08H）=23H，(09H）=67H，(30H)、(31H)、(32H）内容不变。

5. 交换指令

汇编指令格式及注释如下：

```
XCH     A,Rn            ;A ←→ Rn,n=0~7
XCH     A,direct        ;A ←→ (direct)
XCH     A,@Ri           ;A ←→ (Ri),i=0、1
XCHD    A,@Ri           ;A3~0 ←→ (Ri) 3~0
```

前 3 条指令为字节交换指令，其功能是将累加器 A 与源操作数所指出的数据相互交换。

第 4 条指令为半字节交换指令，指令的功能是将累加器 A 中数据的低 4 位与 R*i* 间址单元中数据的低 4 位数据交换，各自的高 4 位内容不变。

【例 3-12】若 A＝12H，R0＝40H，（40H）＝56H，（30H）＝60H，将分别执行下列指令后的结果写在注释区。

```
XCH     A,R0            ;A=40H,R0=12H
XCH     A,@R0           ;A=56H,(40H)=12H,R0=40H(不变)
XCH     A,30H           ;A=60H,(30H)=12H
XCHD    A,30H           ;A=16H,(40H)=52H,R0=40H(不变)
SWAP    A               ;A=21H
```

【例 3-13】若 A＝12H，R0＝40H，（40H）＝56H，（30H）＝60H，（12H）＝78H 将分别执行下列指令后的结果写在注释区。

```
XCH     A,R0            ;(A)=40H,(R0)=12H
XCH     A,@R0           ;(A)=78H,(12H)=40H,(R0)=12H(不变)
XCH     A,30H           ;(A)=60H,(30H)=78H
XCHD    A,30H           ;(A)=68H,(30H)=70H
SWAP    A               ;(A)=86H
```

【例 3-14】若要使内 RAM 30H 单元与 40H 单元的数据互换，如何实现？

解：可分别用三种方法来编程实现。

方法一：用一般的传送指令。

```
MOV     A,30H
MOV     30H,40H
MOV     40H,A
```

方法二：用堆栈操作指令。

```
PUSH    30H
PUCH    40H
POP     30H
POP     40H
```

方法三：用交换类指令。

```
XCH     A,30H
XCH     A,40H
XCH     A,30H
```

想一想

（1）内部 RAM 之间数据传送指令与外部 RAM 之间数据传送指令有何区别？

（2）堆栈操作指令的寻址方式是什么？通过什么寄存器寻址？

练一练

试求下列程序依次连续运行后有关单元中的内容。已知（20H）＝24H，（24H）＝BCH，SP＝1FH，（1FH）＝39H，（39H）＝67H，外 RAM（1000H）＝10H，ROM（1010H）＝FFH。

```
MOV     A,1FH
MOV     R0,20H
XCH     A,39H
PUSH    ACC
MOV     DPTR,#1000H
MOVX    A,@DPTR
MOVC    A,@A+DPTR
XCHD    A,@R0
POP     1FH
```

（1）假定（SP）＝60H，（A）＝30H，（B）＝70H，执行下列指令后，SP、61H 单元及 62H 单元的内容各是多少？

```
PUSH  A
PUSH  B
```

（2）假定（SP）＝62H，（61H）＝30H，（62H）＝70H，执行下列指令后，SP、DPTR 的内容各是多少？

```
POP  DPH
POP  DPL
```

任务四　熟悉算术运算类指令

学习目标

★ 熟悉 80C51 各种寻址方式的算术运算类指令。

★ 掌握利用 80C51 算术运算类指令完成各种基本的数学运算。

算术运算类指令主要完成加、减、乘、除四则运算，以及加 1、减 1 和十进制加法（BCD）调整等。除加 1（INC）、减 1（DEC）指令外，其他指令都影响程序状态字标志寄存器（PSW）的有关标志位，要特别注意正确地判断结果对标志位的影响。

算术运算类指令共有 24 条，下面分类加以介绍。

1. 不带进位的加法指令

汇编指令格式及注释如下：

```
ADD  A,Rn          ;A ← (A)+(Rn),n=0~7
ADD  A,direct      ;A ← (A)+(direct)
ADD  A,@Ri         ;A ← (A)+(Ri),i=0、1
ADD  A,#data       ;A ← (A)+data
```

这组指令的功能是把源操作数所指出的内容加上累加器 A 的内容，其结果仍存入 A 中。加法运算指令执行结果影响 PSW 的进位标志位 CY、溢出位 OV、半进位标志 AC 和奇偶校验位 P。在加法运算中，如果位 7（最高位）有进位，则进位标志 CY 置 1，否则清 0；如果位 3 有进位，则半进位标志 AC 置 1，否则清 0；若看作两个带符号数相加，还要判断溢出位 OV，若 OV 为 1，表示和数溢出。

【例 3-15】 已知 A＝8CH，执行指令 ADD　A,#85H，则操作如下所示。

```
   10001100
+) 10000101
  100010001
```

结果：（A）＝11H，（CY）＝1，（OV）＝1，（AC）＝1，（P）＝0。

此例中，若把 8CH、85H 看作无符号数相加，则结果为 111H。在看作无符号数时，不考虑 OV 位，若把上述两值看作有符号数，则有两个负数相加得到正数的错误结论。此时 OV＝1 表示有溢出，指出了这一错误。

【例 3-16】 试分析 80C51 执行如下指令后累加器 A 和 PSW 中各标志位的变化状态。

```
MOV  A,#5AH
MOV  A,#6BH
```

解：机器执行上述加法指令时仍按带符号数运算，并产生 PSW 状态。相应竖式为：

```
     90        A= 01011010 B
+)  107     data= 01101011 B
     197    [0]  11000101 B
```

采用前面的分析方法，OV＝CP⊕CS＝1，PSW＝44H。

上述分析表明：若把两个操作数 5AH 和 6BH 看作无符号数，则运算结果是正确的（因为 CY＝0）；若把它们看作带符号数，则人们根据 PSW 中 OV＝1 便可知晓加法运算中产生了溢出，累加器 A 中的操作数结果 C5H 显然是错误的，因为两个正数相加是不可能变为负数的。

因此，采用加法指令来编写带符号数的加法运算程序时，要想使累加器 A 中获得正确结果就必须检测 PSW 中 OV 的标志位状态。若 OV＝0，则 A 中结果正确；若 OV＝1，则 A 中结果不正确。

2. 带进位的加法指令

汇编指令格式及注释如下：

```
ADDC  A,Rn          ;A←(A)+(Rn)+(CY),n=0~7
ADDC  A,direct      ;A←(A)+(direct)+(CY)
ADDC  A,@Ri         ;A←(A)+(Ri)+(CY),i=0、1
ADDC  A,#data       ;A←(A)+(data)+(CY)
```

这组指令的功能是把源操作数所指出的内容和累加器 A 的内容及进位标志 CY 相加，结果存放在 A 中，运算结果对 PSW 各位的影响同上述加法指令。

带进位加法指令多用于多字节数的加法运算，在低位字节相加时要考虑低字节有可能向高字节进位。因此，在进行多字节加法运算时，必须使用带进位的加法指令。

【例 3-17】 已知：（A）＝85H，（R0）＝30H，（30H）＝11H，（31H）＝0FFH，（CY）＝1，试问 CPU 执行如下指令后累加器 A 和 CY 中的值是多少？

（1）`ADDC  A,R0`　　　　（2）`ADDC  A,31H`

（3）ADDC　A,@R0　　　　（4）ADDC　A,#85H

解：按照不带 CY 加法指令中类似的分析方法，操作结果应为：

（1）(A)=B6H,(CY)=0　　　　（2）(A)=85H,(CY)=1

（3）(A)=97H,(CY)=0　　　　（4）(A)=0BH,(CY)=1

3. 加 1 指令

汇编指令格式及注释如下：

```
INC     A               ;A←(A)+1
INC     Rn              ;Rn←(Rn)+1,n=0~7
INC     direct          ;direct←(direct)+1
INC     @Ri             ;(Ri)←((Ri))+1,i=0、1
INC     DPTR            ;DPTR←(DPTR)+1
```

这组指令的功能是将指定单元的数据加 1 再送回该单元。

【例 3-18】 已知：M1 和 M2 单元中存放有两个 16 位无符号数 X1 和 X2（低 8 位在前，高 8 位在后），试写出 X1＋X2 并把结果存放在 M1 和 M1＋1 单元的程序。设两数之和不会超过 16 位。

解：16 位数加法问题可以采用 8 位数加法指令来实现，办法是两个操作数的高 8 位与低 8 位分开相加。即把 X1 的低 8 位与 X2 的低 8 位相加作为和的低 8 位，放在 M1 单元；X1 的高 8 位与 X2 的高 8 位相加后再与在低 8 位相加过程中形成的进位位（在 CY 内）相加作为和的高 8 位，放在 M1＋1 单元内。程序为：

```
ORG    0500H
MOV    R0,#30H          ;X1 的起始地址送 R0
MOV    R1,#31H          ;X2 的起始地址送 R1
MOV    A,@R0            ;A←X1 的低 8 位
ADD    A,@R1            ;A←X1 低 8 位+X2 低 8 位,形成 CY
MOV    @R0,A            ;和的低 8 位存 M1
INC    R0               ;修改地址指针 R0
INC    R1               ;修改地址指针 R1
MOV    A,@R0            ;A←X1 高 8 位
ADDC   A,@R1            ;A←X1 高 8 位+X2 高 8 位+CY
MOV    @R0,A            ;和的高 8 位存 M1+1
SJMP   $                ;停机
END
```

程序中的第一条和最后一条指令称为伪指令，其功能将在下一章中介绍。

4. 带借位减法指令

汇编指令格式及注释如下：

```
SUBB   A,Rn             ;A←(A)-(Rn)-(CY)
SUBB   A,direct         ;A←(A)-(direct)-(CY)
SUBB   A,@Ri            ;A←(A)-(Ri)-(CY)
SUBB   A,#data          ;A←(A)-(data)-(CY)
```

这组指令的功能是将累加器 A 中的数减去源地址所指的操作数以及指令值行前的 CY 值，其差值存放在累加器 A 中。不够减时向高位借位后再减，差存入 A 中，运算结果将对

PSW 相关位产生影响。

【例 3-19】判断 80C51 执行如下程序后累加器 A 和 PSW 中各标志位的状态。

```
CLR     C
MOV     A,#52H
SUBB    A,#0B4H
```

解：第一条指令用于清零 CY；第二条指令可以把被减数送入累加器 A；第三条是减法指令，减数是一个负数。减法指令的执行过程为：

	82	A=	0 1 0 1 0 0 1 0 B
一）	−76	data=	1 0 1 1 0 1 0 0 B
	158	1	1 0 0 1 1 1 1 0 B

减法后的正确结果应当为十进制的 158，但累加器 A 中的实际结果是一个负数，这显然是错误的，但在另一方面，机器在执行减法指令时可以产生如下 PSW 中的标志位。

CY	AC	F0	RS1	RS0	OV	—	P
1	1	0	0	0	1	0	1

显然，PSW 中 OV＝1 也指示了累加器 A 中的结果操作数的不正确性。

因此，在实际使用减法指令来编写带符号数减法运算程序时，要想在累加器 A 中获得正确的操作结果，也必须对减法指令执行后的 OV 标志位加以检测。若减法指令执行后 OV＝0，则累加器 A 中结果正确；若 OV＝1，则累加器 A 中结果产生了溢出。

5. 减 1 指令

汇编指令格式及注释如下：

```
DEC     A                   ;A ←(A)-1
DEC     Rn                  ;Rn ←(Rn)-1,n=0~7
DEC     direct              ;direct ←(direct)-1
DEC     @Ri                 ;(Ri) ←((Ri))-1,i=0、1
```

这组指令的功能是将操作数所指定单元的内容减 1。同样仅当操作数为累加器 A 时，才对 PSW 的奇偶校验位 P 有影响，其余指令操作均不影响 PSW。

【例 3-20】已知：（A）＝0DFH，（R1）＝40H，（R7）＝19H，（30H）＝00H，（40H）＝0FFH，试问机器分别执行如下指令后累加器 A 和 PSW 中各标志位状态如何？

（1）DEC A　　　　（2）DEC R7

（3）DEC 30H　　　（4）DEC @R1

解：根据减 1 指令功能，操作结果为：

（1）(A)=0DEH,(P)=0　　　（2）(R7)=18H,PSW 不变

（3）(30H)=0FFH,PSW 不变　　（4）(40H)=0FEH,PSW 不变

6. 乘法和除法指令

汇编指令格式及注释如下：

```
MUL  AB            ;(A)×(B)=(B)(A)
DIV  AB            ;(A)÷(B)=(A)…(B)
```

第一条指令是乘法指令，它的功能是把累加器A和寄存器B中的两个8位无符号整数相乘，并把积的高8位放在B寄存器中，低8位放在累加器A中。本指令执行过程中将对CY、OV和P三个标志位产生影响。其中，CY为0；奇偶校验标志位P仍由累加器A中1的奇偶性确定；OV标志位用来表示积的大小，若积超过255（即B≠0），则OV=1；否则OV=0。

第二条指令是除法指令，它的功能是把累积器A中的8位无符号整数除以寄存器B中的8位无符号整数，所得商的整数部分存放在累加器A中，余数保留在B中。除法指令执行过程中对CY和P标志的影响和乘法时相同，只有溢出标志位OV不一样。在除法为0的除法是除法没有意义的；其余情况下，OV均被复位成0状态，表示除法操作是合理的。

【例3-21】已知两个8位无符号乘数分别放在30H和31H单元中，试编出令它们相乘并把积的低8位放入32H单元、积的高8位放入33H单元的程序。

解：这是一个8位无符号单字节乘法，故可直接利用乘法指令来实现。相应程序为：

```
ORG     0100H
MOV     R0,#30H        ;R0←第一个乘数地址
MOV     A,@R0          ;A←第一个乘数
INC     R0             ;修改乘数地址
MOV     B,@R0          ;B←第二个乘数
MUL     AB             ;(A)×(B)=(B)(A)
INC     R0             ;修改目标单元地址
MOV     @R0,A          ;积的低8位→32H
INC     R0             ;修改目标单元地址
MOV     @R0,B          ;积的高8位→33H
SJMP    $              ;停机
END
```

7. 十进制调整指令

汇编指令格式及注释如下：

```
DA  A                  ;若AC=1,或A3~A0>9,则A←(A)+06H
                       ;若CY=1,或A7~A4>9,则A←(A)+60H
```

这条指令是在进行BCD码加法运算时，跟在ADD、ADDC指令之后，用来对压缩BCD码（在一个字节中存放2位BCD码）的加法运算结果自动进行修正，使其仍为BCD码的表示形式。

【例3-22】试写出能完成85+59的BCD加法程序。

```
ORG     1000H
MOV     A,#85          ;A←85
ADD     A,#59          ;A←85+59=0DEH
DA      A              ;A←44,CY=1
SJMP    $              ;停机
END
```

练一练

（1）若（R0）=40H，（40H）=79H，（41H）=1FH，（DPTR）=1FDFH，ROM（2000H）=

ABH，CY＝1，将依次执行下列指令后的结果写在注释区。

```
MOV     A,41H
ADDC    A,#00H
INC     DPTR
MOVC    A,@A+DPTR
DEC     40H
ADD     A,@R0
INC     R0
SUBB    A,R0
```

（2）已知两个 BCD 码分别存放在 31H30H 和 33H32H，试编程求其和，并将结果存入 R4R3R2。

（3）试说明下列指令执行后，A 的最终值为多少，并分析执行最后一条指令对 PSW 有何影响？

```
① MOV  R0,#72H
  MOV  A,R0
  ADD  A,#4BH
② MOV  A,#02H
  MOV  B,A
  MOV  A,#0AH
  ADD  A,B
  MUL  AB
③ MOV  A,#20H
  MOV  B,A
  ADD  A,B
  SUBB A,#10H
  DIV  AB
```

任务五 熟悉逻辑运算与循环移位类指令

学习目标

★ 熟悉 80C51 各种寻址方式的逻辑运算及循环移位类指令。

★ 利用 80C51 逻辑运算类指令完成各种常规的逻辑运算。

★ 利用 80C51 循环移位类完成各种要求的移位操作。

逻辑运算类指令包括与、或、异或、清 0、取反及移位等操作指令，这类指令涉及 A 时，影响奇偶标志位 P，但对 CY（除带 CY 移位）、AC、OV 无影响。

1. 逻辑“与”运算指令

汇编指令格式及注释如下：

```
ANL  A,Rn                  ;A ←(A)∧(Rn)
```

```
ANL  A,direct          ;A ←(A)∧(direct)
ANL  A,@Ri             ;A ←(A)∧((Ri))
ANL  A,#data           ;A ←(A)∧data
ANL  direct,A          ;direct ← (direct)∧(A)
ANL  direct,#data      ;direct ← (direct)∧.data
```

这组指令的功能是将两个指定的操作数按位进行逻辑“与”运算，结果存到目的操作数中。前四条指令是将累加器A的数据与源操作数所指出的数据按位进行“与”运算，结果存放在A中，指令执行后影响奇偶标志位P。后两条指令是将直接地址单元中的数据与源操作数所指出的数据按位按位进行“与”运算，结果存入直接地址单元中。

【例 3-23】已知（R0）＝30H，（30H）＝0AAH，试问 80C51 分别执行如下指令后累加器A和30H单元中的内容是什么？

```
(1) MOV    A,#0FFH          (2) MOV   A,#0FH
    ANL    A,R0                 ANL   A,30H

(3) MOV    A,#0F0H          (4) MOV   A,#80H
    ANL    A,@R0                ANL   30H,A
```

解：根据逻辑乘指令功能，上述指令执行后的操作结果为：

（1）(A)=30H,(30H)=0AAH　　（2）(A)=0AH,(30H)=0AAH

（3）(A)=0A0H,(30H)=0AAH　　（4）(A)=80H,(30H)=80H

在实际编程中，逻辑与指令主要用于从某个存储单元中取出某几位，而把其他位变为0。

2. 逻辑“或”运算指令

汇编指令格式及注释如下：

```
ORL    A,Rn               ;A←(A)∨(Rn)
ORL    A,direct           ;A←(A)∨(direct)
ORL    A,@Ri              ;A←(A)∨((Ri))
ORL    A,#data            ;A←(A)∨data
ORL    direct,A           ;direct←(direct)∨(A)
ORL    direct,#data       ;direct←(direct)∨data
```

这组指令的功能是将两个指定的操作数按位进行逻辑“或”运算，结果存到目的操作数中。前四条指令是将累加器A的数据与源操作数所指出的数据按位进行“或”运算，结果存放在A中，指令执行后影响奇偶标志位P。后两条指令是将直接地址单元中的数据与源操作数所指出的数据按位按位进行“或”运算，结果存入直接地址单元中。

【例 3-24】设（A）＝0ABH，（P1）＝0FFH，试通过编程把累加器A中的低4位送入P1口低4位，P1口高4位不变。

解：本题也有多种求解方法，现介绍其中一种。

```
ORG    0100H
MOV    R0,A               ;A中内容暂存R0
ANL    A,#0FH             ;取出A中低4位,高4位为0
ANL    P1,#0F0H           ;取出P1口中高4位,低4位为0
ORL    P1,A               ;字节装配
MOV    A,R0               ;恢复A中原数
```

```
SJMP    $                    ;停机
END
```

3. 逻辑“异或”运算指令

汇编指令格式及注释如下：

```
XRL     A,Rn                 ;A←(A)⊕(Rn)
XRL     A,direct             ;A←(A)⊕(direct)
XRL     A,@Ri                ;A←(A)⊕((Ri))
XRL     A,#data              ;A←(A)⊕data
XRL     direct,A             ;direct←(direct)⊕(A)
XRL     direct,#data         ;direct←(direct)⊕data
```

这组指令的功能是将两个指定的操作数按位进行逻辑“异或”运算，结果存到目的操作数中，前四条指令是将累加器A的数据与源操作数所指出的数据按位进行“异或”运算，结果存放在A中，指令执行后影响奇偶标志位P。后两条指令是将直接地址单元中的数据与源操作数所指出的数据按位按位进行“异或”运算，结果存入直接地址单元中。

【例3-25】已知外部RAM 30H中有一数BDH，现欲令它高4位取反和低4位不变，试编写它的相应程序。

解：本题也有多种求解方法，现介绍其中一种。

利用MOVX A,@Ri类指令。

```
ORG     0100H
MOV     R0,#30H          ;地址30H送R0
MOVX    A,@R0            ;(A)←0BDH
XRL     A,#F0H           ;(A)←0BDH⊕0F0H=4DH
MOVX    @R0,A            ;送回30H单元
SJMP    $                ;停机
END
```

程序中，异或指令执行过程为：

```
     (30H) = 1 0 1 1 1 1 0 1 B
⊕     data = 1 1 1 1 0 0 0 0 B
---------------------------------
     (30H)   0 1 0 0 1 1 0 1 B
```

4. 循环移位指令

汇编指令格式及注释如下。

（1）累加器A循环左移指令。

```
RL    A
```

累加器循环左移指令操作如图3-3所示。

（2）累加器A循环右移指令。

```
RR    A
```

累加器循环右移指令操作如图3-4所示。

（3）累加器A带进位循环左移指令。

```
RLC   A
```

累加器A带进位环左移指令操作如图3-5所示。

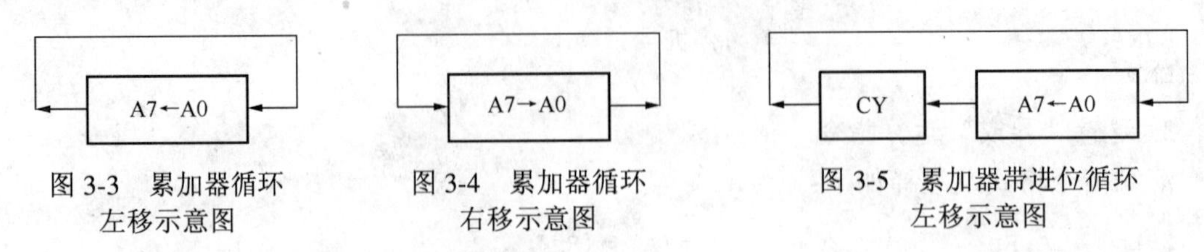

图 3-3　累加器循环左移示意图　　图 3-4　累加器循环右移示意图　　图 3-5　累加器带进位循环左移示意图

（4）累加器 A 带进位循环右移指令。

```
RRC    A
```

累加器 A 带进位环右移指令操作如图 3-6 所示。

（5）累加器 A 半字节交换指令。

```
SWAP   A
```

累加器 A 半字节交换指令操作如图 3-7 所示。

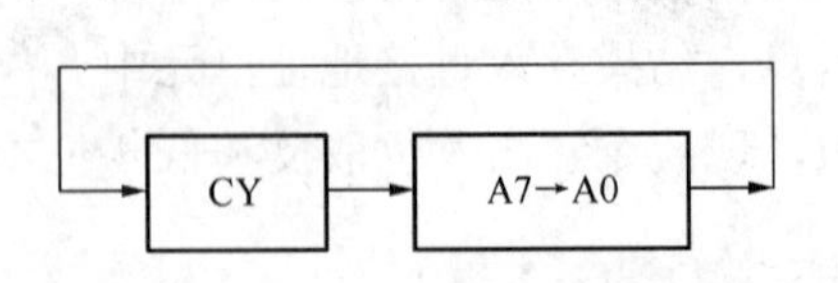

图 3-6　累加器带进位循环右移示意图

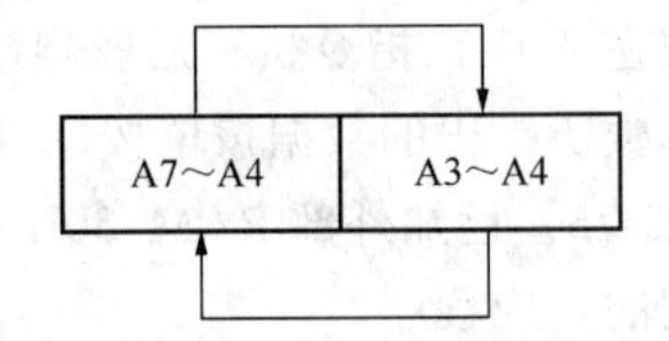

图 3-7　累加器 A 半字节交换示意图

这组指令功能如指令注释中的图所示，五条指令共分三类，前两条指令是将累加器 A 中的内容循环进行左移或右移，后两条指令是将累加器 A 的内容连同进位位 CY 一同进行循环左移或右移。第五条指令用于累加器 A 中的高 4 位和低 4 位相互交换。

【例 3-26】 已知 M1 和 M1＋1 单元中有一个 16 位的二进制数（M1 中为低 8 位），请通过编程令其扩大到二倍（设该数扩大后小于 65 536）。

解：一个 16 位二进制数扩大到二倍就等于是把它进行了一次算术左移。由于 80C51 的移位指令是二进制 8 位的移位指令，因此 16 位数的移位指令必须用程序来实现。

相应程序为：

```
ORG     1000H
CLR     C               ;CY←0
MOV     R1,#M1          ;操作数低 8 位地址送 R1
MOV     A,@R1           ;A←操作数低 8 位
RLC     A               ;低 8 位操作数左移,低位补 0
MOV     @R1,A           ;送回 M1 单元,CY 中为最高
INC     R1              ;R1 指向 M1+1 单元
MOV     A,@R1           ;A←操作数高 8 位
RLC     A               ;高 8 位操作数左移
MOV     @R1,A           ;送回 M1+1 单元
SJMP    $               ;停止
END
```

在程序中，CY 用于把 M1 中的最高位移入 M1＋1 单元的最低位。

【例 3-27】 某已知数存在 R4 中，试将其乘 2 存在 R3 中，除以 2 存在 R2 中。

解：本题需要用到半字节交换指令。

```
ORG     1000H
CLR     A
RLC     A              ;CY=0
MOV     A,R4           ;读已知数
RLC     A              ;带 CY(CY=0)循环左移相当于乘 2
MOV     R3,A           ;存 R3
CLR     A              ;
RLC     A              ;CY=0
MOV     A,R4           ;读已知数
RRC     A              ;带 CY(CY=0)循环左移相当于除以 2
MOV     A,R2           ;存 R2
END
```

5. 清零与取反指令

汇编指令格式及注释如下：

```
CLR     A               ;A←0
CPL     A               ;A←/A
```

第一条指令的功能是将累加器 A 的内容清 0。第二条指令的功能是将累加器 A 的内容按位取反，即作逻辑非运算。

例如，已知（A）＝23H＝00100011B，则执行 CPL　A 指令后，（A）＝11011100B＝0DCH。

【例 3-28】已知：30H 单元中有一正数 *X*，试写出求－*X* 补码的程序。

解：一个 8 位带符号二进制机器数的补码可以定义为反码加“＋1”。因此，相应程序为：

```
ORG     0200H
MOV     A,30H          ;A←X
CPL     A              ;A←/X
INC     A              ;A←-X
MOV     30H,A          ;-X 补码送回 30H 单元
SJMP    $              ;停机
END
```

本题也可采用逻辑异或指令，其效果是相同的，但所编程序的总字节至少比本程序多 1。

练一练

（1）求下列程序依次运行后有关单元中的内容。已知（R1）＝73H，CY＝0，（59H）＝73H，（73H）＝6BH。

```
CLR     A
SUBB    A,#59H
CPL     A
ORL     A,R1
```

```
RLC     A
ANL     A,@R1
RR      A
XLR     A,59H
```

（2）某已知数存在 30H 中，试用循环指令将其乘以 4（设积<256）存在 31H 中，除以 4 存在 32H 中。

（3）编写程序，将 R0 中的低 4 位数与 R1 中的高 4 位数合并成一个 8 位数，并存放在 R0 中。

任务六　熟悉控制转移类指令

学习目标

★ 理解 80C51 控制转移类指令的功能。

★ 熟悉 80C51 控制转移类指令的执行过程及不同指令的转移范围。

★ 掌握利用 80C51 转移控制类指令完成指定目标的程序转移操作。

控制转移类指令包括无条件转移指令、条件转移指令、调用和返回指令。这类指令通过修改 PC 的内容来控制程序的执行流向。

1. 无条件转移指令

汇编指令格式及注释如下。

（1）长转移指令。其格式如下：

```
LJMP    addrl6          ;PC ← addr16,转移范围为 64KB
```

这条指令称为长转移指令，指令中包含 16 位地址，其转移的目标地址范围是程序存储器的 0000H～FFFFH。执行结果是将 16 位 ROM 地址 addr16 送给程序计数器 PC，接着从新的程序地址开始执行。

（2）短转移指令。其格式如下：

```
AJMP    addr11          ;PC←(PC)+2,addr11 →(PC10~PC0),(PC15~PC11)不变
```

这条指令称为短转移指令，指令中只包含要改变的低 11 位地址，转移的目标地址是在下一条指令地址开始的 2KB 范围内。由于 AJMP 指令为双字节，该指令执行后，先是程序计数器 PC 自动加 2，然后将指令中包含的 11 位地址送到 PC 的低 11 位，构成新的地址，接着从新的程序地址开始执行。

（3）相对转移指令。其格式如下：

```
SJMP    rel             ;PC←(PC)+2+rel
```

这条指令称为相对转移指令，指令的操作数是相对地址。rel 是一个带符号的相对偏移字节数的补码，其范围为－128～＋127，负数表示向后转移，正数表示向前转移。SJMP 指令也为双字节，执行该指令后先是 PC 值自动加 2，然后再将指令中给出的相对偏移量 rel 同当前 PC 值相加，构成新的地址，接着从新的程序地址开始执行，即目的地址值=本

指令地址值＋2＋rel。

（4）间接转移指令。

```
JMP      @A+DPTR          ;PC ←(A)+(DPTR)
```

这条指令称为间接转移指令（或称散转指令），该指令转移地址由数据指针 DPTR 中的16位数和累加器A中的8位无符号数相加形成，并直接送入PC。指令执行过程对DPTR、A和PSW标志位均无影响，这条指令可代替众多的判别跳转指令，具有散转功能。

【例3-29】已知PC，求分别执行下列指令后PC值。

```
①2000H:    LJMP    3000H;
②27FDH:    AJMP    600H;
③27FDH:    AJMP    LOOP1;LOOP1 地址:2008H
④2000H:    SJMP    LOOP2;LOOP2 地址:2090H
```

解：①：（PC）＝3000H，16位目标地址直接进入PC。

②：a．产生当前PC，（PC）＝（PC）＋2＝27FDH＋2＝27FFH＝0010 0111 1111 1111B 取出高5位：00100。

b．低11位目标地址：600H＝0110 0000 0000B。

c．组成16位目标地址：PC＝00100 110 0000 0000B＝2600H。

d．指令码为：110 00001 0000 0000B＝0C1 00H（00001为操作码，余为11位地址）。

③：a．当前（PC）＝0010 0111 1111 1111B，高5位：00100。

b．转移目标地址：2800H＝0010 1000 0000 0000B，高5位：00101；转移目标地址与当前PC高5位不相同，即不在同一2KB，无法转移。

④：a．当前PC：2002H；LOOP2地址：2090H。

b．最大转移范围：（2002H＋FF80H）～（2002H＋7FH）＝1F82H～2081H，LOOP2地址（2090H）已超出最大范围，无法转移。

【例3-30】已知累加器A中放有待处理命令，编号为0～4，程序存储器中放有起始地址为PMTB的三字节长转移指令表。试编一程序能使机器按照累加器A中的命令编号转去执行相应的命令程序。

解：响应程序为：

```
CM:     MOV   R1,A
        RL    A                ;A←(A)*2
        ADD   A,R1             ;A←(A)*3
        MOV   DPTR,PMTB        ;转移指令表起始地址送 DPTR
        JMP   @A+DPTR
PMTB:   LJMP  PM0
        LJMP  PM1
        LJMP  PM2
        LJMP  PM3
        LJMP  PM4
        END
```

2. 条件转移指令

汇编指令格式及注释如下。

（1）累加器 A 判零转移指令（2 条）。

```
JZ  rel                            ;若(A)=0,PC←(PC)+2+rel
                                   ;若(A)≠0,PC←(PC)+2,即程序顺序向下执行
JNZ  rel                           ;若(A)≠0,PC←(PC)+2+rel
                                   ;若(A)=0,PC←(PC)+2,即程序顺序向下执行
```

【例 3-31】试编程实现：B 中数据不断加 1，加至 0FFH，则不断减 1，减至 0，则不断加 1，往返不断循环。

解：编程如下：

```
GADD:   INC     B                  ;B←(B)+1
        MOV     A,B                ;A←(B)
        CPL     A                  ;取反
        JNZ     GADD               ;(A)≠0,即(B)≠0FFH,继续不断加 1
GSUB:   DEC     B                  ;(A)=0,即 B=0FFH,则不断减 1
        MOV     A,B                ;A←(B)
        JZ      GADD               ;B 减至 0,则不断加 1
        SJMP    GSUB               ;B 未减至 0,继续不断减 1
```

（2）减 1 条件转移指令（2 条）。

```
DJNZ  Rn,rel                       ;Rn←(Rn)-1
                                   ;若(Rn)≠0,PC←(PC)+2+rel
                                   ;若(Rn)=0,PC←(PC)+2
DJNZ  direct,rel                   ;direct←(direct)-1
                                   ;若(direct)≠0,PC←(PC)+3+rel
                                   ;若(direct)=0,PC←(PC)+3
```

【例 3-32】试编写程序，将内 RAM 20H～2FH 共 16 个连续单元清零。

解：编程如下：

```
CLR16:  MOV     R0,#20H            ;置清零区首址
        MOV     R2,#16H            ;置数据长度
        CLR     A                  ;A 清零
CLOP:   MOV     @R0,A              ;清零
        INC     R0                 ;修改间址
        DJNZ    R2,CLOP            ;判清零循环
        SJMP    $                  ;原地等待
```

【例 3-33】已知延时子程序，且 f_{osc}=12MHz（1μs/机器周期），每条指令均为 2 机器周期指令，求运行该子程序延时时间。

解：相应的程序为：

```
DELAY:  MOV     30H,#05H           ;置外循环次数 5
DY1:    MOV     31H,#64H           ;置内循环次数 100
DY2:    DJNZ    31H,DY2            ;内循环 100 次,2 机器周期×100=200 机器周期
        DJNZ    30H,DY1            ;外循环 5 次,(200+2+2)机器周期×5=1020 机器周期
        RET                        ;1020+2+2=1024 机器周期,1024 机器周期×1μs/机器周
                                   期 1024μs
```

运行该子程序延时时间为 1024μs。

(3) 比较条件转移指令(4条)。

```
CJNE  A,direct,rel          ;若(A)=(direct),则CY=0,PC←(PC)+3
                            ;若(A)>(direct),则CY=0,PC←(PC)+3+rel
                            ;若(A)<(direct),则CY=1,PC←(PC)+3+rel
CJNE  A,#data,rel           ;若(A)=data,则CY=0,PC←(PC)+3
                            ;若(A)>data,则CY=0,PC←(PC)+3+rel
                            ;若(A)<data,则CY=1,PC←(PC)+3+rel
CJNE  Rn,#data,rel          ;若(Rn)=data,则CY=0,PC←(PC)+3
                            ;若(Rn)>data,则CY=0,PC←(PC)+3+rel
                            ;若(Rn)<data,则CY=1,PC←(PC)+3+rel
CJNE  @Ri,#data,rel         ;若((Ri))=data,则CY=0,PC←(PC)+3
                            ;若((Ri))>data,则CY=0,PC←(PC)+3+rel
                            ;若((Ri))<data,则CY=1,PC←(PC)+3+rel
```

【例3-34】用CJNE指令实现[例3-32]清零功能。

解：相应的程序为：

```
CLR16:  MOV     R0,#20H         ;置清零区首址
        CLR     A               ;A清零
CLOP:   MOV     @R0,A           ;清零
        INC     R0              ;修改间址
        CJNE    R0,#30H,CLOP    ;判清零循环
        SJMP    $               ;原地等待
```

3. 子程序调用及返回指令

汇编指令格式及注释如下。

(1) 调用(2条)。

```
LCALL  addr16           ;PC←(PC)+3,(SP)+1 → SP,SP←(PC7~0)
                        ;SP←(SP)+1,SP←(PC15~8),SP←addr16
ACALL  addr11           ;PC←(PC)+2,SP←(SP)+1,SP←(PC7~0)
                        ;SP←(SP)+1,SP←(PC15~8),(PC10~0)←addr11
```

这两条指令可以实现子程序的短调用和长调用。LCALL指令称长调用指令，为三字节指令，子程序入口地址可以设在64KB的空间中。执行时，程序计数器PC自动加3，指向下条指令地址(即断点地址)，然后将断点地址压入堆栈(以备将来返回)。执行中先把PC的低8位PC7～PC0压入堆栈，再压入PC的高8位PC15～PC8，接着把指令中的16位子程序入口地址装入PC，程序转到子程序。ACALL指令称短调用指令，为双字节指令，被调用的子程序入口地址必须与调用指令ACALL的下一条指令在相同的2KB存储区之内。其保护断点地址过程同上，不过PC只需加2，其转入子程序入口的过程同LCALL指令。

(2) 返回(2条)。

```
RET           ;PC15~8←(SP),SP←(SP)-1,PC7~0←(SP),SP←(SP)-1
RETI          ;PC15~8←(SP),SP←(SP)-1,PC7~0←(SP),SP←(SP)-1
```

RET指令是子程序返回指令，执行时将堆栈区内的断点地址弹出送入PC，使程序返回到原断点地址。

RETI指令是实现从中断服务程序返回的指令，它只能用作中断服务子程序的结束指

令。RET 指令与 RETI 指令决不能互换使用。

【例 3-35】 试利用子程序技术编出令 20H～2AH、30H～3EH、40H～4FH 三个子域清零的程序。

解：相应的程序为：

```
        ORG     1000H
        MOV     SP,#70H                 ;令堆栈的栈底地址为 70H
        MOV     R0,#20H                 ;第一清零区起始地址送 R0
        MOV     R2,#0BH                 ;第一清零区单元数送 R2
        ACALL   ZERO                    ;给 20H~2AH 区清零
        MOV     R0,#30H                 ;第二清零区起始地址送 R0
        MOV     R2,#0FH                 ;第二清零区单元数送 R2
        ACALL   ZERO                    ;给 30H~3EH 区清零
        MOV     R0,#40H                 ;第三清零区起始地址送 R0
        MOV     R2,#10H                 ;第三清零区单元数送 R2
        ACALL   ZERO                    ;给 40H~4FH 区清零
        SJMP    $                       ;原地等待
        ORG     1050H
ZERO:   MOV     @R0,#00H                ;清零
        INC     R0                      ;修改清零区指针
        DJNZ    R2,ZERO                 ;若(R2)-1≠0,则 ZERO
        RET                             ;返回
        END
```

4. 空操作指令

汇编指令格式及注释如下：

```
NOP                                     ;空操作
```

这是一条单字节指令，机器执行这条指令仅使程序计数器 PC 加 1，不进行任何操作，共消耗 12 个时钟周期时间，故它常在延时程序中使用。

【例 3-36】 用 NOP 指令产生方波并从 P1.0 输出。

```
HATE:   MOV     P1,#00H                 ;P1.0 清零
        NOP                             ;空操作
        NOP
        NOP
        MOV     P1,#01H                 ;P1.0 置 1
        NOP                             ;空操作
        NOP
        NOP
        SJMP    HATE                    ;无条件返回
```

练一练

（1）分别用一条指令实现下列功能。

1）若 CY＝0，则转 PROM1 程序段执行。

2）若 A 中数据不等于 200，则程序转至 PROM3。

3）若 A 中数据等于 0，则程序转至 PROM4。

4）将 40H 中数据减 1，若 40H 中数据不等于 0，则程序转至 PROM5。

5）若以 R0 中内容为地址的存储单元中的数据不等于 10，则程序转至 PROM6。

6）调用首地址为 1000H 的子程序。

7）使 PC＝3000H。

（2）编写程序，将外部 RAM 单元 3000H～3050H 清 0。

（3）编写程序，当累加器 A 中的内容分别满足下列条件时都能转到 LABEL（条件不满足时停机）处执行的程序。

1）A≥20　2）A＜20　3）A≤10　4）＜10

任务七　熟悉位操作类指令

学习目标

★ 熟悉 80C51 位操作指令的格式与操作对象。

★ 使用位操作指令处理有关位的运算及位的判跳操作。

位操作指令的操作数不是字节，而是字节中的某一位（每位取值只能是 0 或 1），故又称之为布尔变量操作指令。

位操作指令的操作对象是片内 RAM 的位寻址区（即 20H～2FH）和 SFR 中的 11 个可以位寻址的寄存器。位操作指令共有 17 条，分为位传送、位置位和位清零、位运算以及为控制转移指令四类。

1. 位数据传送指令

汇编指令格式及注释如下：

```
MOV  C,bit              ;C ←(bit)
MOV  bit,C              ;bit ←(C)
```

这两条指令主要用于对位操作累加器 C 进行数据传送。第一条指令的功能是把位地址 bit 中的内容传送到 PSW 中的进位标志位 CY；第二条指令功能与此相反，是把进位标志位 CY 中的内容传送位地址 bit 中。

【例 3-37】试通过编程把 00H 位中的内容和 7FH 位中的内容相交换。

解：为了实现 00H 和 7FH 位地址单元中的内容相交换，可以采用 01H 位作为暂存寄存器位，相应程序为：

```
MOV     C,00H           ;CY←(00H)
MOV     01H,C           ;暂存 01H 位
MOV     C,7FH           ;CY←(7FH)
MOV     00H,C           ;存入 00H 位
MOV     C,01H           ;00H 的原内容送 CY
MOV     7FH,C           ;存入 7FH 位
SJMP    $               ;结束
```

2. 位修正指令

汇编指令格式及注释如下：

```
CLR     C               ;C←0
CLR     bit             ;bit←0
```

```
CPL     C             ;C←$\overline{C}$
CPL     bit           ;bit←$\overline{bit}$
SETB    C             ;C←1
SETB    bit           ;bit←1
```

这类指令的功能分别是对位累加器C或直接寻址位进行清除、取反、置位操作，执行结果不影响其他标志。

3. 位逻辑运算指令

汇编指令格式及注释如下：

```
ANL  C,bit            ;C←(C)∧(bit)
ANL  C,/bit           ;C←(C)∧($\overline{bit}$)
ORL  C,bit            ;C←(C)∨(bit)
ORL  C,/bit           ;C←(C)∨($\overline{bit}$)
```

这组指令的功能，是把进位标志C的内容和直接位地址的内容逻辑与、或后的操作结果送回到C中。

【例 3-38】 若CY=1，（00H）=0，将分别执行下列指令后的结果写在注释区。

```
CPL     C           ;(C)=0
CPL     00H         ;(00H)=1
SETB    C           ;(C)=1(刷新),若原(C)=0,执行 SETB C 指令后,(C)=1
SETB    00H         ;(00H)=1
ANL     C,00H       ;(C)=(C)∧(00H)=1∧0=0
ANL     C,/00H      ;(C)=(C)∧($\overline{00H}$)=1∧1=1
ORL     C,00H       ;(C)=(C)∨(00H)=1∨0=1
ORL     C,/00H      ;(C)=(C)∨($\overline{00H}$)=1∨1=1
```

80C51指令中没有位异或指令，位异或操作可用若干条位操作指令来实现。

【例 3-39】 设X、Y、F都代表位地址，试编程实现X、Y中内容异或操作，结果存入F中。

解：异或操作，可直接按异或定义 $F=X\overline{Y}+Y\overline{X}$ 来编写。逻辑“与”也称逻辑乘；逻辑“或”也称逻辑加。程序如下：

```
MOV     C,X         ;读 X
ANL     C,/Y        ;(C)= X$\overline{Y}$
MOV     F,C         ;暂存 F,F= X$\overline{Y}$
MOV     C,Y         ;读 Y
ANL     C,/X        ;(C)= Y$\overline{X}$
ORL     C,F         ;(C)=X$\overline{Y}$+Y$\overline{X}$
MOV     F,C         ;结果存入 F 中
RET                 ;子程序返回
```

4. 位控制转移指令

汇编指令格式及注释如下：

```
JC  rel            ;若 CY=1,则 PC←(PC)+2+rel
                   ;若 CY=0,则 PC←(PC)+2
JNC  rel           ;若 CY=0,则 PC←(PC)+2+rel
                   ;若 CY=1,则 PC←(PC)+2
JB  bit,rel        ;若(bit)=1,则 PC←(PC)+3+rel
                   ;若(bit)=0,则 PC←(PC)+3
JNB  bit,rel       ;若(bit)=0,则 PC←(PC)+3+rel
                   ;若(bit)=1,则 PC←(PC)+3
```

```
JBC  bit,rel           ;若(bit)=1,PC←(PC)+3+rel,bit←0
                       ;若(bit)=0,PC←(PC)+3
```

前两条指令的功能是对进位标志位CY进行检测，当CY=1（第一条指令）或CY=0（第二条指令），程序转向PC当前值与rel之和的目标地址去执行，否则顺序执行。

后三条指令的功能是对指定位bit进行检测，当（bit）=1或（bit）=0，程序转向PC当前值与rel之和的目标地址去执行，否则程序将顺序执行。对于第五条指令，当条件满足时（指定位为1），还具有将该指定位清0的功能。

【例3-40】已知外设测温系统口地址为7FFFH，能读得其温度，试根据其温度从P1口输出控制信号：大于60℃，输出01H；等于60℃，输出02H；小于60℃，输出04H。

解：编程如下：

```
WORK:  MOV    DPTR,#7FFFH     ;置外设测温系统口地址
       MOVX   A,@DPTR         ;读外设测温系统温度
       CJNZ   A,#60,PI00      ;与60℃比较,不等于60℃,转
PI02:  MOV    P1,#02H         ;等于60℃,P1口输出02H
       RET                    ;子程序返回
PI00:  JC     PI03            ;C=1表示小于60℃,转
PI01:  MOV    P1,#01H         ;C=0,表示大于60℃,P1口输出01H
       RET                    ;子程序返回
PI03:  MOV    P1,#04H         ;小60℃,P1口输出04H
       RET                    ;子程序返回
```

练一练

（1）求下列程序依次运行后有关单元中的内容。

```
MOV    20H,#A5H
MOV    C,00H
ANL    C,/04H
CPL    07H
SETB   01H
MOV    A,20H
RLC    A
MOV    02H,C
```

（2）编写能完成如下操作的程序：

1）使20H单元中数的高两位变0，其余位不变。

2）使20H单元中数的高两位变1，其余位不变。

3）使20H单元中数的高两位变反，其余位不变。

（3）用位操作指令实现下列逻辑操作。要求不得改变未涉及位的内容。

1）使ACC.0置位。

2）清除累加器高4位。

3）清除ACC.0、ACC.1、ACC.2、ACC.3。

模块四 汇编语言程序设计

指令只有按工作要求有序地编排为一段完整的程序，才能起到一定的作用，完成某一特定的任务。通过程序的设计、调试和运行，可以进一步加深对指令系统的了解和掌握，从而也在一定程度上提高了单片机控制技术的应用水平，本模块将详细介绍 80C51 常用的汇编语言程序设计方法，并列举一些具有代表性的汇编语言程序实例，作为设计程序的参考。

任务一　掌握汇编语言程序设计基本概念

学习目标

★ 了解汇编语言的特点及其语句结构。

★ 理解各伪指令的功能，能正确使用 80C51 常用伪指令。

★ 明确程序设计的基本思路。

1. 汇编语言及其语句结构

计算机能识别的是用二进制表示的指令，称为机器码。如汇编语言指令 MOV　A,#200，其机器代码为 74C8H。机器码虽然能被计算机直接识别，但书写、记忆都很困难，用它来编写程序很不方便，为了解决这一问题，人们用一些助记符来代替机器码，以使程序易读易懂。用助记符书写的指令系统就是计算机的汇编语言。每一条指令就是汇编语言的一条语句。

一条汇编语言的语句最多包括四部分：标号、操作码、操作数和注释，其结构为：

标号:操作码 [(目的操作数),(源操作数)];注释

2. 伪指令

单片机只能识别机器语言指令，因此在应用系统中必须把汇编语言源程序通过专门的汇编程序编译成机器语言程序，这个编译过程就称作汇编。汇编程序在汇编过程中，必须要提供一些专门的指令，比如标志汇编源程序的起始及结束等的指令，这些指令在汇编时并不产生目标代码，当然也就不会影响程序的执行，只是在汇编过程中起作用，我们将其称为伪指令。

（1）起始地址设定伪指令 ORG。起始地址设定伪指令 ORG 的功能是对汇编源程序段的起始地址进行定位，即用来规定汇编程序汇编时，目标程序在程序存储器 ROM 中存放的起始地址。

指令格式如下：

```
ORG  addr16
```

其中 addr16 表示 16 位地址，例如，某程序段的开头为 ORG　0060H，则该程序段经

过汇编程序汇编后，将被存储于 ROM 中 0060H 单元开始的空间内。

在一个汇编源程序内，可以多次使用 ORG 命令，以规定不同程序段的起始位置，地址应从小到大顺序排列，不能重叠。

（2）汇编结束伪指令 END。汇编结束伪指令 END 的功能是提供汇编结束标志，对 END 指令之后的程序段不再进行处理，因此该指令应置于汇编源程序的结尾。

指令格式如下：

```
END
```

（3）字节数据定义伪指令 DB。字节数据定义伪指令 DB 的功能是从指定单元开始定义若干个字节的数据常数表，常用于查表程序中。

指令格式如下：

```
[标号:]DB 字节数据表
```

常数表中每个数或 ASCII 字符之间要用“，”分开，表示 ASCII 字符时要用单引号（‘’）括起来。例如，某程序中有如下程序段：

```
    ORG 1200H
AA: DB 23H,56H,89H
     DB  'A','B','C'
```

则经过汇编后，标号 AA＝1200H，（1200H）＝23H，（1201H）＝56H，（1202H）＝89H，（1203H）＝41H，（1204H）＝42H，（1205H）＝43H。

（4）字数据定义伪指令 DW。字数据定义伪指令 DW 的功能是从标号指定的地址单元开始，在程序存储器中定义若干个字的数据常数表。

指令格式如下：

```
[标号:]DW  16位二进制常数表
```

例如，某程序中有如下程序段：

```
    ORG 2400H
AA: DW  1234H,ABCH,15
```

则经过汇编后，标号 AA＝2400H，（2400H）＝12H，（2401H）＝34H，（2402H）＝0AH，（2403H）＝BCH，（2404H）＝00H，（2405H）＝0FH。

（5）赋值伪指令 EQU。赋值伪指令 EQU 的功能是将表达式的值或特定的某个汇编符号赋值给某个字符名称。

指令格式如下：

```
字符名称  EQU  表达式
```

例如，某程序中包括如下两行：

```
BLOCK  EQU  30H
MOV  A,BLOCK
```

则指令执行后，实际是将 30H 单元的内容传送到累加器 A 中。

（6）数据地址赋值伪指令 DATA。数据地址赋值伪指令 DATA 的功能是将数据地址或代码地址赋予规定的字符名称。

指令格式如下：

字符名称　DATA　表达式

DATA 和 EQU 的功能有些相似，区别为 EQU 定义的符号必须先定义后使用，而 DATA 可以先使用后定义。

（7）位地址符号定义伪指令 BIT。位地址符号定义伪指令 BIT 的功能是将位地址赋值给指定的符号名。

指令格式如下：

字符名称　BIT　位地址表达式

例如，某程序中包括如下两行：

```
START   BIT  30H
TING    BIT  P1.2
```

则在汇编过程中，符号 START 等价于位地址 30H，符号 TING 等价于位地址 P1.2。必须按顺序执行一条条的指令，这种按工作要求编排指令序列的过程称为程序设计。

3. 程序设计方法

程序是指令的有序集合，一个好的程序不仅要完成规定的功能任务，而且还应该执行速度快、占用内存少、条理清晰、阅读方便、便于移植、巧妙而实用。一般应按以下几个步骤进行。

（1）明确工作目的、技术指标等要求。

（2）分析任务要求，确定解决问题的计算方法和工作步骤。

（3）设计程序流程图。

（4）分配工作寄存器和内存工作单元，确定程序与数据区存放地址。

（5）按流程图编写源程序。

（6）上机调试、修改并最后确定源程序。

想一想

（1）汇编语言的语句格式如何？其中哪一部分是不能省略的？

（2）什么是伪指令？伪指令和指令之间有何区别？常用的伪指令有哪些？

任务二　掌握汇编语言程序设计中的基本程序结构

学习目标

★ 熟悉基本的程序结构。

★ 正确分析一些基本的、常用的程序实例。

★ 正确编写简单的应用程序。

前面详细介绍了 80C51 系列单片机的指令系统及汇编语言程序设计的方法，下面介绍几个常用程序设计的实例。

1. 顺序程序

顺序结构程序是一种最简单、最基本的程序（也称为简单程序），是所有复杂程序的基础或某个组成部分。顺序结构程序虽然并不难编写，但要设计出高质量的程序还是需要掌握一定的技巧。

【例 4-1】 已知 16 位二进制负数存放在 R1R0 中，试求其补码，并将结果存在 R3R2 中。

解：二进制负数的求补方法可归结为“求反加 1”，符号位不变。利用 CPL 指令实现求反；加 1 时，则用低 8 位先加 1，高 8 位再加上低位的进位。

程序如下：

```
        ORG     0000H
        AJMP    START               ;跳转主程序
        ORG     0050H               ;主程序初始地址
START:  MOV     A,R0                ;读低 8 位
        CPL     A                   ;取反
        ADD     A,#1                ;加 1
        MOV     R2,A                ;存低 8 位
        MOV     A,R1                ;读高 8 位
        CPL     A                   ;取反
        ADDC    A,#80H              ;加进位及符号位
        MOV     R3,A                ;存高 8 位
        END
```

【例 4-2】 已知一个补码形式的 16 位二进制数（低 8 位在 30H 单元，高 8 位在 31H 单元），试编写能求该 16 位二进制数原码的绝对值的程序。

解：现对 30H 单元中的低 8 位取反加 1，再把由此产生的进位加到 31H 单元内容的反码上，最后去掉它的最高位（符号位）。

```
        ORG     0000H
        AJMP    START               ;跳转主程序
        ORG     0050H               ;主程序初始地址
START:  MOV     R0,30H              ;R0←30H
        MOV     A,@R0               ;低 8 位送 A
        CPL     A                   ;取反
        ADD     A,#01H              ;A 中内容变补,进位位留 CY
        MOV     @R0,A               ;存数
        INC     R0
        MOV     A,@R0               ;高 8 位送 A
        CPL     A                   ;高 8 位取反
        ADDC    A,#00H              ;加进位位
        ANL     A,#7FH              ;去掉符号位
        MOV     @R0,A               ;存数
        SJMP    $
        END
```

练一练

已知 R0 中存放了一个 BCD 码形式的两位数，试将其转换成二进制数。

提示　将原数的高 4 位乘以 10，再加低 4 位数即可（单片机所有运算均为二进制）。

设外 RAM 2000H 单元中有一个 8 位二进制数，试编程将该数的低 4 位屏蔽掉，并送回原存储单元。

【例 4-3】 用软件实现下列逻辑函数的功能：$F=X\overline{Y}W+\overline{X}Y\overline{ZW}+XYZ$

其中 F、W、X、Y、Z 均为位变量，依次存在以 20H 为首址的位寻址区中。

解：编程如下：

```
W       BIT     20H
X       BIT     21H
Y       BIT     22H
Z       BIT     23H
F       BIT     24H
MOV     C,X               ;读 X
ANL     C,/Y              ;C=XȲ
ANL     C,W               ;C=XȲW
MOV     F,C               ;F=XȲW
MOV     C,Z               ;读 Z
ANL     C,W               ;C=ZW
CPL     C                 ;C=(ZW)'
ANL     C,Y               ;C=Y(ZW)'
ANL     C,/X              ;C=X̄Y(ZW)'
ORL     C,F               ;C= XȲW+X̄Y(ZW)'
MOV     F,C               ;F= XȲW+X̄Y(ZW)'
MOV     C,X               ;读 X
ANL     C,Y               ;C=XY
ANL     C,Z               ;C=XYZ
ORL     C,F               ;C= XȲW+X̄Y(ZW)'+XYZ
MOV     F,C               ;F= XȲW+X̄Y(ZW)'+XYZ
END
```

练一练

（1）试编写逻辑运算程序，功能为：

1）F=X（Y+Z）。

2）$F=\overline{\overline{X}YZ}$。

其中，F、X、Y、Z 均为位变量，依次存放在以 30H 为首的位寻址区中。

（2）设有两个 4 位 BCD 码，分别存放在 21H、22H 单元和 31H、32H 单元中，求它们的和，并送入 40H、41H、42H 单元中去（其中 40H 单元存进位标志）。

2. 分支程序

在许多情况下，需要根据不同的条件转向不同的处理程序，这种不同结构的程序称为分支程序。80C51 指令系统中设置了条件转移指令、比较转移指令和位转移指令，可以实现分支程序。

【例 4-4】 求单字节有符号数的二进制补码。

解：设有一个单字节二进制数存入 A 中，正数的补码与原码相同，负数的补码符号位不变，其余位取反加 1。编程如下：

```
        ORG     0000H
        AJMP    START               ;跳转主程序
        ORG     0050H               ;主程序初始地址
START:  JNB     ACC.7,OK            ;A>0,无需转换
        MOV     C,ACC.7             ;符号位送 CY
        CPL     A                   ;取补
        ADD     A,#01H
        MOV     ACC.7,C             ;存符号位
   OK:  RET
        END
```

【例 4-5】 已知 X、Y 均为 8 位二进制有符号数，分别存在 30H、31H 中，试编制能实现下列符号函数的程序：

$$Y=\begin{cases}+1, & \text{当 } X>0 \\ 0, & \text{当 } X=0 \\ -1, & \text{当 } X<0\end{cases}$$

解：判别二进制有符号数正负的方法是判 ACC.7 是 0 或 1。

编程如下：

```
        X       EQU     30H
        Y       EQU     31H
SIN:    MOV     A,X                 ;读 X
        JZ      SIN1                ;若 X=0,转
        JB      ACC.7,SIN2          ;若 X<0,转
        MOV     Y,#1                ;若 X>0,则 1→Y
        RET
SIN1:   MOV     Y,#0                ;X=0,则 0→Y
        RET
SIN2:   MOV     Y,#0FFH             ;X<0,则-1→Y(-1 的补码为 FFH)
        RET
```

练一练

编程求 W 值。设 U、V 存在 30H 和 31H 中，W 存在 32H 中，且 UV 积<256，UV 商为整数。

$$W=\begin{cases}U\times V & (U<V) \\ 0 & (U=V) \\ U\div V & (U>V)\end{cases}$$

【例 4-6】将 ASCII 码转换为十六进制数。设 ASCII 码放在 R0 中，转换结果放在 R1 中。

解：0～9 的 ASCII 码为 30H～39H，A～F 的 ASCII 码为 41H～46H，将 ASCII 码减 30H（0～9）或 37H（A～F）就可获得对应的十六进制数，程序如下：

```
        MOV     A,R0            ;ASCII 码送 A
        CLR     C               ;0→CY
        SUBB    A,#30H          ;A-30H
        CJNE    A,#0AH,ASC0     ;差值与 10 比较,在 C 中产生<10 或≥10 标识
ASC0:   JC      ASC1            ;<10 已变换为 ASCII 码
        SUBB    A,#07H          ;≥10 再减 7
ASC1:   MOV     R1,A            ;存转换结果
        END
```

练一练

已知 R0 低 4 位有一个十六进制数（0～F 中的一个），请编写能把它转换成相应 ASCII 码并送入 R0 的程序。

【例 4-7】两个带符号数 X、Y 分别存于 30H 和 31H 单元，试比较它们的大小，较大者存入 32H 单元，若两数相等，则任意存入一个。

解：两个带符号数的比较可利用两数相减后的正负和溢出标志结合起来判断：

若 $X-Y>0$，OV＝0，则 $X>Y$；

OV＝1，则 $X<Y$；

若 $X-Y<0$，OV＝0，则 $X<Y$；

OV＝1，则 $X>Y$。

程序如下：

```
        CLR     C               ;0→CY
        MOV     A,30H           ;A←X
        SUBB    A,31H           ;X-Y
        JZ      XMAX            ;X=Y,则转至 XMAX
        JB      ACC.7,NEG       ;X-Y<0,则转至 NEG
        JB      OV,YMAX         ;X-Y>0,OV=1,则 Y>X
        SJMP    XMAX            ;X-Y>0,OV=0,则 X>Y
NEG:    JB      OV,XMAX         ;X-Y<0,OV=1,则 X>Y
YMAX:   MOV     A,31H           ;Y>X
        SJMP    MAX             ;转 MAX
XMAX:   MOV     A,30H           ;X>Y
MAX:    MOV     32H,A           ;32H←最大值
        END
```

练一练

两个带符号数 X、Y 分别存于 30H 和 31H 单元，试比较它们的大小，较小者存入 32H

单元，若两数相等，则任意存入一个。

设 X 由 P1 口输入，Y 存在 RAM2000H 单元，试按下列要求编制程序。

$$Y=\begin{cases} X^2 & \text{当 } X<10 \\ 2X & \text{当 } 10\leqslant X\leqslant 100 \\ X/2 & \text{当 } 100<X\leqslant 255 \end{cases}$$

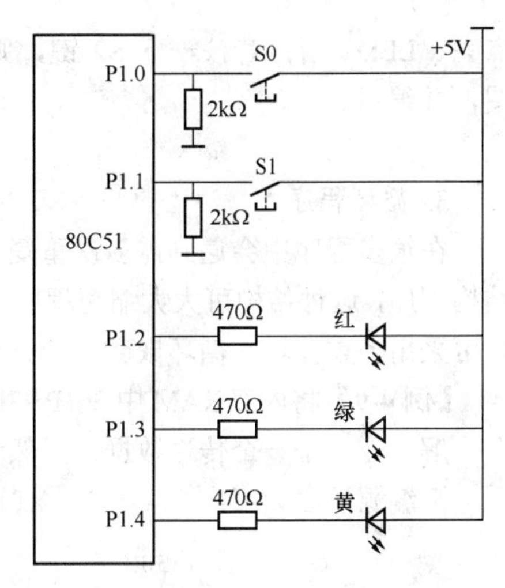

图 4-1　信号灯电路

【例 4-8】已知电路如图 4-1 所示，要求实现：

（1）S0 单独按下，红灯亮，其余灯灭。

（2）S1 单独按下，绿灯亮，其余灯灭。

（3）其余情况，黄灯亮。

解：程序如下：

```
SGNL:   ANL     P1,#11100011B       ;红绿黄灯灭
        ORL     P1,#00000011B       ;置P1.0、P1.1输入态,P1.5~P1.7状态不变
SL0:    JNB     P1.0,SL1            ;P1.0=0,S0未按下,转判S1
        JNB     P1.1,RED            ;P1.0=1,S0按下;且P1.0=0,S1未按下
YELW:   SETB    P1.4                ;黄灯亮
        CLR     P1.2                ;红灯灭
        CLR     P1.3                ;绿灯灭
        SJMP    SL0                 ;转循环
SL1:    JNB     P1.1,YELW           ;P1.0=0,S0未按下;且P1.0=0,S1未按下
GREN:   SETB    P1.3                ;绿灯亮
        CLR     P1.2                ;红灯灭
        CLR     P1.4                ;黄灯灭
        SJMP    SL0                 ;转循环
RED:    SETB    P1.2                ;红灯亮
        CLR     P1.3                ;绿灯灭
        CLR     P1.4                ;黄灯灭
        SJMP    SL0                 ;转循环
```

练一练

（1）电路及灯亮灭要求同［例 4-8］，其中第 3、4 两条指令 JNB　P1.0 和 JNB　P1.1 按下列要求修改，试重新编程。

1）
```
JB   P1.0,…
JB   P1.1,…
```
2）
```
JB   P1.0,…
JNB  P1.1,…
```
3）
```
JNB  P1.0,…
JB   P1.1,…
```

（2）设计带有 2 个按键和 2 个 LED 显示器的系统，每当按一下 S1 键，则使 LED1

点亮、LED2 暗；若按一下 S2 键，则使 LED2 点亮、LED1 暗。请绘出相应的电路示意图，并编程。

3. 循环程序

在很多程序中会遇到需多次重复执行某段程序的情况，这时可把这段程序设计为循环结构程序，这种结构可大大缩短程序，也是最常用的一种程序结构。若需要循环次数过多，还可采用多重循环（循环嵌套）的方式。

【例 4-9】将内部 RAM 中 30H～3FH 单元的数传送到外部 RAM 中 2000H～200FH 单元。

解：若一个一个传送数据，显然程序很长，采用循环结构则可大大简化程序。

汇编源程序如下：

```
        ORG     0050H
        MOV     R0,#30H         ;R0←30H
        MOV     DPTR,#2000H     ;外部数据区起始单元地址
        MOV     R1,#10H         ;循环次数为 16 次
LOOP:   MOV     A,@R0           ;传送
        MOVX    @DPTR,A
        INC     R0              ;修改内部数据单元地址
        INC     DPTR            ;修改外部数据单元地址
        DJNZ    R1,LOOP         ;判断是否到 16 次
        SJMP    $
        END
```

【例 4-10】设在内 RAM 40H 开始的存储区有若干个字符和数字，已知最后一个且唯一字符为 CR（CR 的 ASCII 码为 0DH），试统计这些字符和数字的个数，统计结果存入 30H 单元。

解：程序如下：

```
CONT:   MOV     R1,#40H         ;置数据区首址
        MOV     30H,#0          ;计数器清 0
LOOP:   CJNE    @R1,#0DH,NEXT   ;是 CR 吗
        INC     30H             ;再加入"CR"符号
        RET                     ;退出循环
NEXT:   INC     30H             ;计数器加 1
        INC     R1              ;指向下一数据
        SJMP    LOOP            ;返回循环
```

练一练

（1）试编写程序，统计内 RAM 30H～50H 单元中$的个数，并将统计结果存入 51H 单元。

（2）编程计算片内 RAM 区 50H～59H 单元中数的算术平均值，结果存放在 5AH 中。

（3）设有两个长度均为 15 的数组，分别存放在外部 RAM 区以 2100H 和 2200H 为首地址的存储区中，试编程求其对应项之和，结果存放到以 2100H 为首地址的存储区中。

【例 4-11】外部 RAM 2000H 单元开始存有 8 个数，试找出其中最小的数，送入 30H 单元。

解：程序如下：

```
SMAN:   MOV     DPTR,#2000H     ;置数据区首地址
        MOVX    30H,@DPTR       ;读第一个数暂作最小数
        MOV     R7,#7           ;置数据长度
LOOP:   INC     DPTR            ;指向下一个数
        MOVX    A,@DPTR         ;读下一个数
        CJNE    A,30H,NEXT      ;数值比较,在C中产生大小标志
NEXT:   JNC     LOOP1           ;C=0,表明A值大,转
        MOV     30H,A           ;C=1,表明A值小,小数送30H
LOOP1:  DJNZ    R7,LOOP         ;比较完否?未完继续
        RET
```

练一练

（1）试编写程序，找出外 RAM30H～3FH 数据区中的最大值，并放入 40H 中。

（2）编程将片内 40H～60H 单元中内容送到以 3000H 为首的存储区中。

【例 4-12】编制一段程序，在片内 RAM 中，起始地址为 30H 的 32 个单元中存放着 32 个无符号数，试对这些无符号数进行从小到大排列。

解：冒泡排序法是一种相邻数互换的排序方法，因其过程类似水中的气泡上浮，故称冒泡法。执行时从前向后进行相邻数的比较，若数据的大小次序与要求的顺序不符（也就是逆序），就将这两个数交换，否则为正序不互换。假如是升序排列，则通过这种相邻数互换的排序方法，使小的数向前移，大的数向后移，从前向后进行一次冒泡，就会把最大的数换到最后；第二次冒泡时，就会把次大的数排到倒数第二的位置上；如此下去直到排序完成。

设 R7 为比较次数计数器，初始值为 31，F0 为数据互换标志位，程序流程如图 4-2 所示。

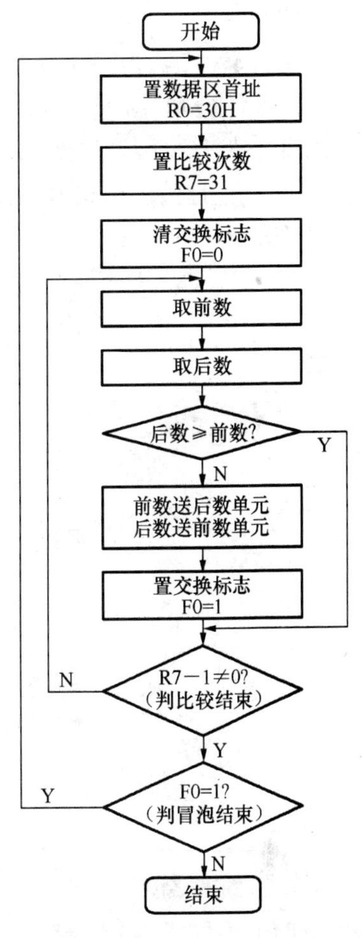

图 4-2 ［例 4-12］流程图

参考程序如下：

```
SORT:   MOV     R0,#30H         ;置数据区首址
        MOV     R7,#31          ;置每次冒泡比较次数
        CLR     F0              ;交换标志清0
LOOP:   MOV     A,@R0           ;取前数
        MOV     2BH,A           ;暂存
        INC     R0              ;指向后数地址
        MOV     A,@R0           ;取后数
```

```
        CJNE    A,2BH,NEXT   ;后数与前数比较
NEXT:   JNC     SLOP         ;C=0,后数≥前数,不互换,转
        DEC     R0           ;C=1,后数<前数,指向前数地址
        XCH     A,@R0        ;后数存入前数单元,前数→A
        INC     R0           ;指向后数地址
        MOV     @R0,A        ;前数存入后数单元
        SETB    F0           ;置交换标志
SLOP:   DJNZ    R7,LOOP      ;比较结束否?未结束继续下一次比较
        JB      F0,SORT      ;比较结束,F0=1,有交换,排序未结束
        RET                  ;F0=0,无交换,排序结束
```

练一练

（1）外部 ROM 2000H～2063H 的 100 个单元中存放着 100 个无符号数，编制一段程序对这些无符号数进行从大到小排列。

（2）设有 100 个有符号数，连续存放在外部 RAM 区以 2000H 为首地址的存储区中，试编程统计其中正数、负数、零的个数。

【例 4-13】编制一个循环闪烁灯的程序。设 80C51 单片机的 P1 口作为输出口，经驱动电路（74LS240：8 反相三态缓冲/驱动器）接 8 只发光二极管，如图 4-3 所示。当输出位为 1 时，发光二极管点亮，输出位为 0 时为暗。试编程实现：每只灯闪烁点亮 10 次，在转移到下一个灯闪烁点亮 10 次，循环不止。

解：程序如下：

```
FLASH:  MOV     A,#01H       ;置灯亮初值
FSH:    MOV     R2,#0AH      ;置闪烁次数
FLOP:   MOV     P1,A         ;点亮
        ACALL   DLEAY        ;延时 0.2s
        MOV     P1,#00H      ;熄灭
        ACALL   DLEAY        ;延时 0.2s
        DJNZ    R2,FLOP      ;闪烁 10 次
        RL      A            ;左移一位
        SJMP    FSH          ;循环
DELAY:  MOV     R3,#20
    D1: MOV     R4,#20
    D2: MOV     R5,#248
        DJNZ    R5,$
        DJNZ    R4,D2
        DJNZ    R3,D1
        RET
        END
```

练一练

（1）根据图 4-3 所示电路，设计灯亮移位程序，要求 8 只发光二极管每次点亮一个，

点亮时间为 1s，顺序是从上到下一个一个地循环点亮。设 f_{osc}=6MHZ。

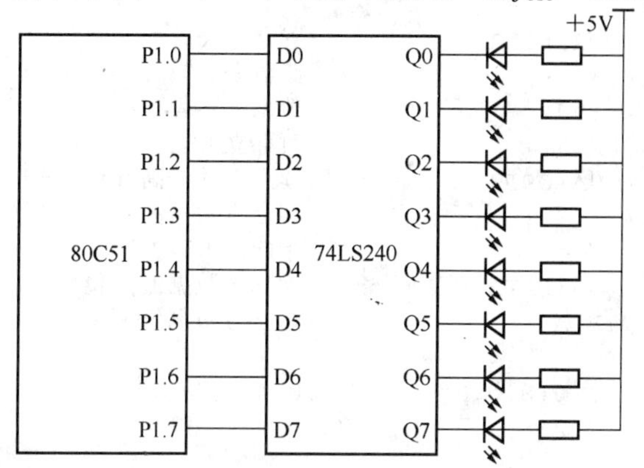

图 4-3 LED 闪烁电路

（2）有一只按键 S 和 8 只 LED 发光管，用户每按 S 键一次，则亮点向邻近位置移动一下，请绘出电路示意图，并编程。

4. 查表程序

查表程序就是把已知对应关系的函数值按一定规律编成表格存放在单片机的程序存储器中，当用户程序中需要用到这些函数值时，直接按编排好的索引值寻找答案。这种方法节省了运算步骤，使程序更简便、执行速度更快。

在 80C51 中，数据表格是存放在程序寄存器 ROM 中，而不是 RAM 中。编程时，可以通过 DB 伪指令将表格的内容存入 ROM 中。用于查表的指令有两条：

（1）MOVC A,@A+DPTR

（2）MOVC A,@A+PC

当用 DPTR 作基址寄存器时，查表的步骤分三步：

①基址值（表格首地址）→DPTR。

②变址值（表中要查的项与表格首地址之间的间隔字节数）→A。

③执行 MOVC A,@A+DPTR。

当用 DPTR 作基址寄存器时，由于 PC 本身是一个程序计数器，与指令的存放地址有关，所以查表时其操作有所不同，也可分为三步：

①变址值（表中要查的项与表格首地址之间的间隔字节数）→A。

②偏移量（查表指令下一条指令的首地址到表格首地址之间的间隔字节数）+A→A。

③执行 MOVC A,@A+PC 指令。

需要说明的是，应用 MOVC A,@A+PC 查表指令，其表格首地址与 PC 值间距不能超过 256 字节，且编程要事先计算好偏移量，比较麻烦。而应用 MOVC A,@A+DPTR 指令，其表格位置可放在 64KB 范围内，且使用方便。因此，一般情况下用 DPTR 作基址寄存器。

【例 4-14】用查表程序求 0～40 之间整数的立方。已知该整数存在内 RAM 30H 中，查得立方数存在 RAM 30H、31H 单元中，高 8 位存在 30H 单元中，低 8 位存在 31H 单元中。

解：编程如下：

```
CUBE:   MOV     DPTR,#TAB               ;置立方表首址
        MOV     A,30H                   ;读数据
        ADD     A,30H                   ;数据×2→A
        MOV     30H,A                   ;暂存立方表数据序号
        MOVC    A,@A+DPTR               ;读立方数据高8位
        XCH     A,30H                   ;存立方数据高8位,立方表数据序号→A
        INC     A                       ;指向立方数据低8位
        MOVC    A,@A+DPTR               ;读立方数据低8位
        MOV     31H,A                   ;存立方数据低8位
        RET
TAB:    DW  0,0,0,1,0,8,0,27,0,64       ;0~40的立方数
        DW  0,125,0,216,…,0FAH,00H
```

练一练

用查表程序求0～100之间整数的平方。已知ROM中存有0～100的平方表，试根据累加器A（≤100）中的数值查找对应的平方值，存入内RAM30H、31H（双字节）。

【例4-15】 电路如图4-3，利用取表的方法，使8只发光二极管作单一灯的变化，左移2次，右移2次，闪烁2次（延时时间0.2s）。

解：编程如下：

```
START:  MOV     DPTR,#TAB               ;置TAB的地址存入数据指针
LOOP:   CLR     A                       ;清ACC
        MOVC    A,@A+DPTR               ;取码
        CJNE    A,#01H,LOOP1            ;取出的码是否是结束码01H
        JMP     START
LOOP1:  MOV     P1,A                    ;将A输出到P1
        MOV     R3,#20                  ;延时0.2s
        CALL    DELAY
        INC     DPTR                    ;取下一个码
        JMP     LOOP
DELAY:  MOV     R4,#20                  ;10ms
D1:     MOV     R5,#248
        DJNZ    R5,$
        DJNZ    R4,D1
        DJNZ    R3,DELAY
        RET
TAB:    DB  0FEH,0FDH,0FBH,0F7H         ;左移
        DB  0EFH,0DFH,0BFH,07FH
        DB  0FEH,0FDH,0FBH,0F7H         ;左移
        DB  0EFH,0DFH,0BFH,07FH
        DB  07FH,0BFH,0DFH,0EFH         ;右移
        DB  0F7H,0FBH,0FDH,0FEH
        DB  07FH,0BFH,0DFH,0EFH         ;右移
        DB  0F7H,0FBH,0FDH,0FEH
        DB  00H,0FFH,00H,0FFH           ;闪烁2次
        DB  01H                         ;结束码
        END
```

练一练

（1）电路如图 4-3 所示，利用取表的方法，使 8 只发光二极管作两个灯的左移右移 3 次，然后闪烁 5 次，循环往复。

（2）试编写一查表程序，从 ROM 区首地址为 0200H，长度为 100 的数据块中找出第一个 ASCII 码 A，将其地址送到 R0 和 R1 单元中。

5. 子程序

子程序完成主程序的功能，在调用子程序前，要为子程序准备好所需要的参数，即入口参数。调用程序和子程序之间的参数传递可采用三种方法：①参数放入约定的寄存器或累加器中；②参数放在存储器中，通过寄存器传递参数地址；③把参数压入堆栈，通过堆栈传递参数的方法。

【例 4-16】计算 X^3+Y^3。已知 X 存放在 30H 中，Y 存放在 31H 中，均为 0～5 之间的数，求出 X^3+Y^3，结果放到 40H 中。

解：本程序有两部分组成：主程序和子程序。主程序通过累加器 A 传递子程序的入口参数 X 或 Y，子程序也通过累加器 A 传递出口参数 X^3 或 Y^3 给主程序。[例 4-14] 可作为本题的子程序，相应程序如下：

```
ORG 1000H
MOV     A,30H                        ;入口参数 X 送 A
CALL    CUBE                         ;求 X³
MOV     R1,A                         ;X³ 送 R1
MOV     A,31H                        ;入口参数 Y 送 A
CALL    CUBE                         ;求 Y³
ADD     A,R1                         ;X³+Y³ 送 A
MOV     40H,A                        ;存入 40H
SJMP    $
```

练一练

用程序实现 $C=A^2+B^2$。已知 A、B 分别存于内 RAM30H、31H 单元，C 为双字节，存入内 RAM 的 40H、41H 单元。

【例 4-17】在 30H 单元中存有两个十六进制数，试通过编程分别把它们转换成 ASCII 码存入 31H 和 32H 单元。

解：本题子程序采用查表方式完成一个十六进制数的 ASCII 码转换，主程序完成入口参数的传递和子程序的两次调用。相应程序如下：

```
        ORG     1000H
        MOV     SP,#70H
        PUSH    30H                     ;入口参数压栈
```

```
        CALL    HASC            ;求十六进制数低位的 ASCII 码
        POP     31H             ;出口参数存入 31H
        MOV     A,30H           ;十六进制数送 A
        SWAP    A               ;十六进制数高位送 A 的低 4 位
        PUSH    ACC             ;入口参数压栈
        CALL    HASC            ;求十六进制数高位的 ASCII 码
        POP     32H             ;出口参数存入 32H
        SJMP    $
HASC:   DEC     SP
        DEC     SP              ;入口参数地址送 SP
        POP     ACC             ;入口参数送 A
        ANL     A,#0FH          ;去出入口参数低 4 位
        ADD     A,#07H
        MOVC    A,@A+PC         ;查表得相应的 ASCII 码
        PUSH    ACC             ;出口参数压栈
        INC     SP
        INC     SP              ;SP 指向断点地址高 8 位
        RET
ASCTAB: DB  '0','1','2','3','4','5','6','7'
        DB  '8','9','A','B','C','D','E','F'
        END
```

练一练

用堆栈传递参数的方法完成两组 4 位压缩 BCD 码的加法。

想一想

（1）汇编程序设计中有哪几种基本的程序结构？特点如何？

（2）80C51 单片机 30H～3FH 内部 RAM 中存放有 16 个字节的字符串，要求将该字符串中的每一字节加偶校验位，用调用子程序的方法来实现。设字符串的 ASCII 码放在低 7 位，将偶校验位放在最高位。

模块五 中断系统和定时/计数器

中断是CPU与I/O设备间数据交换的一种控制方式。80C51单片机有5个中断源、2个优先级，具有完备的中断系统。

定时/计数器是80C51单片机内部的功能部件，对于单片机的应用系统非常重要。

任务一　了解中断系统

学习目标

★ 理解中断的概念。

★ 熟悉80C51单片机中断系统的组成及特点。

★ 熟悉各种中断控制寄存器的作用。

现实生活中经常会出现这样一些情况，比如在家正看着电视，电话铃响了，接听电话时需停止看电视，等电话接听完才能继续；看书时顺便烧一壶开水，看书过程中水烧开了，必须停止看书，处理烧开的水，然后继续看书等。前者属于突发事件，没有时间性，后者是预先设置好的，经过一段时间一定会发生。但它们有一个共同点：中间发生的事情均使执行的某项任务受到了外界的干扰，却必须完成。CPU执行程序的过程也是完成一系列任务的过程，在执行任务时也经常会受到外界的干扰，需要CPU停止正在执行的程序进行处理。

1. 中断概述

“中断”即中途打断某一正在进行的工作，而去处理另外的事件，待处理完毕，再继续原来的工作。计算机系统中的中断指计算机在运行某个进程的过程中，由于其他原因，有必要中止正在执行的进程，而去执行引起中断的事件进程，待处理完毕后，再回到被中止进程的被打断的地方继续执行。

用于请求CPU中断的请求源，称为中断源。51单片机51子系列具有5个中断源（52子系列有6个中断源），2个优先级。

2. 中断源

80C51提供5个中断源，其中2个为外部中断请求$\overline{INT0}$和$\overline{INT1}$（由P3.2和P3.3输入，中断标志为IE0和IE1），2个为片内定时/计时器T0和T1中断请求（溢出中断请求标志为TF0、TF1），1个为片内串行口中断请求（中断请求标志为TI或RI）。

这5个中断请求锁存信号分别锁存在特殊功能寄存器TCON（定时/计数控制寄存器）和SCON（串行口控制寄存器）中。

（1）TCON（字节地址为88H）。锁存中断请求标志，其格式如表5-1所示（当单片机复位后，TCON 被清 0）。

表 5-1　TCON 锁存的中断源

位地址	8FH	8EH	8DH	8CH	8BH	8AH	89H	88H
符号	TF1	TR0	TF0	TR1	IE1	IT1	IE0	IT0

各符号含义如下所示。

IT0：选择外部中断请求 0 为边沿触发方式或电平触发方式的控制位。IT0＝0，为电平触发方式，$\overline{\text{INT0}}$低电平有效；IT1＝1，$\overline{\text{INT0}}$为边沿触发方式，INT0 输入脚上电平由高到低的负跳变有效。IT0 可由软件置 1 或清 0。

IE0：外部边沿触发中断 0 请求标志，当 IT0＝0 即电平触发方式时，每个机器周期的 S5P2 采样 $\overline{\text{INT0}}$，若 $\overline{\text{INT0}}$为低电平，将直接触发外部中断。当 IT0＝1（边沿触发方式），第一个机器周期采样到$\overline{\text{INT0}}$为高电平，第二个机器周期采样到$\overline{\text{INT0}}$为低电平时，由硬件置位 IE0，并以此来向 CPU 请求中断，当 CPU 响应中断，转向中断服务程序时由硬件清 0。

IT1：选择外部中断请求 1 为边沿触发方式的控制位，与 IT0 类似。

IE1：外部边沿触发中断 1 请求标志，和 IE0 类似。

外部中断输入信号 $\overline{\text{INT}x}$ 和中断申请标志 IEx 及外部中断申请触发方式控制位 ITx 三者关系如图 5-1 所示。

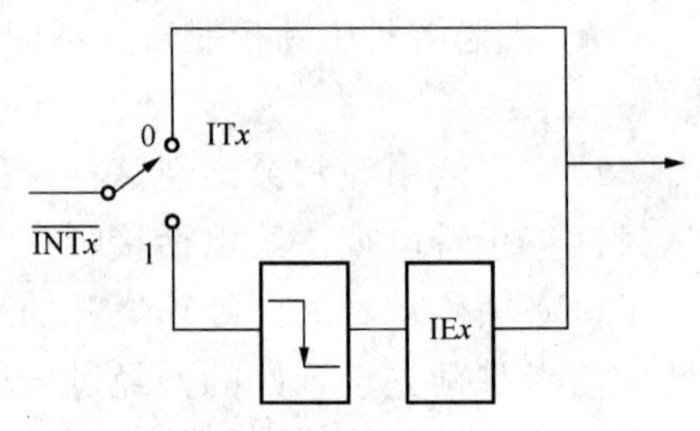

图 5-1　$\overline{\text{INT}x}$、ITx 与 IEx 关系框图

TR0：定时/计数器 0 的运行控制位，由软件置位/清除来控制其开启/关闭。

TF0：定时/计数器 0 的溢出中断申请标志，在启动 T0 计数后，定时/计数器 0 从初值开始加 1 计数，当最高位产生溢出时，由硬件置位 TF0，向 CPU 申请中断，CPU 响应 TF0 中断时清零该标志位，TF0 也可以用软件清零（查询方式）。

TR1：定时/计数器 1 的运行控制位。由软件置位/清除来控制其开启/关闭。

TF1：定时/计数器 1 的溢出中断申请标志，与 TF0 类似。

（2）SCON。SCON 的低二位锁存串行口的接收中断和发送中断标志（80C51 复位后，SCON 被清 0），SCON 锁存的中断源如表 5-2 所示。

表 5-2　SCON 锁存的中断源

位地址	9FH	9EH	9DH	9CH	9BH	9AH	99H	98H
SCON							TI	RI

TI：80C51 串行口的发送中断请求标志。

RI：串行口接收中断标志。

注意

CPU 在响应发送或接收中断后，TI、RI 不能自动清 0，必须有用户清 0。

3. 中断的开放、禁止及优先级

5个中断源的中断请求是否会得到响应？CPU响应各中断源的次序如何？

中断源是否响应受中断允许寄存器IE的控制，只有开放某中断源时，该中断才会被响应。IE的每一位控制着一个中断源，当该位置位时，对应的中断源能够被CPU响应，清0则不被响应。

中断的响应顺序受中断优先级寄存器IP的控制，由IP中相应位置1或清0决定其为高优先级还是低优先级。

（1）中断允许寄存器IE。IE寄存器的各位含义如表5-3所示。

表5-3　　IE寄存器的各位含义

位地址	AFH	AEH	ADH	ACH	ABH	AAH	A9H	A8H
符号	EA	—	—	ES	ET1	EX1	ET0	EX0

其中，各符号含义如下所示。

EA：开放或禁止所有中断。如果EA＝0，则不响应中断；如果EA＝1，每个中断源分别由各自的允许位的置位或清除来确定开放或禁止。

ES：开放或禁止串行口中断。如果ES＝0，则禁止CPU响应串行通道中断；否则允许串行通道中断。

ET1：开放或禁止定时/计数器1溢出中断。如ET1＝0，则禁止定时器1中断；ET1＝1，则允许定时器1中断。

EX1：开放或禁止外部中断源1。如果EX1＝0，则禁止外部中断1；EX1＝1则允许外部中断1。

ET0：开放或禁止定时/计数器0溢出中断。如ET0＝0，则禁止定时器0中断；ET0＝1，则允许定时器0中断。

EX0：开放或禁止外部中断源0。如果EX0＝0，则禁止外部中断0；EX0＝1则允许外部中断0。

（2）中断优先级寄存器IP。IP寄存器的含义如表5-4所示。

表5-4　　IP寄存器的各位含义

位地址	AFH	AEH	ADH	BCH	BBH	BAH	B9H	B8H
符号	—	—	—	PS	PT1	PX1	PT0	PX0

其中，各符号含义如下。

PS：串行接口中断优先级设定位。PS＝0则编程为高优先级，否则为低优先级。

PT1：定时器1中断优先级设定位。PT1＝1则编程为高优先级，否则为低优先级。

PX1：外中断1中断优先级设定位。PX1＝1则编程为高优先级，否则为低优先级。

PT0：定时器0中断优先级设定位。PT0＝1则编程为高优先级，否则为低优先级。

PX0：外中断0中断优先级设定位。PX0＝1则编程为高优先级，否则为低优先级。

在这里需要说明的是：单片机复位后，IE和IP均被清0。用户可根据自己的需要来置位或清零，IE 相应位以允许或禁止各中断源申请。如果让某中断源允许中断，必须同时使 EA=1，使 CPU 开放中断，所以 EA 相当于中断允许的“总开关”。至于中断优先级寄存器 IP，其复位清零或置位将把相应的中断源为低优先级或高优先级中断，同样，用户也可以对响应位置置位或清零来改变各中断源的中断优先级。整个中断系统结构如图 5-2 所示。

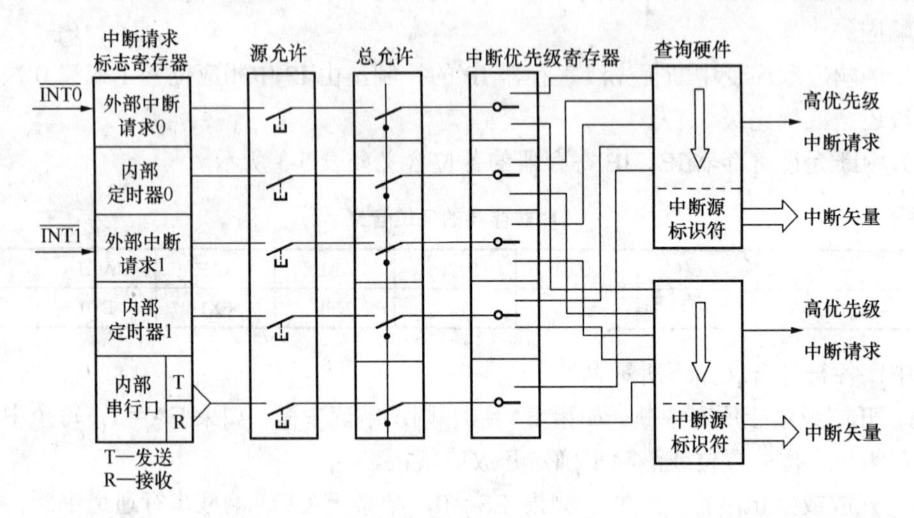

图 5-2　MCS-51 的中断系统

80C51 单片机对中断优先级的处理原则如下。

（1）不同级的中断源同时申请中断时，首先响应优先级别最高的中断请求。

（2）正在进行的低优先级中断服务，能被高优先级中断请求所中断。

（3）正在进行的中断过程不能被新的同级或低优先级的中断请求中断。

（4）同一级的中断源同时申请中断时：事先预定。

（5）对于同一优先级，单片机对其中断次序如表 5-5 所示。

表 5-5　各中断源响应自然优先级顺序

中　断　源	中　断　标　志	自然优先级顺序
外部中断 0	IE0	高
定时/计数器 0	TF0	↓
外部中断 1	IE1	↓
定时器/计数器 1	TF1	↓
串行口	RI 或 TI	低

想一想

（1）80C51 单片机有几个中断源？分别是什么？各中断标志是如何产生的？又是如何复位的？

（2）外部中断源有哪两种触发方式？主要区别是什么？

（3）各中断源响应自然优先级顺序是什么？

任务二　了解单片机响应中断的条件及响应过程

学习目标

★ 熟悉 80C51 单片机中断响应的条件。

★ 正确分析 80C51 单片机中断响应过程。

1. 中断响应条件和时间

（1）中断响应条件。单片机响应中断的条件首先是中断源有请求，中断允许寄存器 IE 相应位置 1，CPU 中断开放（EA＝1）。这样，在每个机器周期内，单片机对所有中断源都进行顺序检测，并可在任一个周期的 S6 期间，找到所有有效的中断请求并对其优先级进行排队，只要满足下列条件：

①无同级或高级正在服务。

②现行指令执行到最后一个机器周期且已结束。

③若现行指令为 RETI 或需访问特殊功能寄存器 IE 或 IP 的指令时，执行完该指令且其紧接着的指令也已执行完。

这样，单片机便在紧接着的下一个机器周期 S1 的期间响应中断。否则，将丢弃中断查询的结果。

（2）中断响应时间。CPU 不是在任何情况下都对中断请求予以响应，而且不同的情况下对中断响应的时间也是不同的。现以外部中断为例，说明中断响应的最短时间。

在每个机器周期的 S5P2 期间，$\overline{\text{INT0}}$ 和 $\overline{\text{INT1}}$ 引脚的电平被锁存到 TCON 的 IE0 和 IE1 标志位，CPU 在下一个机器周期才会查询这些值。这时，如果满足中断响应条件，下一条要执行的指令将是一条长调用指令。长调用指令本身要花费 2 个机器周期。这样，从外部中断请求有效到开始执行中断服务程序的第一条指令，中间要隔 3 个机器周期，这是最短的响应时间。

如果遇到中断受阻的情况，则中断响应时间会更长一些。例如，一个同级或高优先级的中断正在进行，则附加的等待时间将取决于正在进行的中断服务程序。如果正在执行的一条指令还没有进行到最后一个机器周期，附加的等待时间为 1～3 个机器周期。因为一条指令的最长执行时间为 4 个机器周期（MUL 和 DIV 指令）。如果正在执行的是 RETI 指令或者是读/写 IE 或 IP 的指令，则附加的时间在 5 个机器周期之内（为完成正在执行的指令，还需要 1 个机器周期，加上为完成下一条指令所需的最长时间为 4 个机器周期，故最长为 5 个机器周期）。

若系统中只有一个中断源，则响应时间在 3～8 个机器周期之间。

2. 中断响应过程

中断响应过程如下。

（1）将相应触发器置 1（以阻断后来的同级或低级的中断请求）。

（2）执行一条硬件 LCALL 指令，即把程序计数器 PC 的内容压入堆栈保护，再将相应的中断服务的入口地址送入。

（3）执行中断服务程序。

中断服务程序从矢量地址开始执行，一直到返回指令 RETI 为止。RETI 指令的操作一方面告诉中断系统该中断服务程序已执行完毕，另一方面把原来压入堆栈保护的断点地址从栈顶弹出，装入程序计数器 PC，使程序返回到被中断的程序断点处继续执行。

因此，我们在编写中断服务程序时应注意如下问题。

（1）在中断矢量地址单元处放一条无条件转移指令（如 AJMP 指令），使中断服务程序可灵活地安排在 64KB 程序存储器的任何空间。

（2）在中断服务程序中，用户应注意用软件保护现场，以免中断返回后丢失原寄存器、累加器中的信息。

（3）若要在执行当前中断程序时禁止更高优先级中断，可以先用软件关闭 CPU 中断或禁止某中断源中断，在中断返回前再开放中断。

80C51 中断源的入口地址如下。

外部中断 0：　　0003H

定时/计数器 0：　　000BH

外部中断 1：　　0013H

定时器/计数器 1：　　001BH

串行口：　　0023H

CPU 不是在任何情况下都对中断请求予以响应的，而且不同的情况下对中断响应的时间也是不同的。现以外部中断为例，说明中断响应的最短时间。

在每个机器周期的 S5P2 期间，$\overline{\text{INT0}}$ 和 $\overline{\text{INT1}}$ 引脚的电平被锁存到 TCON 的 IE0 和 IE1 标志位，CPU 在下一个机器周期才会查询这些值。这时，如果满足中断响应条件，下一条要执行的指令将是一条长调用指令。长调用指令本身要花费 2 个机器周期。这样，从外部中断请求有效到开始执行中断服务程序的第一条指令，中间要隔 3 个机器周期，这是最短的响应时间。

如果遇到中断受阻的情况，则中断响应时间会更长一些。例如，一个同级或高优先级的中断正在进行，则附加的等待时间将取决于正在进行的中断服务程序。如果正在执行的一条指令还没有进行到最后一个机器周期，附加的等待时间为 1～3 个机器周期。因为一条指令的最长执行时间为 4 个机器周期（MUL 和 DIV 指令）。如果正在执行的是 RETI 指令或者是读/写 IE 或 IP 的指令，则附加的时间在 5 个机器周期之内（为完成正在执行的指令，还需要 1 个机器周期，加上为完成下一条指令所需的最长时间为 4 个机器周期，故最长为 5 个机器周期）。

若系统中只有一个中断源，则响应时间在 3～8 个机器周期之间。

3．中断返回

中断服务程序的最后一条指令必须为中断返回指令 RETI。RETI 指令能使 CPU 结束终端服务程序的执行，返回到曾经被中断的程序处，继续执行主程序。RETI 指令的具体功能如下。

（1）将中断响应时压入堆栈保存的断点地址从栈顶弹出送回 PC，CPU 从原来中断的地方继续执行程序。

（2）将相应中断优先级状态触发器清 0，通知中断系统，中断服务程序已执行完备。

最后，对外部中断的触发方式作一说明。

由 TCON 寄存器中的 IT1 和 IT0 位的 0、1 状态可决定外中断源是电平触发方式还是边沿触发方式。

（1）若 IT0（IT1）=0，外中断为电平触发方式。单片机在每一个机器周期的 S5P2 期间采样中断输入信号 $\overline{\text{INT0}}$（$\overline{\text{INT1}}$）的状态，若为低电平，即可直接触发外部中断，这就使得 CPU 对来自外部的申请能得以及时响应。在这一触发方式中，中断源必须持续请求，一直到中断实际上产生为止。然后，在中断服务程序返回之前，必须撤销中断请求信号，否则机器将以为又发生另一次中断请求。所以，电平触发方式适合于外部中断输入为低电平且在中断服务程序中能清除该中断源申请信号的情况。

（2）若 IT0（IT1）=1，外部中断为边沿触发方式。在这种方式中，如果在 $\overline{\text{INT0}}$（$\overline{\text{INT1}}$）端连续采样到一个周期的高电平和紧接着一个周期的低电平，则在 TCON 寄存器中的中断请求标志位 IE0（IE1）就被置位，由 IE0（IE1）标志位请求中断。显然，这种方式的中断请求，即使 CPU 暂时不能响应，中断申请标志由于被保存也不会丢失，而一旦 CPU 响应中断，进入中断服务程序时，IE0（IE1）会被 CPU 自动删除。所以该方式适合于以脉冲形式输入的外部中断请求。如 ADC0809 中转换结束信号 EOC 为正脉冲，这样只需经一级非门，就可连接到单片机的 $\overline{\text{INT0}}$（$\overline{\text{INT1}}$）端，ADC0809 转换结束即申请中断，CPU 就可以在中断处理程序中读取转换结果。

由于外中断源在每个机器周期被采样一次，所以输入的高电平或低电平至少必须保持 12 个振荡周期，以保证能被采样到。

4. 中断请求的撤除

中断源发出中断请求，相应的中断请求标志置 1。CPU 响应中断后，必须清除中断请求标志 1，否则中断响应返回后，将再次进入该中断，引起死循环，有关中断请求标志撤出情况分析说明如下。

（1）对定时/计数器中断，CPU 响应中断时就用硬件自动清除了相应的中断请求标志 TF0（TF1）。

（2）对外中断，前面已做了说明。

（3）对串行口中断，CPU 响应中断后并不自动清除中断请求标志 TI 或 RI，用户应在串行中断服务程序中用软件清除 TI 或 RI。

想一想

（1）80C51 在响应中断的过程中，PC 值是如何变化的？

（2）简述 80C51 单片机的中断响应过程。

任务三 应用中断系统

学习目标

★ 能按要求正确设置中断控制特殊功能寄存器。

★ 学会中断程序的编制步骤和方法。

下面通过实例来熟悉一下中断程序的编制方法。

【例 5-1】 电路如图 5-3 所示。主程序将 P1 的 8 个 LED 进行左移右移，中断时（按 $\overline{\text{INT0}}$）使 P1 的 8 个 LED 闪烁 5 次。

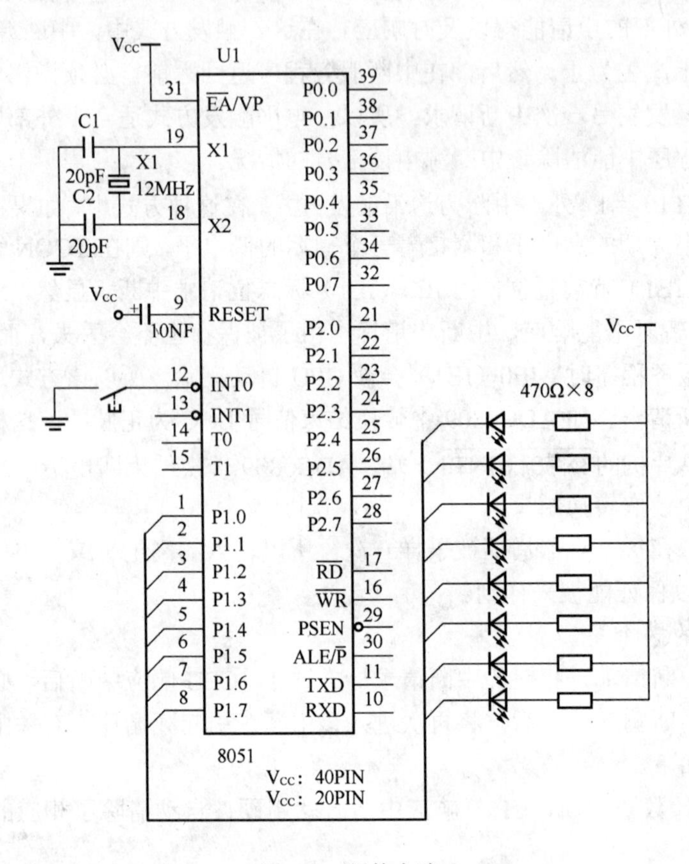

图 5-3 硬件电路

解：程序如下：

```
        ORG     00H
        JMP     START           ;跳到主程序
        ORG     03H
        JMP     EXT0            ;跳到中断服务程序
START:  SETB    EA              ;CPU 开放中断
        SETB    EX0             ;允许 INT0 中断
        MOV     SP,#70H
LOOP:   MOV     A,#0FFH         ;左移初值
        CLR     C               ;C=0
        MOV     R2,#08          ;设定左移 8 次
LOOP1:  RLC     A               ;含 C 左移
        MOV     P1,A            ;输出至 P1
        CALL    DELAY           ;延时 0.2s
        DJNZ    R2,LOOP1        ;左移 8 次吗
        MOV     R7,#07          ;设定右移 7 次
LOOP2:  RRC     A               ;含 C 右移
        MOV     P1,A            ;输出至 P1
```

```
        CALL    DELAY           ;延时 0.2s
        DJNZ    R2,LOOP2        ;右移 7 次吗
        JMP     LOOP            ;重复
EXT0:   PUSH    ACC             ;将累加器的值压入堆栈保护
        PUSH    PSW             ;将 PSW 的值压入堆栈保护
        SETB    RS0             ;设定工作寄存器组 1
        CLR     RS1
        MOV     A,#00           ;为使 LED 全亮
        MOV     R2,#10          ;闪烁 5 次(亮暗各 5 次)
LOOP3:  MOV     P1,A            ;输出至 P1
        CALL    DELAY           ;延时 0.2s
        CPL     A               ;A 值反相
        DJNZ    R2,LOOP3        ;闪烁 5 次(亮暗各 5 次)吗
        POP     PSW             ;从堆栈取回 PSW 值
        POP     ACC             ;从堆栈取回 ACC 值
        RETI
DELAY:  MOV     R5,#20          ;0.2s
   D2:  MOV     R6,#20
   D1:  MOV     R7,#248
        DJNZ    R7,$
        DJNZ    R6,D1
        DJNZ    R5,D2
        RET
        END
```

练一练

（1）主程序将 P1 的 8 个 LED 闪烁，中断时（按 $\overline{INT0}$）使 P1 的 8 个 LED 先左移 3 次，然后右移 3 次。

（2）出租车计价器计程方法是车轮每运转一圈产生一个负脉冲，从外部中断 $\overline{INT0}$（P3.2）引脚输入，行驶里程为轮胎周长乘以运转圈数，设轮胎周长为 2m，试实时计算出租车行驶里程（单位 m），数据存在于 32H、31H、30H 中。

任务四　熟悉定时/计数器

学习目标

★ 了解 80C51 单片机定时/计数器的内部结构及工作原理。

★ 熟悉 80C51 单片机定时/计数器的工作方式及控制方法。

在单片机应用系统中，常常会有定时需求，如定时输出、定时检测、定时扫描等；也经常对外部事件进行计数。80C51 单片机片内集成有两个可编程的定时/计数器：T0 和 T1。它们既可以工作于定时模式，也可以工作与外部事件技术模式。此外，T1 还可以作为串行口的波特率发生器。

1. 定时/计数器的结构

定时/计数器的结构框图如图 5-4 所示。

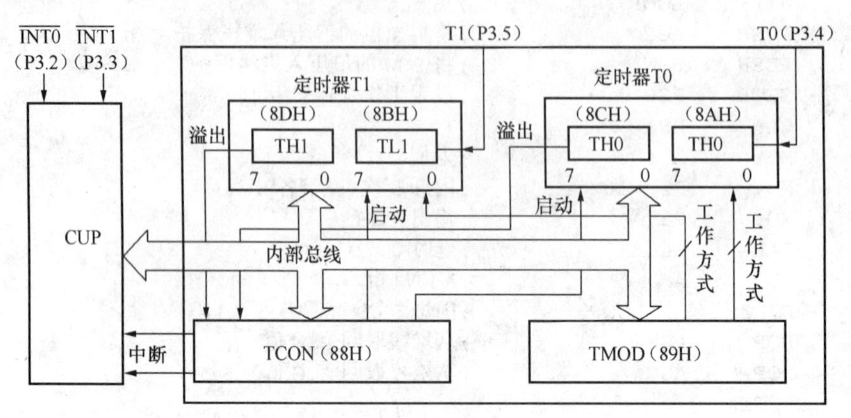

图 5-4　定时/计数器的结构框图

定时/计数器的核心是加 1 计数器（16 位），由高 8 位和低 8 位两个特殊功能寄存器组成（T0 由 TH0 与 TL0 组成，T1 由 TH1 与 TL1 组成）。方式控制寄存器（TMOD）控制定时器的工作方式。定时器控制寄存器（TCON）控制定时器的运行，同时还包含了定时器 T0 和 T1 的溢出标志位 TF0 和 TF1。通过对两个寄存器的初始化编程来选择 T0 与 T1 的工作方式和控制 T0 与 T1 的定时或计数。

2. 定时/计数器的工作原理

当定时/计数器作为定时器工作时，计数器的加 1 信号由振荡器的 12 分频信号产生，即每过一个机器周期，计数器加 1，直至计满溢出为止。显然，定时器的定时时间与系统的振荡频率有关。因为一个机器周期等于 12 个振荡周期，所以计数频率 $f_c=f_{osc}/12$。例如，当晶振为 12MHz 时，则计数周期为 1μs，这是最短的定时周期。若要改变定时时间，则需通过改变定时器的初值及设置合适的工作方式来实现。

当选择定时/计数器作为计数器工作时，通过引脚 T0 和 T1 对外部信号进行计数。计数器在每个机器周期的 S5P2 期间采样引脚输入电平，若一个机器周期采样值为 1，下一个机器周期采样值为 0，则计数器加 1。此后的机器周期 S3P1 期间，新的计数值装入计数器。所以检测一个由 1 至 0 的跳变需要 2 个机器周期，外部事件的最高计数频率为振荡频率的 1/24。例如，如果选用 12MHz 晶振，则最高计数频率为 0.5MHz。另外，虽然对外部输入信号的占空比无特殊要求，但为了确保某给定电平在变化前至少被采样一次，则外部计数脉冲的高电平与低电平保持时间均需在一个机器周期以上。

当用软件给定时/计数器设置某种工作方式之后，定时器就会按设定的工作方式自动运行，而不再占用 CPU 的操作时间。除非定时器计满溢出，才可能中断 CPU 当前操作。当然，CPU 也可以随时重新设置定时器工作方式，以改变定时器的操作。由此可见，定时器是单片机中效率高而且工作灵活的部件。

定时功能和计数功能的设定和控制都是通过软件来设定的。若是对单片机的 T0 或 T1 引脚上输入的一个 1 到 0 的跳变进行计数增 1，即是计数功能。若是对单片机内部的机器周期进行计数，从而得到定时，这就是定时功能。

3. 定时/计数的控制

80C51定时/计数器是可编程的，其编程操作通过两个特殊功能寄存器TCON和TMOD的状态设置来实现。

（1）工作方式寄存器TMOD。工作方式寄存器TMOD用来确定定时/计数器的工作方式，低4位用于T0，高4位用于T1，其字节地址为89H，格式如表5-6所示。

表5-6 工作方式寄存器的格式

位号	D7	D6	D5	D4	D3	D2	D1	D0
功能	GATE	$C/\overline{T}$	M1	M0	GATE	$C/\overline{T}$	M1	M0
定时/计数器	T1				T0			

各位功能如下所示。

①M1和M0：工作方式选择位。由M1和M0组合可以定义4种工作方式，如表5-7所示。

表5-7 定时/计数器工作方式的选择

M1	M0	工作方式	功能描述
0	0	方式0	13位计数器
0	1	方式1	16位计数器
1	0	方式2	自动重装初值的8位计数器
1	1	方式3	T0分成两个独立的8位计数器；T1此方式停止计数

②$C/\overline{T}$：计数/定时方式选择位。

当$C/\overline{T}=0$时，为定时器方式，对片内机器周期脉冲计数，用作定时器。

当$C/\overline{T}=1$时，为计数器方式，对外部事件脉冲计数，负跳变脉冲有效。

③GATE：门控位。

当GATE=0时，只要控制位TR0或TR1置1，即可启动相应定时器开始工作。

当GATE=1时，除需要将TR0或TR1置1外，还需要使引脚$\overline{INT0}$（P3.2）或$\overline{INT1}$（P3.3）为高电平，才能启动相应的定时器开始工作。

（2）定时/计数器控制寄存器TCON。控制寄存器TCON的作用是控制定时器的启动和停止，同时标志定时器的溢出和中断情况。其RAM字节地址是88H，格式和功能已在前面讲述。

4. 定时/计数器的工作方式

由上节可知，通过对TMOD寄存器中M1、M0两位的设置，T0可选择四种工作方式，T1可选择三种工作方式。本节将介绍其工作方式的结构、特点、工作过程及应用。

（1）工作方式0。等效框图如图5-5所示。

当M1M0=00时，定时/计数器被选择为工作方式0。在此工作方式下，定时/计数器构成一个13位寄存器，由TH*x*的8位与TL*x*的低5位组成，TL*x*的高3位未用（其值不定，不用理会）。当 THx 的低 5 位计数溢出时，则向 THx 进位，THx 溢出时，则把其对用的定时/计数器的溢出标志位 TFx 置位，并以此作为定时/计数器溢出中断标志。当单片机进入中断服务程序后，再由内部硬件自动清除该标志 THx。

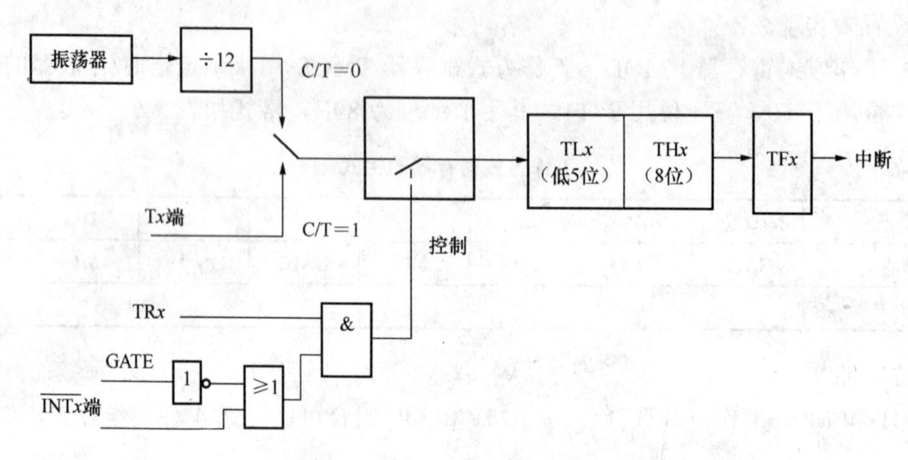

图 5-5　定时/计数器工作方式 0

（2）工作方式 1。等效框图如图 5-6 所示。

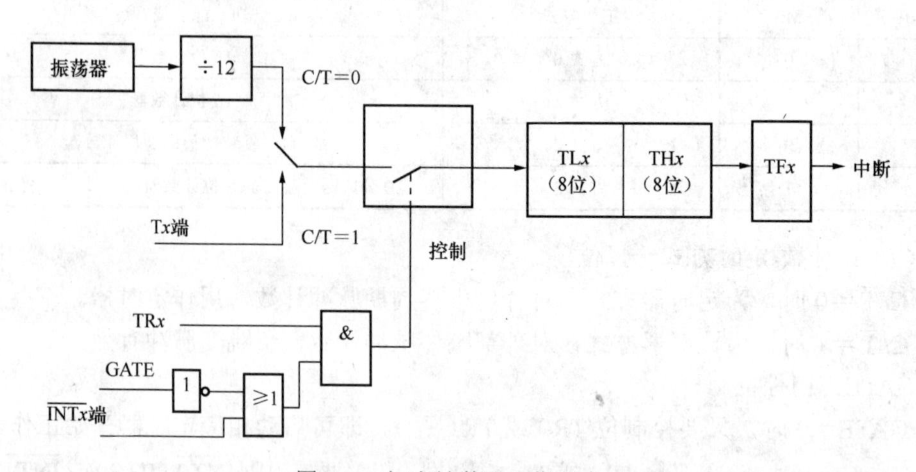

图 5-6　定时/计数器工作方式 1

方式 1 与方式 0 的差距仅在于计数器的位数不同，方式 1 为 16 位的计数器，由 THx 作为高 8 位和 TLx 作为低 8 位构成。其余和方式 0 类似。

（3）工作方式 2。等效框图如图 5-7 所示。

在方式 2 时，定时/计数器构成一个自动再装入功能的 8 位计数器，此时由 TLx 计数，而 THx 在此方式中作为一个数据缓冲器。当 TLx 计数器溢出时，在置位溢出标志 TFx 的同时，还自动地将 THx 中的常数送到 TLx，使 TLx 从刚刚装入的初值开始重新计数。再装入后，THx 中的内容保持不变。

（4）工作方式 3。方式 3 可使 80C51 单片机增加一个附加的 8 位定时/计数器，此种方式只适应于定时/计数器 0。定时/计数器 1 处于方式 3 时，相当于 TR1=0，停止计数。

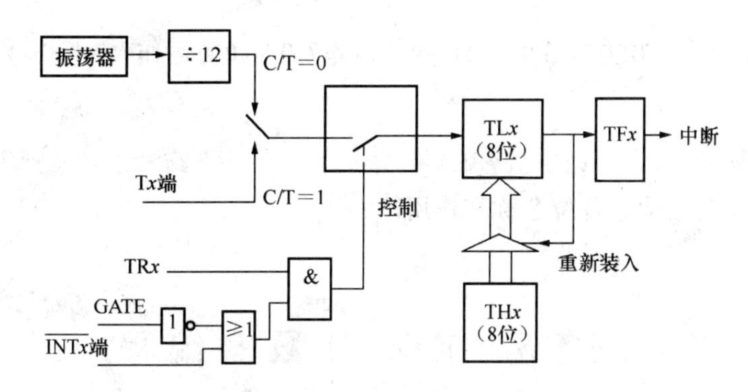

图 5-7　定时/计数器工作方式 2

定时/计数器 0 在方式 3 下，TL0 和 TH0 被作为两个独立的计数器，等效框图如图 5-8 所示。

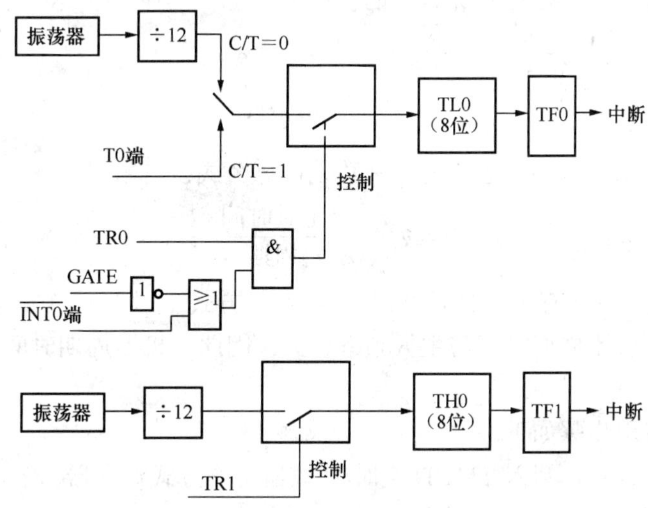

图 5-8　定时/计数器工作方式 3

在此方式下，TL0 使用了定时器 0 的所有控制位：C/$\overline{\text{T}}$、GATE、TR0、$\overline{\text{INT0}}$和 TF0；TH0 则被限制为一个定时器，对机器周期计数，同时借用了定时器 1 的 TR1 和 TF1，即借用了其运行控制位和溢出标志。

一般来说，只有当系统需要增加一个额外的 8 位定时器时，才把定时/计数器 0 设置为方式 3。当定时/计数器 0 工作于方式 3 时，由于 TH0 借用了定时/计数器 1 的运行控制位和溢出（中断）标志，此时定时/计数器 1 虽然可以设置为方式 0、方式 1 和方式 2，但是只能用在不需要中断控制的场合。例如，工作于自动重装载方式（方式 2），作为串行通信的波特率发生器使用。

想一想

（1）简述定时/计数器的四种工作方式。

（2）启动定时/计数器与 GATE 有何关系？

（3）定时/计数器 T0 方式 3 时，T0 如何运作？T1 如何运作？

练一练

写出 TMOD 的结构、各位名称和作用。

任务五　定时/计数器编程

学习目标

★ 掌握 80C51 单片机定时/计数器初值的设置方法。

★ 熟悉 80C51 单片机定时/计数器的使用。

★ 正确设计基本的定时中断程序。

1. 初值计算

80C51 定时/计数初值 X（也称时间常数）计算公式：

$$X=2^n-\frac{\text{定时时间}}{\text{机器周期时间}}$$

其中，n 与工作方式有关。方式 0 时，$n=13$；方式 1 时，$n=16$；方式 2 时，$n=8$；方式 3 时，$n=8$。机器周期时间与主振频率有关。因此，机器周期时间＝$12/f_{osc}$。

2. 定时计数器应用步骤

定时计数器应用步骤如下。

（1）确定工作方式，写入 TMOD 定时/计数器工作方式寄存器。

（2）计算机定时/计数初值，装入 THx 及 TLx。

（3）置位 TRx 以启动计数。

（4）置位 ETx 以允许定时/计数器 x 中断（不需要可省略）。

（5）置位 EA 以使 CPU 开放中断，即接收中断信号。

3. 定时/计数器应用举例

【例 5-2】设 T0 选择定时工作方式 0，定时时间为 1ms，晶振频率 f_{osc}＝6MHz。试确定 T0 初值，并编程实现单片机的 P1.2 端口产生周期为 2ms 的方波。

解：工作方式 0 为 13 位定时/计数器，最大计数值为 2^{13}＝8192。晶振频率 f_{osc}＝6MHz 时，每个机器周期为 2μs，现需定时 1ms，则计数值为 1ms/2μs＝500，初始值 X＝8 192－500＝7692，转换成二进制数为 1111000001100，即：

T0 的高 8 位（TH0）：11110000B＝0F0H

T0 的低 5 位（TL0）：01100B＝0CH

要产生周期为 2ms 的方波，只需 P1.2 端口每隔 1ms 取反一次，即会产生高—低—高—低的电平，其控制程序如下：

```
        ORG     0000H
        JMP     START
        ORG     000BH
        MOV     TL0,#0CH        ;重新装入初始值,保证每次定时时间相同
        MOV     TH0,#0F0H
        CPL     P1.0            ;取反,以输出方波
        RETI
START:  MOV     TMOD,#00H       ;T0 设为定时工作方式 0
        MOV     TL0,#0CH        ;置定时初始值
        MOV     TH0,#0F0H
        SETB    ET0             ;允许 T0 溢出中断
        SETB    EA
        SETB    TR0             ;启动定时器 T0
        SJMP    $               ;等待
        END
```

【例 5-3】用定时器 T1 产生一个 50Hz 的方波，由 P1.1 输出，已知 f_{osc}=12MHz。

解：方波周期=1/50Hz=0.02s=20ms，则只需定时 10ms 即可。而机器周期为 1μs，计数值为 10ms/1μs=10 000。所以，T1 的初始值 X=65 536−10 000=55 536=D8F0H。

程序如下：

```
        ORG     00H
        JMP     SRART
        ORG     50H
START:  MOV     TMOD,#10H       ;T1 设为定时工作方式 1
        SETB    TR1             ;启动定时器 T1
LOOP:   MOV     TH1,#0D8H       ;置定时初始值
        MOV     TL1,#0F0H
        JNB     TF1,$           ;没有溢出,等待
        CLR     TF1             ;产生溢出,清标志位
        CPL     P1.1
        SJMP    LOOP
        END
```

【例 5-4】当 P3.4 引脚上的电平发生负跳变时，从 P1.0 输出一个 500μs 的同步脉冲，请编程实现该功能。假设单片机的晶振频率为 6MHz。

解：首先对定时/计数的工作方式进行选择。开始时 T0 应为计数工作方式 2，对外部事件进行计数。当 P3.4 引脚上的电平发生负跳变时，T0 计数器加 1，溢出标志 TF0 置 1；然后改变 T0 为定时工作方式，定时时间为 500μs，并使 P1.0 输出由高电平变为低电平。T0 定时时间到，使 P1.0 引脚恢复输出高电平，同时 T0 又恢复外部事件计数方式。其波形图如图 5-9 所示。

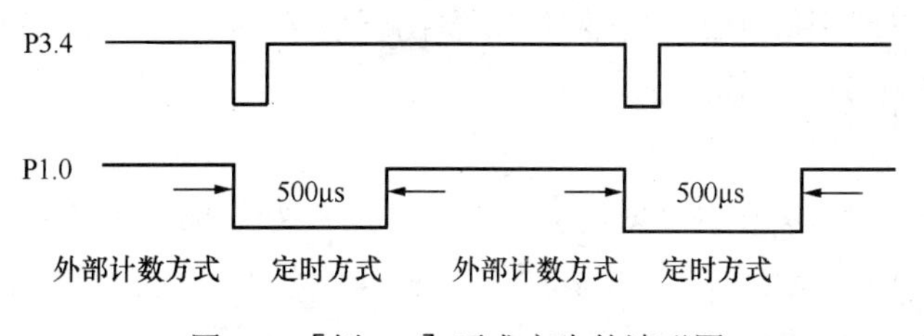

图 5-9 ［例 5-4］要求产生的波形图

接下来计算初始值。T0 开始为计数工作方式 2，要求加 1 后计数器溢出，其初始值应为 0FFH。T0 为定时工作方式 2 时，要求定时 500μs，由于晶振频率为 6MHz，机器周期为 2μs，故计数值为 250，其初始值应设置为 $X=2^8-250=6=06H$。

程序如下：

```
        ORG     0000H
        JMP     START
        ORG     0050H
START:  MOV     TMOD,#06H          ;T0 设置为计数方式 2
        MOV     TH0,#0FFH          ;赋计数初始值
        MOV     TL0,#0FFH
        SETB    TR0                ;启动 T0 计数
LOOP1:  JBC     TF0,NEXT           ;查询 T0 溢出中断标志
        SJMP    LOOP1              ;继续等待 T0 溢出中断
NEXT:   CLR     TR0                ;停止计数
        MOV     TMOD,#02H          ;T0 重新设为定时方式 2
        MOV     TH0,#06H           ;赋定时初始值
        MOV     TL0,#06H
        CLR     P1.0               ;P1.0 改为低电平
        SETB    TR0                ;启动 T0 定时
LOOP2:  JBC     TF0,NEXT1          ;查询 T0 溢出中断标志
        SJMP    LOOP2              ;继续等待 T0 溢出中断
NEXT1:  SETB    P1.0               ;P1.0 恢复高电平
        CLR     TR0                ;停止定时
        SJMP    START
        END
```

练一练

参照［例 5-3］采用中断法按下列要求编写程序。

（1）脉冲方波从 P3.0 输出。

（2）f_{osc}=12MHz。

（3）方波频率 25Hz。

试利用定时/计数器 T0 产生定时时钟，由 P1 口控制 8 个指示灯。编写一个程序使 8 个指示灯一次一个一个闪动，闪动频率为 20 次/s。

试利用定时/计数器 T0 从 P1.0 输出周期为 1s，脉宽为 20ms 的正脉冲信号。设晶振频率是 6MHz。

有一生产流水线，流水线上通过的工件经光电转换电路产生计数脉冲，脉冲整形后送入 T0 端，要求每生产 100 个工件，向 P1.0 发出一包装命令正脉冲，包装成一箱，请设计电路并编制程序（选 T0 工作于方式 2）。

【例 5-5】利用图 5-10 所示电路，奏出歌曲“新年好”的一段乐曲：

1=C　1 1 1 5 ｜ 3 3 3 1 ｜ 1 3 5 5 ｜ 4 3 2 — ｜

假设单片机的晶振频率为 6MHz。

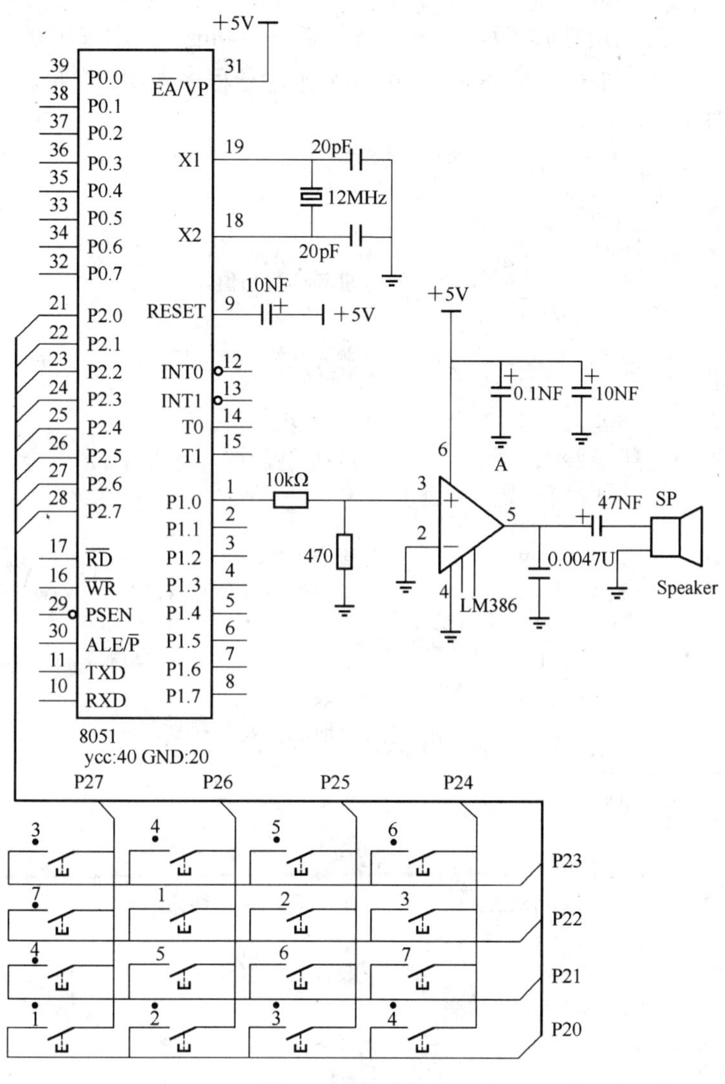

图 5-10　音乐电路图

解：（1）声音的频率范围为几十到几千赫兹，利用定时/计数器演奏音乐就是通过定时时间产生不同频率的方波，驱动喇叭发出声音，再利用延时控制发音时间的长短。

（2）把乐谱中的音符和相应的节拍变为定时常数和延时常数，做成数据表格存放在存储器中，程序则按顺序查找表格数据分别赋给定时/计数器产生方波的频率和发出该频率方波的持续时间。

（3）C 调中的音符、频率及定时常数三者的对应关系如表 5-8 所示。

表 5-8　　　　对 应 关 系 表

C 调音符	5	6	7	1	2	3	4	5	6	7
频率	392	440	494	524	588	660	698	784	880	988
半周期（ms）	1.28	1.14	1.01	0.95	0.85	0.76	0.72	0.64	0.57	0.51
定时初值	FD80	FDC6	FE07	FE25	FE57	FE84	FE98	FEC0	FEE3	FF01

节拍的控制可通过调用延时子程序 DELAY（延时 200ms）次数来实现，以每拍 800ms 的节拍时间为例，那么一拍需要循环调用 DELAY 延时子程序 4 次。半拍就需要调用 2 次。

参考程序如下：

```
        ORG     00H
        JMP     START
        ORG     1BH
        MOV     TH1,R1              ;重装计数初值
        MOV     TL1,R0
        CPL     P1.0                ;输出方波
        RETI
START:  MOV     TMOD,#10H           ;T1 方式 1
        MOV     IE,#88H             ;允许 T1 中断
        MOV     DPTR,#MTAB          ;表格首地址
LOOP:   CLR     A
        MOVC    A,@A+DPTR           ;查表
        MOV     R1,A                ;定时值高 8 位存 R1
        INC     DPTR
        CLR     A
        MOVC    A,@A+DPTR           ;查表
        MOV     R0,A                ;定时值低 8 位存 R0
        ORL     A,R1
        JZ      NEXT0               ;全 0 为休止符
        MOV     A,R0
        ANL     A,R1
        CJNE    A,#0FFH,NEXT        ;全 1 表示乐曲结束
        SJMP    START
NEXT:   MOV     TH1,R1              ;装计数初值
        MOV     TL1,R0
        SETB    TR1                 ;启动 T1
        SJMP    NEXT1
NEXT0:  CLR     TR1                 ;关闭定时器,停止发音
NEXT1:  CLR     A
        INC     DPTR
        MOVC    A,@A+DPTR           ;查延时常数
        MOV     R2,A
L1:     CALL    DELAY
        DJNZ    R2,L1               ;控制延时次数
        INC     DPTR
        AJMP    LOOP                ;处理下一个音符
DELAY:  MOV     R5,#20              ;延时 0.2s
D2:     MOV     R6,#20
D1:     MOV     R7,#248
        DJNZ    R7,$
        DJNZ    R6,D1
        DJNZ    R5,D2
```

```
        RET
MTAB:   DB  0FEH,25H,02H,0FEH,25H,02H,0FEH,25H,04H
        DB  0FDH,80H,04H,0FEH,84H,02H,0FEH,84H,02H
        DB  0FEH,84H,04H,0FEH,25H,04H,0FEH,25H,02H
        DB  0FEH,84H,02H,0FEH,0C0H,04H,0FEH,0C0H,04H
        DB  0FEH,98H,02H,0FEH,84H,02H,0FEH,57H,08H
        DB  00H,00H,04H,0FFH,0FFH
        END
```

练一练

（1）计算［例 5-5］中各音符的定时初值。

（2）编写一段你最喜欢的歌曲程序。

模块六 串 行 接 口

计算机与外界的信息交换称为通信。通信的基本方式可分为并行通信和串行通信：并行通信是数据的各位同时发出或同时接收；串行通信是数据的各位依次逐位发送和接收。

80C51 内部除含有 4 个并行 I/O 接口外，还带有一个串行 I/O 接口。本模块专门介绍 80C51 的串行 I/O 接口及其应用。

任务一 了 解 串 行 通 信

学习目标

★ 了解串行通信的概念。

★ 了解串行通信的方式及其传输方式。

★ 了解串行通信中波特率及其信号校验的概念。

在计算机系统中，串行通信是指计算机主机与外设之间以及主机系统与主机系统之间数据的串行传送。串行通信与通信制式、传送距离以及 I/O 数据的串并变换有关。

1. 异步通信和同步通信

串行通信按同步方式可分为异步通信和同步通信。异步通信依靠起始位、停止位保持通信同步；同步通信依靠同步字符保持通信同步。

（1）异步通信。异步通信数据传送按帧传输，一帧数据包括起始位、数据位、校验位和停止位。最常见的帧格式为 1 个起始位、8 个数据位、1 个校验位和 1 个停止位组成，帧与帧之间可有空闲位。起始位约定为 0，停止位和空闲位约定为 1，如图 6-1 所示。

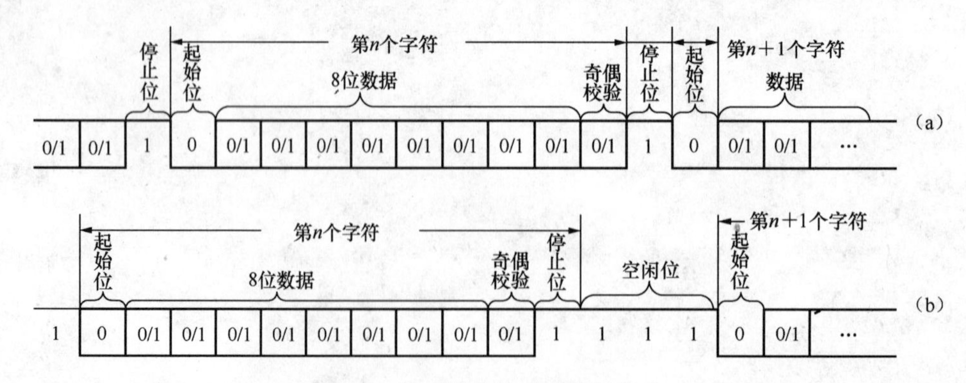

图 6-1 异步通信的一帧数据格式

异步通信对硬件要求较低，实现起来比较简单、灵活，适用于数据的随机发送和接收，但因每个字节都要建立一次同步，即每个字符都要额外附加两位，所以工作速度较低，在单片机中主要采用异步通信方式。

（2）同步通信。如图 6-2 所示，同步通信是由 1～2 个同步字符和多字节数据位组成，同步字符作为起始位以触发同步时钟开始发送或接收数据；多字节数据之间不允许有空隙，每位占用的时间相等，空闲位需发送同步字符。

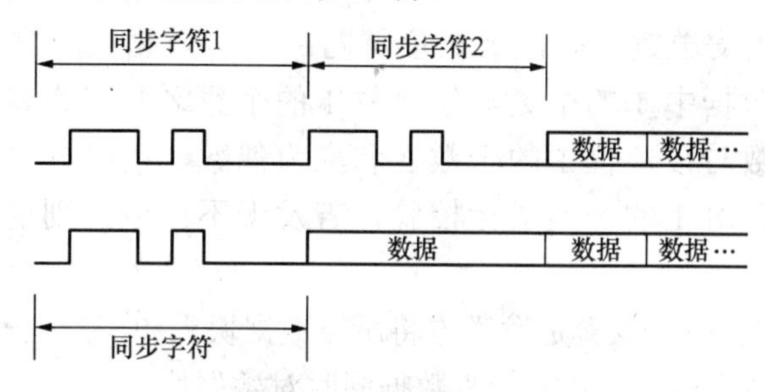

图 6-2 同步传送的数据格式

同步通信传送的多字节数据由于中间没有空隙，因而传输速度较快，但要求有准确的时钟来实现收发双方的严格同步，对硬件要求较高，适用于成批数据传送。

2. 串行通信波特率

波特率是串行通信中一个重要的概念，是指传送数据的速率。波特率的定义是每秒传输数据的位数，即：

1 波特＝1 位/秒（1b/s）

波特率的倒数即为每位传输所需的时间。由以上串行通信原理可知，互相通信的甲乙双方必须具有相同的波特率，否则无法成功地完成串行数据通信。

3. 串行通信的传输方式

串行通信根据数据的传送方向通常可分为三种制式，如图 6-3 所示。

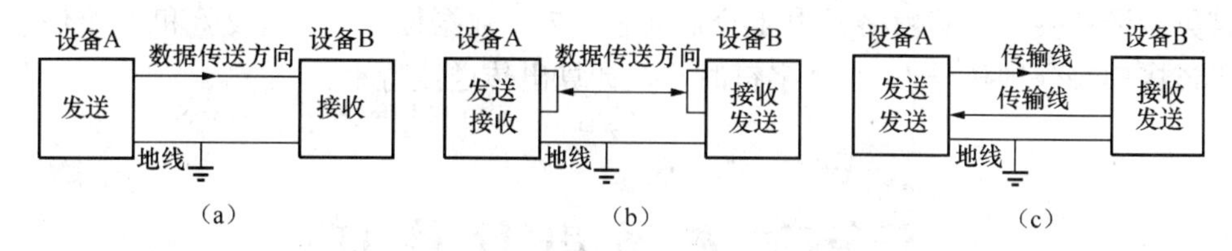

图 6-3 串行通信传输方式

（a）单工；（b）半双工；（c）全双工

（1）单工制式。单工制式是指甲乙双方通信时只能单向传送数据。系统组成以后，发送方和接收方固定。单工制式如图 6-3（a）所示。

（2）半双工制式。半双工制式是指通信双方均设有发送器和接收器，即可发送也可接收，但不能同时接收和发送，发送时不能接收，接收时不能发送。半双工制式如图 6-3（b）所示。

（3）全双工制式。全双工制式是指通信双方均设有发送器和接收器，并且信道划分为发送信道和接收信道，因此全双工制式可实现甲方（乙方）同时发送和接收数据，发送时能接收，接收时也能发送。全双工制式如图 6-3（c）所示。

4. 串行通信的校验

在串行通信中，往往要考虑在通信过程中对数据差错进行校验，因为差错校验是保证准确无误通信的关键。常用差错校验方法有奇偶校验、代码和校验及循环冗余码校验等。

（1）奇偶校验。在发送数据时，数据位尾随的1位数据为奇偶校验位（1或0）。当约定为奇校验时，数据中1的个数与校验位1的个数之和应为奇数。当约定为偶校验时，数据中1的个数与校验位1的个数之和应为偶数。接收方与发送方的校验方式应一致。接收字符时，对1的个数进行校验，若发现不一致，则说明传输数据过程中出现了差错。

（2）代码和校验。代码和校验是发送方将所发数据块求和，产生一个字节的校验字符（校验和）附加到数据块末尾。接收方接收数据同时对数据块（除校验字节外）求和，将所得的结果与发送方的校验和进行比较，相符则无差错，否则即表示接收有错。

（3）循环冗余码校验（CRC）。循环冗余码校验的基本原理是将一个数据块看成一个位数很长的二进制数，然后用一个特定的数去除它，将余数作校验码附在数据块后一起发送。接收端接收到该数据块和校验码后，进行同样的运算来校验传送是否出错。

想一想

（1）按照信息传送方向分，串行通信有哪几种工作制式？80C51采用哪种制式？

（2）同步通信与异步通信有何区别？

练一练

某异步通信接口，其帧格式由1个起始位，7个数据位，1个偶校验和1个停止位组成。当该接口每分钟传送1800个字符时，试计算出传送波特率。

任务二 熟悉串行接口

学习目标

★ 了解80C51单片机串行接口的内部结构。

★ 掌握80C51串行接口的工作原理及控制寄存器的设置方法。

★ 掌握80C51串行接口的工作方式及程序编制方法。

80C51系列单片机有一个可编程的全双工的串行接口，它可作为UART（通用异步收发器），也可作同步移位寄存器。其帧格式可为8位、10位或11位，并可以设置多种不同的波特率。通过引脚RXD（P3.0，串行数据接收引脚）和引脚TXD（P3.1，串行数据发送引脚）与外界进行通信。

1. 80C51串行口的结构

80C51单片机串行接口的内部简化结构示意图如图6-4所示。

串行口有两个物理上独立的接收、发送缓冲器SBUF，它们使用同一地址99H，可同时发送、接收数据。发送缓冲器只能写入，不能读出；接收缓冲器只能读出，不能写入。定时器T1作为串行通信的波特率发生器，T1溢出率经2分频（或不分频，取决于SMOD位）后又经16分频作为串行发送或接收的移位脉冲，此移位脉冲的速率即是波特率。

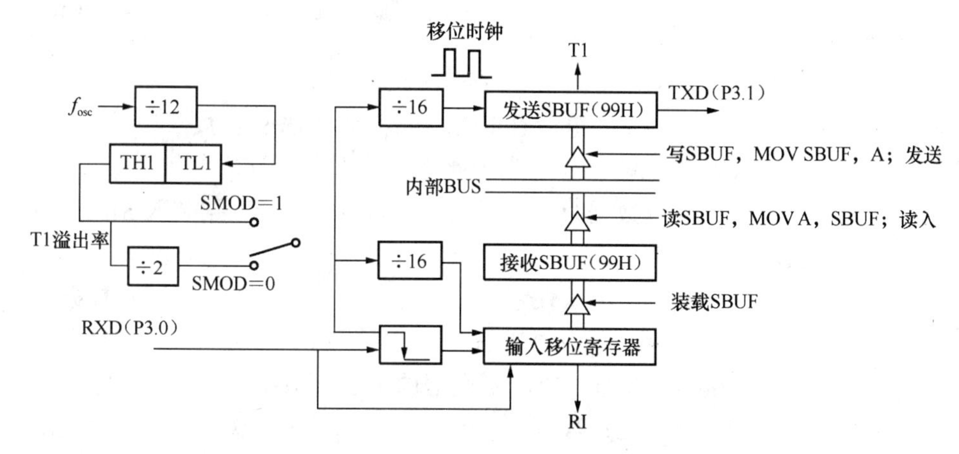

图6-4 串行口内部结构示意图

接收器是双缓冲结构，由于在前一个字节从接收缓冲器SBUF读出之前，就开始接收第二个字节(串行输入至移位寄存器)，但是在第二个字节接收完毕而前一个字节未读取时，会丢失前一个字节的内容。对于发送缓冲器，因为发送时CPU是主动的，不会产生重叠错误，一般不需要用双缓冲器结构。

串行口的发送和接收都是以特殊功能寄存器SBUF的名称进行读或写的。当向SBUF发“写”命令时（执行MOV SBUF，A指令），即是向发送缓冲器SBUF装载并开始由TXD引脚向外发送一帧数据，发送完成后便使发送中断标志位TI=1。接收数据时，在满足串行口接收中断标志位RI=0的条件下，置允许接收位REN=1就会启动接收过程，一帧数据进入输入移位寄存器，并装载到接收缓冲器SBUF中，同时使RI=1。执行读SBUF的命令（执行MOV A，SBUF指令），便由接收缓冲器SBUF取出信息并通过内部总线送CPU。

2. 串行控制寄存器

串行控制寄存器（SCON）的RAM字节地址为98H，格式如表6-1所示。

表6-1　　SCON的格式

位地址	9FH	9EH	9DH	9CH	9BH	9AH	99H	98H
功能	SM0	SM1	SM2	REN	TB8	RB8	TI	RI

（1）SM0、SM1：串行口工作方式选择位。两个选择位对应4种通信方式，如表6-2

所示。其中 f_{osc} 是振荡频率。

表 6-2　　　　串 行 口 工 作 方 式

SM0	SM1	方 式	功 能 说 明
0	0	0	8 位同步移位寄存器输入/输出，波特率固定为 $f_{osc}/12$
0	1	1	10 位异步收发器（8 位数据），波特率可变（T1 溢出率/n，n=32 或 16）
1	0	2	11 位异步收发器（9 位数据），波特率固定为 f_{osc}/n，n=32 或 $f_{osc}/64$
1	1	3	11 位异步收发器（9 位数据），波特率可变（T1 溢出率/n，n=32 或 16）

（2）SM2：多机通信控制位，主要用于方式 2 和方式 3。

在方式 2 和方式 3 中，若 SM2=1，且 RB8（接收到的第 9 位数据）=1 时，将接收到的前 8 位数据送入 SBUF，并置位 RI 产生中断请求；否则，将接收到的 8 位数据丢弃。而当 SM2=0 时，则不论第 9 位数据为 0 还是为 1，都将前 8 位数据装入 SBUF 中，并产生中断请求。

（3）REN：允许串行接收位。由软件置 REN=1，则启动串行接口接收数据；若软件置 REN=0，则禁止接收。

（4）TB8：在方式 2 和方式 3 时，TB8 是发送的第 9 位数据。在多级通信中，以 TB8 位的状态表示主机发送的是地址还是数据：TB8=0 表示数据，TB8=1 表示地址。该位由软件置位或复位。

TB8 还可用于奇偶校验位。

（5）RB8：在方式 2 或方式 3 中，RB8 存放接收到数据的第 9 位。

（6）TI：发送中断标志。

（7）RI：接收中断标志。

3. 电源控制寄存器

电源控制寄存器（PCON）的 RAM 字节地址为 87H，不可位寻址，格式如表 6-3 所示。

表 6-3　　　　PCON 的 格 式

PCON	D7	D6	D5	D4	D3	D2	D1	D0
位名称	*SMOD*	—	—	—	—	—	—	—

SMOD：波特率倍增位。在串行口方式 1、方式 2 和方式 3 时，波特率与 2^{SMOD} 有关，亦即当 *SMOD*=1 时，波特率提高一倍。复位时，*SMOD*=0。

想一想

串行缓冲寄存器 SBUF 起什么作用？简述串行接收数据和发送数据的过程？

4. 串行口的工作方式

80C51 串行通信共有 4 种工作方式，由串行控制寄存器 SCON 中 SM0、SM1 决定。

（1）串行工作方式0。在方式0下，串行口是作为同步移位寄存器使用。这时以RXD（P3.0）端作为数据移位的输入/输出端，而由TXD（P3.1）端输出移位脉冲。移位数据的发送和接收以8位为一帧，不设起始位和停止位，无论输入/输出，均低位在前高位在后。使用方式0可将串行输入/输出数据转换成并行输入/输出数据。

①数据发送。串行口作为并行输出口使用时，要有“串入并出”的移位寄存器配合（如74164），其典型连接电路如图6-5所示。

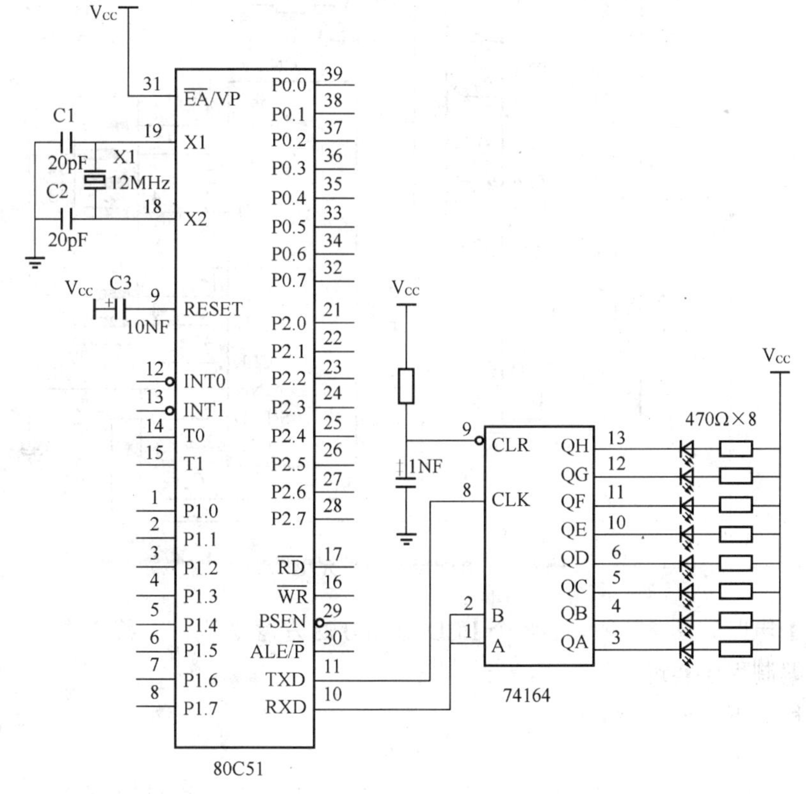

图6-5 串行输出口扩充电路图

在移位时钟脉冲（TXD）的控制下，数据从串行口RXD端逐位移入74164的A、B端。当8位数据全部移出后，SCON寄存器的T1位被自动置1。其后74164的内容即可并行输出。74164的CLR为清0端，输出时CLR必须为1，否则74164的QA～QH输出为0。

②数据接收。如果把能实现“并入串出”功能的移位寄存器（74166）与串行口配合使用，就可以把串行口变为并行输入口使用，如图6-6所示。

74166SH/$\overline{\text{LD}}$端为移位/置入端，当SH/$\overline{\text{LD}}$=0时，从A～H并行置入数据；当SH/$\overline{\text{LD}}$=1时，允许从QH端移出数据。在80C51串行控制器SCON中的REN=1时，TXD端发出移位时钟脉冲，从RXD端串行输入8位数据。当接收到第8位数据后，置位中断标志RI，表示一帧数据接收完成。

③应用举例。

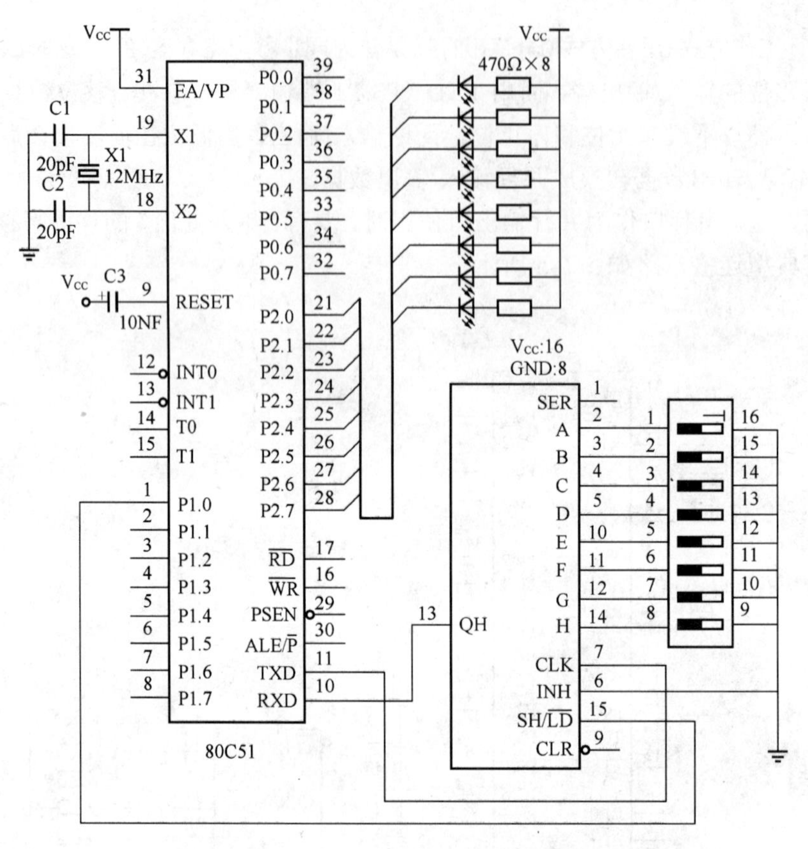

图 6-6　串行输入口扩充电路图

【例 6-1】 电路如图 6-5 所示，8 个 LED 每隔 0.2s 左移 2 次，右移 2 次，闪烁 2 次；循环往复。试编制程序实现。

解：编程如下：

```
        ORG     00H
        MOV     SCON,#00H           ;置串行口方式 0
START:  MOV     DPTR,#TAB           ;置发光二极管亮暗控制字表首址
LOOP:   CLR     A                   ;清除 ACC
        MOVC    A,@A+DPTR           ;读控制字
        CJNE    A,#03,A1            ;取到结束码吗
        JMP     START               ;是继续循环
  A1:   CPL     A                   ;将取到的数据反相
        MOV     30H,A               ;保存在(30H)
        MOV     SBUF,30H            ;存入 SBUF
LOOP1:  JBC     TI,LOOP2            ;检测 TI=1?是则跳至 LOOP2
        JMP     LOOP1               ;不是再检测
LOOP2:  CALL    DELAY               ;延时 0.2s
        INC     DPTR                ;数据指针加 1
        JMP     LOOP
DELAY:  MOV     R5,#20              ;0.2s
  D2:   MOV     R6,#20
  D1:   MOV     R7,#248
        DJNZ    R7,$
        DJNZ    R6,D1
```

```
        DJNZ    R5,D2
        RET
TAB:    DB  01H,02H,04H,08H,10H,20H,40H,80H     ;左移
        DB  01H,02H,04H,08H,10H,20H,40H,80H
        DB  80H,40H,20H,10H,08H,04H,02H,01H     ;右移
        DB  80H,40H,20H,10H,08H,04H,02H,01H
        DB  00H,0FFH,00H,0FFH                   ;闪烁
        DB  03H                                 ;结束码
        END
```

【例 6-2】电路如图 6-6 所示，IC74166 连接一个 8 位的指拨开关，作为数据输入，P2 口连接 8 个 LED。试编制程序实现指拨开关的状态送至 P2 口显示。

解：

```
        ORG     00H
        MOV     SCON,#10H              ;置串行口方式 0,REN=1
        CLR     P1.0                   ;P1.0=0,载入 74166 数据(并入)
        CALL    DELAY1                 ;延时
        SETB    P1.0                   ;P1.0=1,74166 移位串出
        CLR     RI                     ;RI=0
LOOP1:  JBC     RI,LOOP2               ;检测 RI=1?是则跳至 LOOP2
        JMP     LOOP1                  ;不是再检测
LOOP2:  MOV     A,SBUF                 ;将 SBUF 载入 ACC
        CPL     A                      ;将数据反相
        MOV     P2,A                   ;输出至 P2
        CALL    DELAY                  ;延时 0.5s
        JMP     LOOP
DELAY:  MOV     R5,#50                 ;0.5s
  D2:   MOV     R6,#20
  D1:   MOV     R7,#248
        DJNZ    R7,$
        DJNZ    R6,D1
        DJNZ    R5,D2
        RET
DELAY1: MOV     R7,#02
        DJNZ    R7,$
        RET
        END
```

想一想

SCON 寄存器中的 REN、TB8、RB8 三位的作用是什么？在什么方式下使用？

练一练

电路如图 6-5 所示，试编制程序按下列顺序要求每隔 0.5s 循环操作。

（1）8 个 LED 全部点亮。

（2）8 个 LED 从左到右依次暗灭，每次减少一个，直至全灭。

（3）8 个 LED 从右到左依次点亮，每次亮一个，直至全亮。

④循环往复。编写程序，将内 RAM 30H 单元中的数据从串行口移位输出至串入并出芯片 74LS164，并在输出完成后置位 P1.0。

（2）串行工作方式 1。串行工作方式 1 是一帧 10 位的异步串行通信方式，包括 1 个起始位，8 个数据位和一个停止位。

①数据发送。串行工作方式 1 的数据发送是由一条写串行数据缓冲寄存器 SBUF 指令开始的。在串行口由硬件自动加入起始位和停止位，构成一个完整的帧格式，然后在移位脉冲的作用下，由 TXD 端串行输出。一个字符帧发送完后，使 TXD 输出线维持在 1（space）状态下，并将串行控制寄存器 SCON 中的 TI 置 1，表示一帧数据发送完毕。

②数据接收。接收数据时，SCON 中的 REN 位应处于允许接收状态（REN＝1）。在此前提下，串行口采样 RXD 端，当采样到从 1 向 0 的状态跳变时，就认定为已接收到起始位。随后在移位脉冲的控制下，把接收到的数据位移入接收寄存器中。直到停止位到来之后把停止位送入 RB8 中，并置位中断标志位 RI，表示可以从 SBUF 取走接收到的一个字符。

③波特率。方式 1 的波特率是可变的，其波特率由定时/计数器 T1 的计数溢出率来决定，其公式为：波特率＝2^{SMOD}×（T1 溢出率）/32。其中 *SMOD* 为 PCON 寄存器中最高位的值，*SMOD*＝1 表示波特率倍增。

当定时/计数器 T1 用作波特率发生器时，通常选用定时初值自动重装的工作方式 2，从而避免了通过程序反复装入计数初值而引起的定时误差，使得波特率更加稳定。而且，若 T1 不中断，则 T0 可设置为方式 3，借用 T1 的部分资源，拆成两个独立的 8 位定时/计数器，以弥补 T1 被用作波特率发生器而少一个定时/计数器的缺憾。若时钟频率为 f_{osc}，定时计数初值为 $T1_{初值}$，则波特率为：

$$波特率=\frac{2^{SMOD}}{32}\times\frac{f_{osc}}{12(256-T1_{初值})}$$

在实际应用中，通常是先确定波特率，后根据波特率求 T1 定时初值，因此上式又可写为：

$$T1_{初值}=256-\frac{2^{SMOD}}{32}\times\frac{f_{osc}}{12\times 波特率}$$

常用的各种波特率如表 6-4 所示。

表 6-4　　常用的各种波特率

波特率 b/s	f_{osc}（Hz）	*SMOD*	T1 方式 2 定时初值	波特率 b/s	f_{osc}（Hz）	*SMOD*	T1 方式 2 定时初值
1200	11.0592	0	E8H	9600	11.0592	0	FDH
2400	11.0592	0	F4H	19200	11.0592	1	FDH
4800	11.0592	0	FAH				

④应用举例。

【例 6-3】电路如图 6-7 所示，80C51-T 读入 P1 指拨开关的数据载入 SBUF，然后经 TXD 将此数据传送到 80C51-R（RXD）。当 80C51-R 接收的数据存入 SBUF 时，再由 SBUF 载入累加器，并输出至 P1 使其相对应的 LED 亮。试编制程序实现。

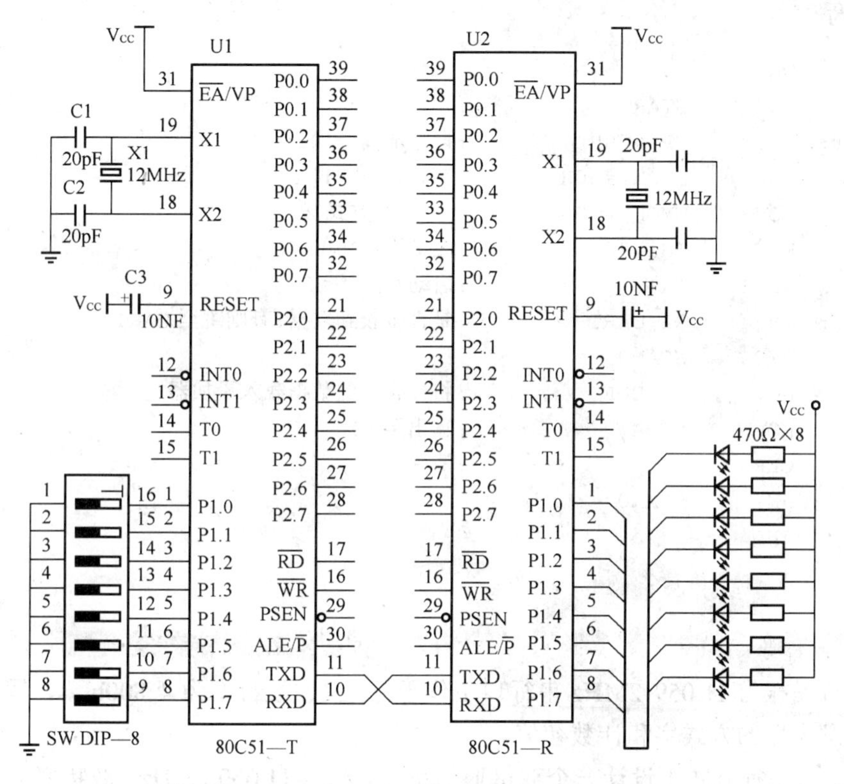

图 6-7 两个 80C51 单工传送数据电路图

解：编程如下：

发送程序：

```
        ORG     00H
        JMP     START
START:  MOV     SP,#60H         ;设定堆栈
        MOV     SCON,#50H       ;置串行口方式 1
        MOV     TMOD,#20H       ;T1 工作方式 2
        MOV     TH1,#0E6H       ;波特率 1200
        SETB    TR1             ;启动 T1
        MOV     30H,#0FFH       ;设指拨开关初始值
SCAN0:  MOV     A,P1            ;读入指拨开关
        CJNE    A,30H,KEYIN     ;判断与前次是否相同
        JMP     SCAN0
KEYIN:  MOV     30H,A           ;存入指拨开关新值
        MOV     P1,A            ;输出至 P1
        MOV     SBUF,A          ;载入 SBUF 发送
```

```
WAIT:   JBC     TI,SCAN0        ;是否发送完毕
        JMP     WAIT
        END
```

接收程序：

```
        ORG     00H
        JMP     START
START:  MOV     SP,#60H         ;设定堆栈
        MOV     SCON,#50H       ;置串行口方式 1
        MOV     TMOD,#20H       ;T1 工作方式 2
        MOV     TH1,#0E6H       ;波特率 1200
        SETB    TR1             ;启动 T1
SCAN0:  JB      RI,UART         ;是否接收到数据？有则跳至 UART
        JMP     SCAN0
UART:   MOV     A,SBUF          ;将接收到的数据载入累加器
        MOV     P1,A            ;输出至 P1
        CLR     RI              ;清除 RI
        JMP     SCAN0
        END
```

练一练

（1）若晶振为 11.059 2MHz 串行口工作于方式 1，波特率为 4 800bit/s，写出用 T1 作为波特率发生器的方式字和计数初值。

（3）试以串行方式 1 设计一个双机通信系统。f_{osc}=11.059 2MHz，波特率为 9 600bit/s，SMOD=1，甲机发送的 10 个数据存在外 RAM 为首址的连续单元中，已机接收后存在内 RAM 30H 单元为首地址的区域中。

（3）串行工作方式 2。串行工作方式 2 是一帧 11 位的串行通信方式，即 1 个起始位，8 个数据位，1 个可编程序位 TB8/RB8 和 1 个停止位。可编程位 TB8/RB8 既可作奇偶校验位用，也可作控制位（多机通信）用，其功能由用户确定。

①数据发送。发送前应先输入 TB8 内容，可使用如下指令完成：

```
SETB    TB8     ;TB8 位置 1
CLR     TB8     ;TB8 位置 0
```

然后再向 SBUF 写入 8 位数据，并以此来启动串行发送。一帧数据发送完毕后，CPU 自动将 T1 置 1，其过程与方式 1 相同。

②数据接收。方式 2 的接收过程也与方式 1 基本相同，区别在于方式 2 把接收到的第 9 位内容送入 RB8，前 8 位数据仍送入 SBUF。

③波特率。方式 2 的波特率是固定的，且有两种：即 $f_{osc}/32$ 和 $f_{osc}/64$。如用公式表示则为：

$$波特率 = 2^{SMOD} \times f_{osc}/64$$

④应用举例。

【例 6-4】设计一个串行方式 2 发送子程序（*SMOD*=1），将片内 RAM 50H～5FH 中的数据串行发送，第 9 数据位作为奇偶校验位。接到接收方核对正确的回复信号（用 FFH 表示）后，再发送下一字节数据，否则再重发一遍。

解：方式 2 发送程序流程图如图 6-8 所示。

程序如下：

```
        ORG     00H
        JMP     START
START:  MOV     SCON,#80H       ;置串行方式 2,禁止接收
        MOV     PCON,#80H       ;置 SMOD=1
        MOV     R0,#50H         ;置发送数据区首址
TRLP:   MOV     A,@R0           ;读数据
        MOV     C,PSW.0         ;奇偶标志送 TB8
        MOV     TB8,C
        MOV     SBUF,A          ;启动发送
        JNB     TI,$            ;等待一帧数据发送完毕
        CLR     TI              ;清发送中断标志
        SETB    REN             ;允许接收
        CLR     RI              ;清接收中断标志
        JNB     RI,$            ;等待接收回复信号
        MOV     A,SBUF          ;读回复信号
        CPL     A               ;回复信号取反
        JNZ     TRLP            ;非全 0(回复信号≠FFH,
                                 错误)转重发
        INC     R0              ;全 0,指向下一数据存储
                                 单元
        CJNE    R0,#60H,TRLP    ;判 16 个数据发送完否?
                                 未完继续
        RET
```

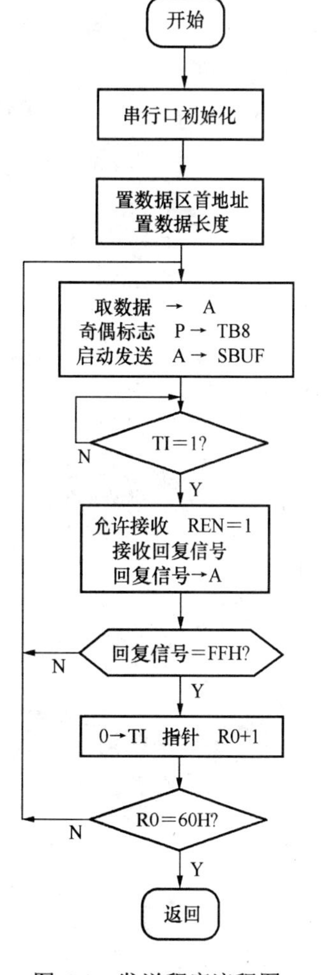

图 6-8 发送程序流程图

在串行方式 2 发送过程中，将数据和附加在 TB8 中的奇偶位一起发送给对方。

【例 6-5】编制一个串行方式 2 接收子程序，接收上例发送的 16 个数据，存首址为 40H 的内 RAM 中，并核对奇偶校验位，接收核对正确，发出回复信号 FFH；发现错误，发出回复信号 00H，并等待重新接收。

解：程序如下：

```
        ORG     00H
        JMP     START
START:  MOV     SCON,#80H       ;置串行方式 2,禁止接收
        MOV     PCON,#80H       ;置 SMOD=1
```

```
        MOV     R0,#40H           ;置接收数据区首址
        SETB    REN               ;启动接收
WAIT:   JNB     RI,$              ;等待一帧数据接收完毕
        CLR     RI                ;清接收中断标志
        MOV     A,SBUF            ;读接收数据
        JB      PSW.0,ONE         ;P=1,转另判
        JB      RB8,ERR           ;P=0,RB8=1,接收有错
                                  ;P=0,RB8=0,接收正确,继续接收
        MOV     @R0,A             ;存接收数据
        INC     R0                ;指向下一数据存储单元
RIT:    MOV     A,#0FFH           ;置回复正确信号
FDBK:   MOV     SBUF,A            ;发送回复信号
        CJNE    R0,#50H,WAIT      ;判16个数据接收完否?未完继续
        CLR     REN               ;16个数据正确接收完毕,禁止接收
        RET
ONE:    JNB     RB8,ERR           ;P=1,RB8=0,接收有错
        SJMP    RIT               ;P=1,RB8=1,接收正确,继续接收
ERR:    CLR     A                 ;接收有错,置回复信号错误标志
        SJMP    FDBK              ;转发送回复信号
```

说明

当接收到一个数据后，从SBUF转移到A中时在PSW中会产生接收数据的奇偶值，而保存在RB8中的值为发送端的奇偶值，两个奇偶值应相等，否则接收数据有错。

想一想

为什么定时器T1用作串行口波特率发生器时，常选用工作方式2？若已知系统时钟频率和通信用波特率，如何计算其初值？

练一练

（1）用80C51的串行口实现一数据块的接收。接收的数据块存放在首地址为30H的RAM中，数据长度为20H，串行口工作在方式2。

（2）如图6-9电路所示，主CPU为8051-A，副CPU为8051-B和8051-C，8051-A的P1和P2接指拨开关，8051-B和8051-C的P2口都接有8个LED。当主CPU的P1指拨开关切换时，其状态会发送到8051-B并控制其P2口8个LED的亮灭；同理，当主CPU的P2指拨开关切换时，其状态会发送到8051-C并控制其P2口8个LED的亮灭。编程实现。

（3）串行工作方式3。串行工作方式3同样是一帧11位的串行通信方式，其通信过程与方式2完全相同，所不同的仅在于波特率。方式2的波特率只有固定的两种，而方式3的波特率则与方式1相同，即通过设置T1的初值来设定波特率。

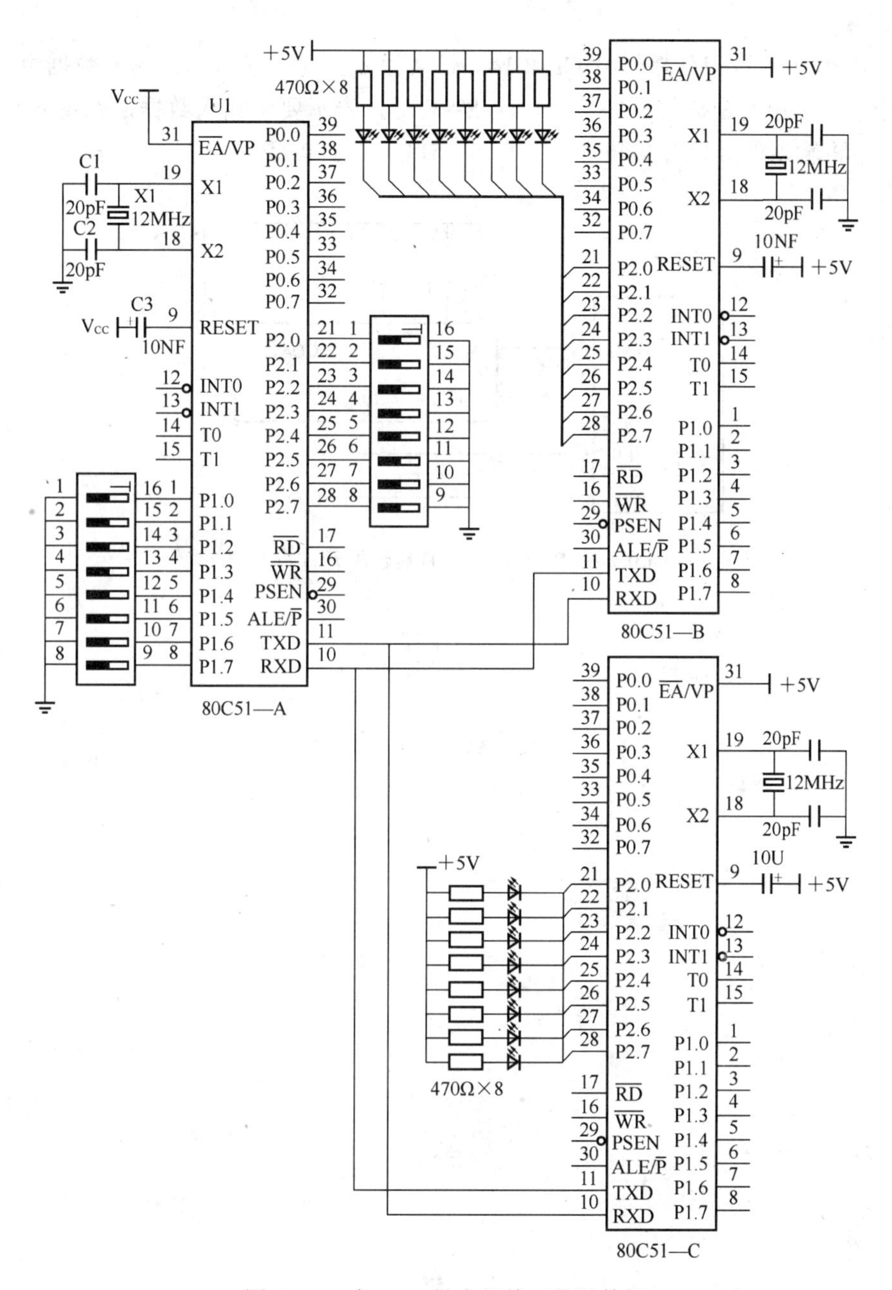

图 6-9　3 个 8051 做串行单工传送数据

练一练

（1）设计一个双机通信系统，串行工作方式 3，开放中断，f_{osc}＝11.059 2MHz，波特率为 4 800bit/s，*SMOD*＝1，TB8/RB8 作为奇偶校验位，发送数据存甲机内 RAM 30H～3FH；接收数据存乙机内 RAM 40H～4FH。要求甲机发送一个数据后，等待乙机接收校验正确，并发回 00H 后，再发送下一个数据；若乙机接收校验不正确，发回 FFH，甲机再重发一遍。

（2）用 8051 串行口外接一片 CD4014，扩展为 8 位并行输入口，输入数据由 8 个开关提供。另有一个开关 S 提供联络信号，当 S＝0 时，表示要求输入数据，如图 6-10 所示。请编写程序将输入的 8 位开关量存入片内 RAM 的 30H 单元。

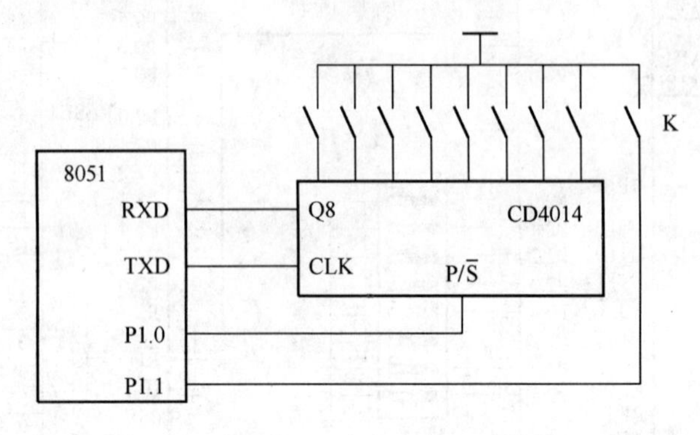

图 6-10　利用 8051 串行口扩展并行输入口

模块七 80C51 的系统扩展

80C51 单片机芯片内部集成了计算机的基本功能部件，如 CPU、RAM、ROM、并行和串行 I/O 接口以及定时/计数器等，使用非常方便，对于小型的测控系统已经足够了。但随着单片机应用范围的扩大，最小应用系统不能满足需要，需要对系统进行扩展。

任务一　了解外部存储器的扩展

学习目标

★ 理解 80C51 单片机的总线扩展逻辑及扩展的意义。

★ 了解常用存储器的应用特点。

★ 掌握 80C51 单片机存储器扩展方法。

当单片机组成一个比较大的应用系统时，片内的程序存储器和数据存储器的容量可能不够用，或片内无程序存储器，这时就需要扩展外部存储器。扩展的容量应根据系统的需要而定。

1. 程序存储器的扩展

（1）程序存储器的一般连接方式。程序存储器的一般连接方式如图 7-1 所示。

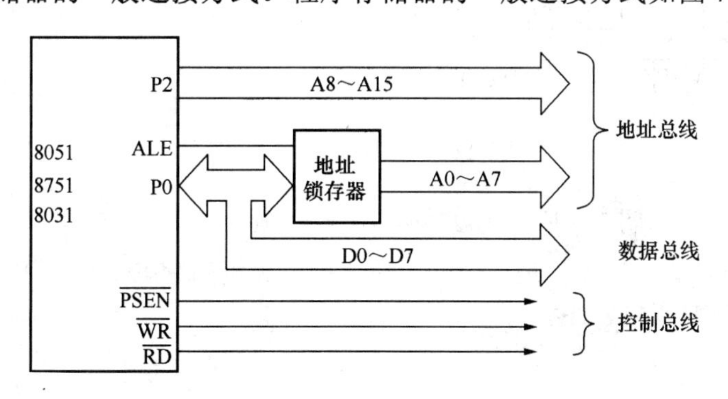

图 7-1　并行扩展连接方式示意图

具体的连接如下：

①地址总线。地址总线的低 8 位 A0～A7 由 P0 口经地址锁存器提供，P2 口直接提供地址总线的高 8 位 A8～A15。由于 P0 口是数据、地址线分时复用的，故 P0 口输出的低 8 位地址必须用锁存器进行锁存。由于 P2 口一直提供 8 位地址，故不需要外加地址锁存器。

②数据总线。数据总线由 P0 口提供，其宽度为 8 位。该口是三态双向口，是应用系

统中使用最频繁的通道，单片机与外部交换的所有信息，几乎都通过P0口传送。

③控制总线。80C51控制总线，有以下几条：

ALE：输出。用于锁存P0输出的低8位地址信号。一般与地址锁存器门控端G连接。

$\overline{\text{PSEN}}$：用于片外ROM的读选通控制。一般与片外ROM的输出允许端$\overline{\text{CE}}$连接。

$\overline{\text{EA}}$：用于选择读片内或片外ROM。当$\overline{\text{EA}}=0$时，只访问片外程序存储器。

$\overline{\text{RD}}$：输出。用于读外RAM选通。一般与片外RAM的读允许端$\overline{\text{OE}}$连接。

$\overline{\text{WR}}$：输出。用于写外RAM选通。一般与片外RAM的写允许端$\overline{\text{WE}}$连接。

（2）并行扩展EPROM。

①EPROM芯片分类。最常用的EPROM芯片有2732、2764、27128、27256、27512等。其中27是EPROM芯片的代号，后2位数字代表EPROM的存储容量。

②EPROM引脚。图7-2所示为EPROM芯片DIP封装引脚图，从图中可以看出，2716和2732均为24引脚，2764和27128、27256均为28引脚。

	27512	27256	27128	2764	2732
1	A15	V_{PP}	V_{PP}	V_{PP}	
2	A12	A12	A12	A12	
3	A7	A7	A7	A7	A7
4	A6	A6	A6	A6	A6
5	A5	A5	A5	A5	A5
6	A4	A4	A4	A4	A4
7	A3	A3	A3	A3	A3
8	A2	A2	A2	A2	A2
9	A1	A1	A1	A1	A1
10	A0	A0	A0	A0	A0
11	O0	O0	O0	O0	O0
12	O1	O1	O1	O1	O1
13	O2	O2	O2	O2	O2
14	GND	GND	GND	GND	GND

2716			
A7	1	24	V_{CC}
A6	2	23	A8
A5	3	22	A9
A4	4	21	V_{PP}
A3	5	20	$\overline{\text{OE}}$
A2	6	19	A10
A1	7	18	$\overline{\text{CE}}$/PGM
A0	8	17	O7
O0	9	16	O6
O1	10	15	O5
O2	11	14	O4
GND	12	13	O3

2732	2764	27128	27256	27512	
	V_{CC}	V_{CC}	V_{CC}	V_{CC}	28
	$\overline{\text{PGM}}$	$\overline{\text{PGM}}$	A14	A14	27
V_{CC}	NC	A13	A13	A13	26
A8	A8	A8	A8	A8	25
A9	A9	A9	A9	A9	24
A11	A11	A11	A11	A11	23
$\overline{\text{OE}}$/V_{PP}	$\overline{\text{OE}}$	$\overline{\text{OE}}$	$\overline{\text{OE}}$	$\overline{\text{OE}}$/V_{PP}	22
A10	A10	A10	A10	A10	21
$\overline{\text{CE}}$	$\overline{\text{CE}}$	$\overline{\text{CE}}$	$\overline{\text{CE}}$	$\overline{\text{CE}}$	20
O7	O7	O7	O7	O7	19
O6	O6	O6	O6	O6	18
O5	O5	O5	O5	O5	17
O4	O4	O4	O4	O4	16
O3	O3	O3	O3	O3	15

图7-2 EPROM芯片引脚图

③典型连接电路。图7-3所示为2764与80C51典型连接电路。

在该图中2764的片选端接地，输出允许端接单片机的$\overline{\text{PSEN}}$上，程序存储器的地址范围为0000H～1FFFH，共8KB。

练一练

（1）画出2716与80C51典型连接电路，并说明地址线、数据线、控制线的连接规律。

（2）用两片EPROM 2716给80C51单片机扩展一个4KB的外部程序存储器，要求地址空间与80C51的内部ROM相衔接，请画出逻辑连接图。

2. 数据存储器的扩展

（1）常用RAM芯片。常用于80C51单片机外RAM的典型芯片有6116与6264等，其中6116的存储容量为2KB，6264的存储容量为8KB。下面以6116芯片为例进行说明，其引脚如图 7-4 所示。

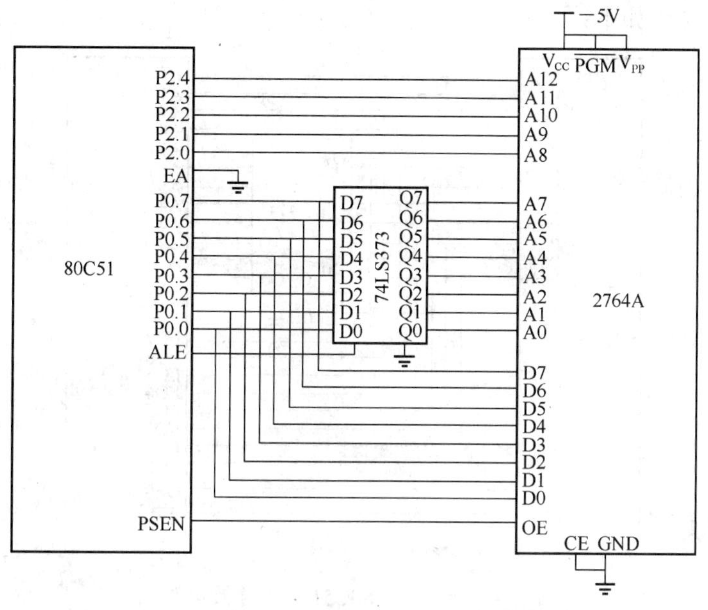

图 7-3　2764 芯片扩展 16KB 的程序存储器

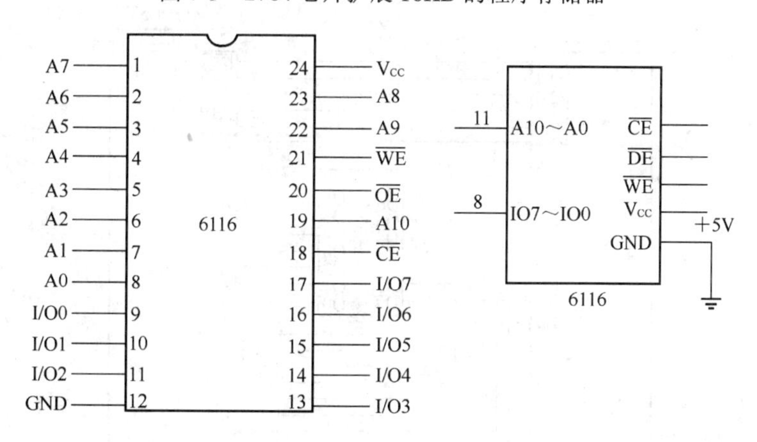

图 7-4　6116 引脚图

6116 芯片为 24 引脚双列直插封装，其中：A0～A10 为地址线，$\overline{WE}$ 为写选通信号，D0～D7 为数据线，V_{CC} 为电源（+5V）端，$\overline{CE}$ 为片选信号，GND 为接地端，$\overline{OE}$ 为数据输出允许信号，如图 7-4 所示。6116 共有 4 种工作方式，如表 7-1 所示。

表 7-1　　**6116 工作方式**

状态	$\overline{CE}$	$\overline{OE}$	$\overline{WE}$	D7～D0
未选中	1	×	×	高阻
禁止	0	1	1	高阻
读出	0	0	1	DOUT
写入	0	1	0	DIN

(2)典型连接电路。图 7-5 所示为 6116 与 80C51 典型连接电路。图 7-6 为 6264 与 80C51 典型连接电路。说明如下：

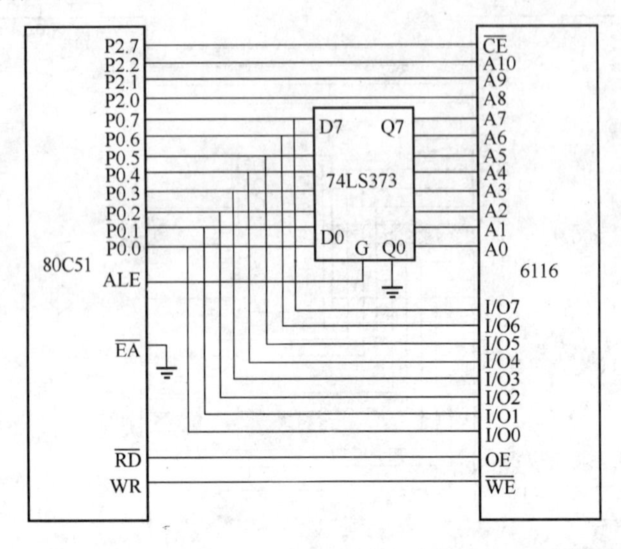

图 7-5　6116 与 80C51 典型连接电路

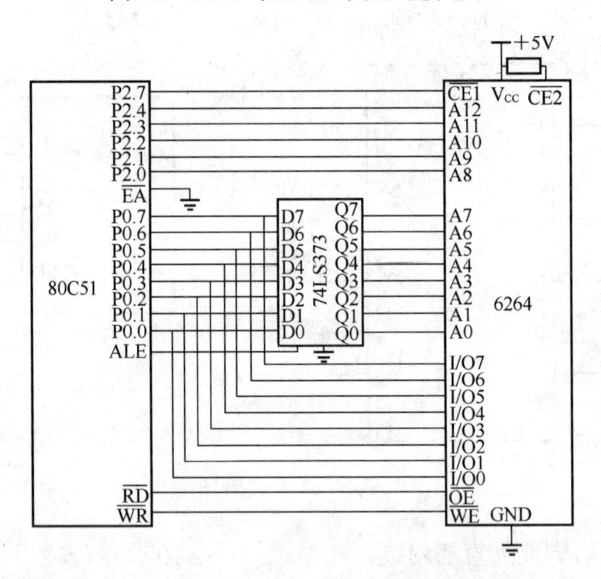

图 7-6　6264 与 80C51 典型连接电路

①地址线、数据线的连线：6116 的存储容量为 2KB，需 11 位地址 A0～A10，6264 的存储容量为 8KB，需 13 位地址 A0～A12。芯片的低 8 位地址线 A0～A7 和 80C51 单片机 P0 口（P0.0～P0.7）相连；而 6116 芯片的高 3 位地址线 A8～A10 和 80C51 单片机的 P2 口（P2.0～P2.2）相连，6264 芯片的高 5 位地址线 A8～A12 和 80C51 单片机的 P2 口（P2.0～P2.4）相连。

②读写控制线的连接：80C51 的 $\overline{RD}$ 和 RAM 芯片的 $\overline{OE}$ 相连，80C51 的 $\overline{WR}$ 和 RAM 芯片的 $\overline{WE}$ 相连。

③片选信号的连接：用 80C51 的 P2.7 进行控制 RAM 芯片的 $\overline{CE}$，当 P2.7 为低电平时，

RAM 芯片被选中。

（3）80C51 同时扩展外 ROM 和外 RAM 时典型连接电路。图 7-7 所示为 80C51 同时扩展外 ROM 和外 RAM 时典型应用电路，说明如下：

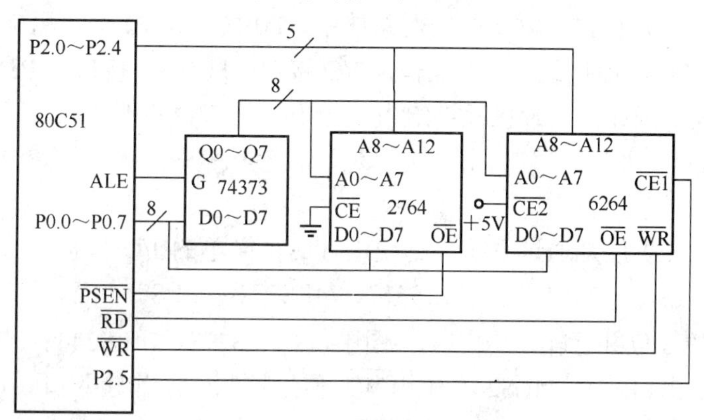

图 7-7　80C51 同时扩展外 ROM 和外 RAM 时典型应用电路

①地址线、数据线的连接：地址线、数据线仍按 80C51 一般扩展外 ROM 时方式连接。

②读写控制线的连接：80C51 的 $\overline{RD}$ 控制 RAM 6264 芯片的 $\overline{OE}$，80C51 的控制 RAM 6264 芯片的 $\overline{WE}$。80C51 的 $\overline{PSEN}$ 控制 ROM 2764 芯片的 $\overline{CE}$。

③片选信号的连接：因外 ROM 只有一片，无需片选。2764 $\overline{CE}$ 直接接地，始终有效。外 RAM 虽然也只有一片，但系统可能还要扩展 I/O 口，而 I/O 口与外 RAM 是统一编制的，因此一般需要片选，6264 $\overline{CE}$1 接 P2.5，CE2 直接接 V_{CC}，这样 6264 的地址范围为 C000H～DFFFH，P2.6 和 P2.7 可留给扩展 I/O 口片选用。

想一想

在 80C51 单片机系统中，外接程序存储器和数据存储器共用 16 位地址线和 8 位数据线，为什么不会发生冲突？

练一练

（1）画出 6264 与 80C51 典型连接电路，P2.5 片选，并说明地址线、数据线、控制线的连接规律。

（2）试用一片 EPROM 2716 和一片 RAM 6116 组成一个既有程序存储器又有数据存储器的存储器扩展系统，请画出逻辑连接图，并说明各芯片的地址范围。

任务二　熟悉并行接口的扩展

学习目标

★ 了解 I/O 接口的作用，熟悉常用 I/O 接口的功能和用法。

★ 掌握 80C51 单片机并行接口扩展方法。

★ 熟悉 8155 的工作方式，了解 8155 与 80C51 的接口方法。

在 80C51 系列单片机扩展方式的应用系统中，P0 接口和 P2 接口用来作为外部 ROM、RAM 和扩展 I/O 接口的地址线，而不能作为 I/O 接口。只有 P1 接口和 P3 接口的某些位线可直接用作 I/O 线。因此，单片机提供给用户的 I/O 接口线并不多，对于复杂一些的应用系统都需要进行 I/O 扩展。

1. 简单 I/O 口扩展

简单 I/O 接口的扩展是通过系统外总线进行的。简单的 I/O 口扩展芯片可选用带输出锁存端的三态门电路，如 74LS373、74LS377、74LS273、74LS244 等。图 7-8 为由 74LS273 及 74LS244 构成的 8 位并行输入/输出口。图中，74LS3273、74LS244、74LS3273 采用 $\overline{RD}$ 信号控制，用作输出口；而 74LS244 采用 $\overline{WR}$ 信号控制，用作输入口。74LS3273 的口地址为 BFFFFH，74LS244 的口地址为 7FFFFH。

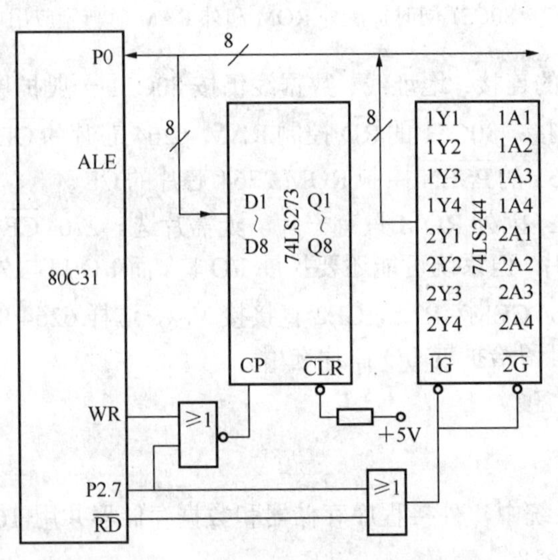

图 7-8 用 TTL 芯片扩展并行 I/O 接口

数据的输入/输出通过下述指令进行：

输出数据指令：

```
MOV     DPTR,#0BFFFH        ;指向输出口
MOVX    @DPTR,A             ;输出数据
```

输入数据指令：

```
MOV     DPTR,#07FFFH        ;指向输入口
MOVX    A,@DPTR             ;输入数据
```

2. 8255A 可编程并行 I/O 的扩展

图 7-9 所示为 8255A 的内部结构，8255A 是 Intel 公司生产的通用可编程并行 I/O 接口芯片，采用 40 脚双列直插形式封装，由单一+5V 电源供电，通过系统总线可方便地与 51

单片机连接，实现 I/O 口的扩展。

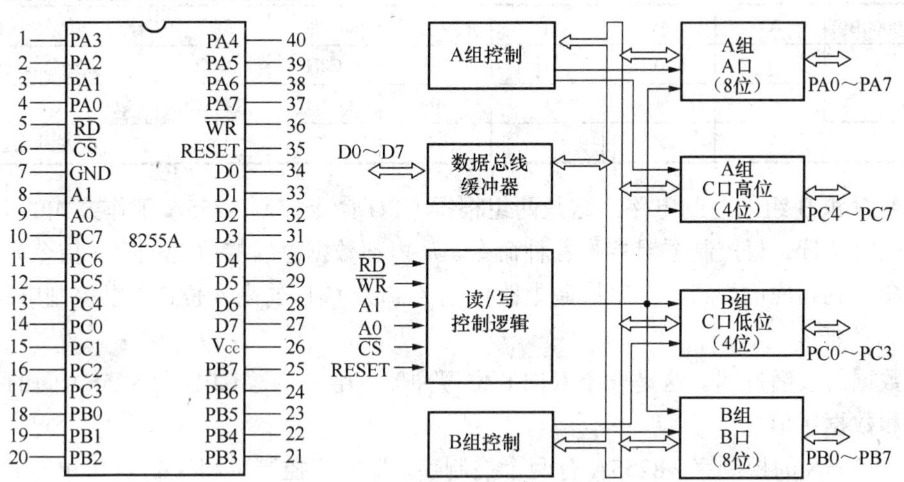

图 7-9　8255A 内部结构和外引脚图

（1）8255A 的内部结构和引脚。

①内部结构。3 个 8 位的 I/O 接口：A 口、B 口、C 口。

A 口有一个 8 位数据输出锁存/缓冲器和一个 8 位的数据输入锁存器。可编程为 8 位输入/输出或双向寄存器。B 口有一个 8 位数据输出锁存/缓冲器和一个 8 位数据输入缓冲器。可编程为 8 位输入或输出寄存器，但不能双向输入/输出。C 口有一个 8 位数据输出锁存/缓冲器和一个 8 位的数据输入缓冲器。C 口可分作两个 4 位口使用。它除了作为输入/输出口外，还可以作为 A 口、B 口选通方式工作时的状态控制信号。

②读/写控制逻辑。读/写控制逻辑的功能用于管理所有的数据、控制字或状态字的传送。它接收来自 CPU 的地址信息及一些控制信号来控制各个口的工作状态，这些控制信号如下。

$\overline{CS}$：片选信号端，低电平有效。若 $\overline{CS}$ 为高电平，则 8255A 不被选中工作；若 $\overline{CS}$ 为低电平，则 8255A 检测到后处于工作状态。

$\overline{RD}$：读选通信号端，低电平有效。

$\overline{WR}$：写选通信号端，低电平有效。

RESET：复位信号端，高电平有效。

A1 和 A0：地址输入线，用于选中 A 口、B 口、C 口和控制字寄存器中哪一个工作。上述控制信号对 8255A 端口和工作方式的选择如表 7-2 所示。

表 7-2　　8255A 端口选择及功能

$\overline{CS}$（110000B）	A1	A0	$\overline{RD}$	$\overline{WR}$	端口地址	端口	功　能
0	0	0	0	1	C0H	A 口	A 口→数据总线
0	0	0	1	0	C0H	A 口	数据总线→A 口
0	0	1	0	1	C1H	B 口	B 口→数据总线
0	0	1	1	0	C1H	B 口	数据总线→B 口
0	1	0	0	1	C2H	C 口	C 口→数据总线

续表

$\overline{CS}$（110000B）	A1	A0	$\overline{RD}$	$\overline{WR}$	端口地址	端口	功　能
0	1	0	1	0	C2H	C口	数据总线→C口
0	1	1	1	0	C3H	控制口	数据总线→控制寄存器
1	×	×	×	×	×	×	总线高阻

③A组和B组的控制电路。这是两组根据CPU命令控制8255A工作方式的电路。每组控制电路从读、写控制逻辑接收各种命令，从内部数据总线接收控制字（指令），并发出适当的命令到相应的端口。A组控制电路控制A口及C口的高4位；B组控制电路控制B口及C口的低4位。

④数据总线缓冲器。这是一个双向8位缓冲器，用于传送CPU和8255A间的控制字、状态字和数据字信息。

（2）8255A的控制字。8255A有两个控制字，即方式控制字和控制C口单一置/复位控制字。这两个控制字送到8255A的控制字寄存器（A1A0＝11B），以设定8255A的工作方式和C口各位状态。这两个控制字以D7位状态作为标志。

①方式控制字。8255A三个端口工作于什么方式以及输入还是输出方式是由方式控制字决定的。方式控制字格式如表7-3所示。

表7-3　　8255A方式选择控制字格式

D7	D6	D5	D4	D3	D2	D1	D0
控制选择	方式选择		A口	A组	方式选择	B口	B组
1：方式控制字 0：C口单一置/复位控制字	00：方式0 01：方式1 1×：方式2		1：输入 0：输出	C口高4位 1：输入 0：输出	0：方式0 1：方式1	1：输入 0：输出	C口低4位 1：输入 0：输出

②C口单一置/复位控制字。本控制字可以使C口各位单独置位或复位，以实现某些控制功能，该控制字格式如表7-4所示。其中，D7＝0是本控制字的特征位，D3～D1用于控制PC7～PC0中哪一位置位和复位，D0是置位和复位的控制位。

表7-4　　C口单一置/复位控制字格式

D7	×	×	×	D3	D2	D1	D0
控制选择 0：位操作	不用时置000			C口位选择			置位
				000：PC0 001：PC1 010：PC2 011：PC3 100：PC4 101：PC5 110：PC6 111：PC7			0：复位 1：置位

（3）8255A的工作方式。8255A有三种工作方式：即方式0、方式1和方式2

①方式0（基本输入/输出方式）。8255A的A口、B口、C口均可设定为方式0，并可

根据需要规定各端口为输入方式或输出方式。在方式 0 下，80C51 可对 8255A 进行 I/O 数据的无条件传送，外设的 I/O 数据可在 8255A 的各端口得到锁存和缓冲，也可以把其中几位指定为外设的状态输入位，CPU 对状态位查询便可实现 I/O 数据的异步传送。

②方式 1（选通输入/输出方式）。工作方式 1 是选通输入/输出工作方式，端口被分成 A 组和 B 组，A 组包括端口 A 和端口 C 的高 4 位，A 口可由编程设定为输入口或输出口，C 口的高 4 位用来作为输入/输出操作的控制和同步信号；B 组包括端口 B 和端口 C 的低 4 位；B 口同样可由编程设定为输入口或输出口，C 口的低 4 位用来作为输入/输出操作的控制和同步信号。在方式 1 下，端口的输入和输出的数据均可锁存。

方式 1 输入时，C 口控制联络信号如图 7-10 所示。

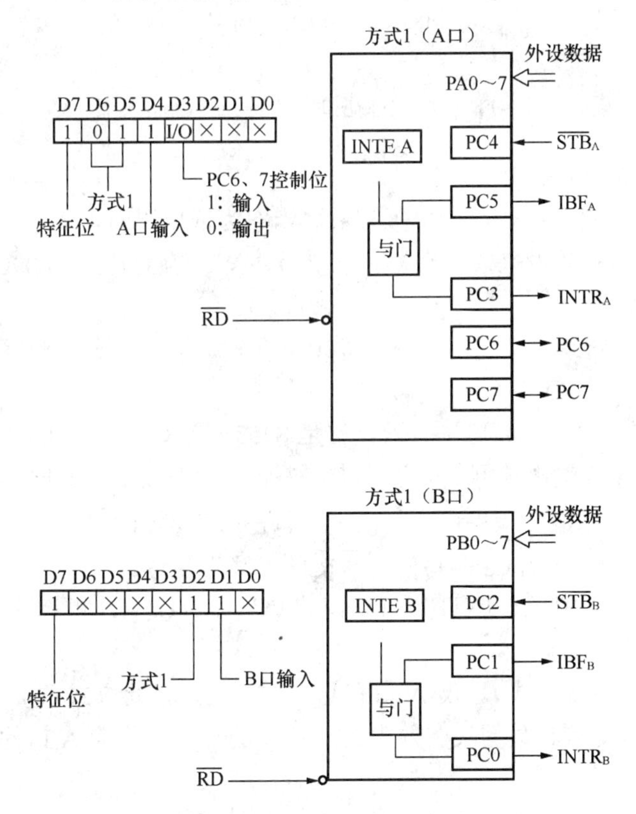

图 7-10　方式 1 输入时 C 口控制联络信号图

控制信号的功能如下。

$\overline{STB}$：选通输入信号，低电平有效。当外设送来$\overline{STB}$信号时，输入数据装入 8255A 的锁存器。

IBF：输入缓冲器满信号，高电平有效。当其有效时表示输入数据已送入输入锁存器，它由输入选通信号$\overline{STB}$的下降沿置位，当输入数据被 CPU 读走时，由读信号$\overline{RD}$的上升沿置位。

INTR：中断请求信号，高电平有效。在中断方式下，这是 8255A 向 CPU 发出的中断申请信号，当$\overline{STB}$、IBF 和 INTE（中断允许）均为高电平时 INTR 有效，INTR 由 CPU 读

信号 $\overline{RD}$ 的下降沿复位。当单片机与 8255A 连接且工作在中断方式下时，应注意单片机的中断输入信号为低电平有效，而 8255A 的中断申请信号为高电平有效。

INTE：中断允许控制位。在 8255A 的内部有两个中断控制位：INTE A 和 INTE B 用来控制 8255A 的中断。当 INTE＝1 时允许 8255A 中断，当 INTE＝0 时禁止 8255A 中断。INTE 由 PC 口的 PC4（INTE A）和 PC2（INTE B）的置/复位来控制。

方式 1 输出时，C 口控制联络信号如图 7-11 所示。

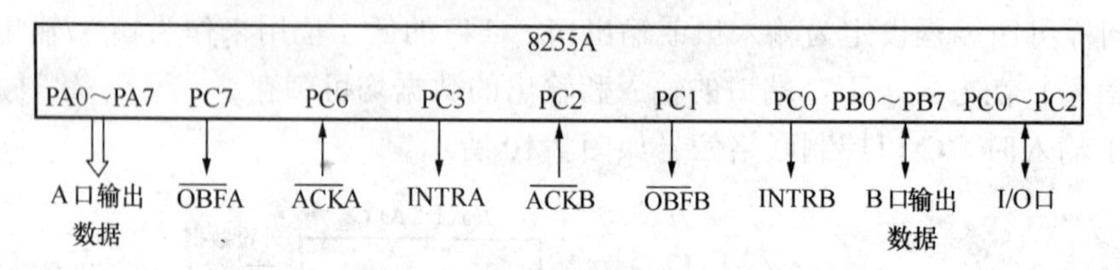

图 7-11　方式 1 输出时 C 口控制联络信号图

图中各控制信号功能如下。

$\overline{OBF}$：输出缓冲器满信号，低电平有效。当它为低电平时，表示 CPU 已将数据写到 8255A 输出端口，通知外设来读取数据。该信号由 $\overline{WR}$ 的上升沿置 0（有效），由 $\overline{ACK}$ 的下降沿置 1（有效）。

$\overline{ACK}$：外设响应信号，低电平有效。当其有效时，表示外设已将输出数据取走，可输出新的数据。

INTR：中断请求信号，高电平有效。这是 8255A 向 CPU 发出的中断申请信号，在中断方式下，当 8255A 的输出数据被外设取走，需要再发送新的数据时，可通过此信号线向 CPU 申请中断，在中断服务程序中再一次发送输出数据。当 $\overline{ACK}$、$\overline{OBF}$ 和 INTE 均为高电平时 INTR 有效，INTR 由 CPU 写信号 $\overline{WR}$ 的下降沿复位。

INTE：中断允许控制位。INTE 由 PC 口的 PC6（INTE A）和 PC2（INTE B）的置/复位来控制。

③方式 2（双向总线方式）。仅 A 口有此工作方式，在此方式下 A 口称为双向数据端口，可发送数据，也可接收数据，在方式 2 下 C 口的高 5 位作为 A 口的控制联络线，控制联络线的功能如图 7-12 所示。

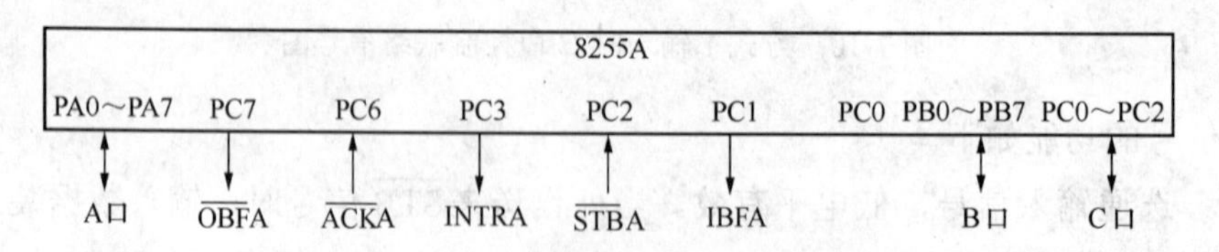

图 7-12　方式 2 输出时 C 口控制联络信号图

当 A 口工作于方式 2 时，B 口可工作于方式 0 或方式 1，C 口的低 3 位用于 B 口的控制联络线。

（4）应用举例。

【例 7-1】如图 7-13 所示，8255A 的 PA、PB、PC 三个端口作为输出控制，由 PA 口作为单一灯左移 8 次，再由 PB 作为单一灯左移 8 次，最后由 PC 作为单一灯左移 8 次。

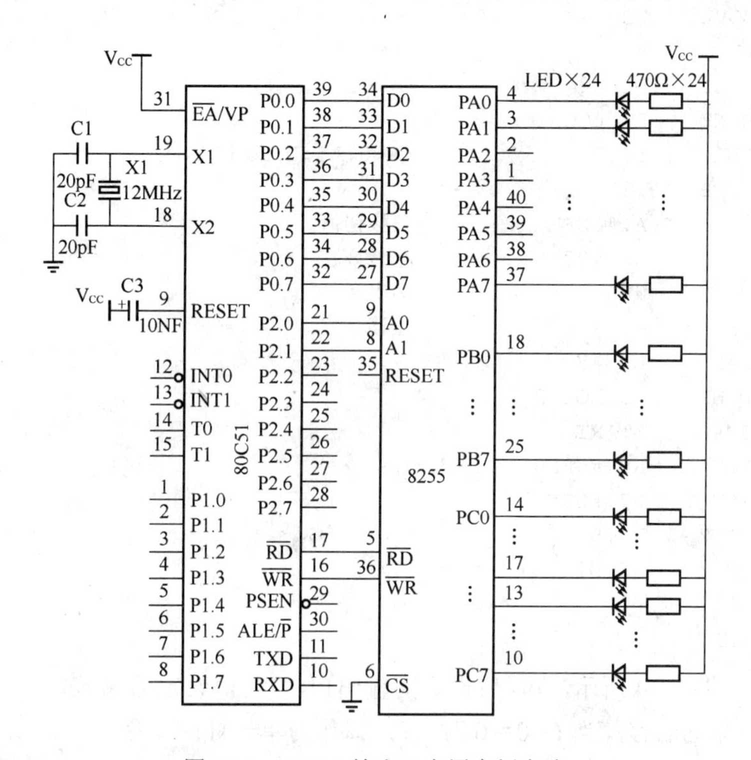

图 7-13 8255A 输出口应用实例电路

解：图中的 8255A 的片选信号 $\overline{CS}$ 接地；8255A 的 $\overline{RD}$、$\overline{WR}$ 分别接 80C51 单片机的 $\overline{RD}$ 和 $\overline{WR}$；8255A 的端口地址选择线 A0、A1 分别与 80C51 的 P2.0 和 P2.1 相连；8255A 的 D0～D7 接 80C51 的 P0.0～P0.7。程序如下：

```
        ORG     00H
        CLR     P2.2            ;8255  RESET
        SETB    P2.2
        CLR     P2.2
        SETB    P2.0            ;A0=1,A1=1,8255 控制寄存器地址
        SETB    P2.1
        MOV     A,#80H          ;设 8255A PA、PB、PC 口为输出口
        MOVX    @R0,A           ;写入控制寄存器
START:  CLR     P2.0            ;A0=0,A1=0,PA 口地址
        CLR     P2.1
        MOV     A,#0FEH         ;左移初值
        MOV     R2,#08          ;左移 8 次
LOOP:   MOVX    @R0,A           ;输出至 PA 口
        RL      A               ;左移一位
        CALL    DELAY
        DJNZ    R2,LOOP
        SETB    P2.0            ;A0=1,A1=0,PB 口地址
        CLR     P2.1
        MOV     A,#0FEH         ;左移初值
```

```
        MOV     R2,#08          ;左移 8 次
LOOP1:  MOVX    @R0,A           ;输出至 PB 口
        RL      A               ;左移一位
        CALL    DELAY
        DJNZ    R2,LOOP1
        CLR     P2.0            ;A0=0,A1=1,PC 口地址
        SETB    P2.1
        MOV     A,#0FEH         ;左移初值
        MOV     R2,#08          ;左移 8 次
LOOP2:  MOVX    @R0,A           ;输出至 PC 口
        RL      A               ;左移一位
        CALL    DELAY
        DJNZ    R2,LOOP2
        JMP     START
DELAY:  MOV     R6,#0FFH
D1:     MOV     R7,#0FFH
        DJNZ    R7,$
        DJNZ    R6,D1
        RET
        END
```

【例 7-2】如图 7-14 所示，PB 口设定为输出口，PC 口设定为输入口。当 PC0＝1 时，PB 口作为单一灯的右移；当 PC0＝0 时，PB 口作为单一灯的左移。

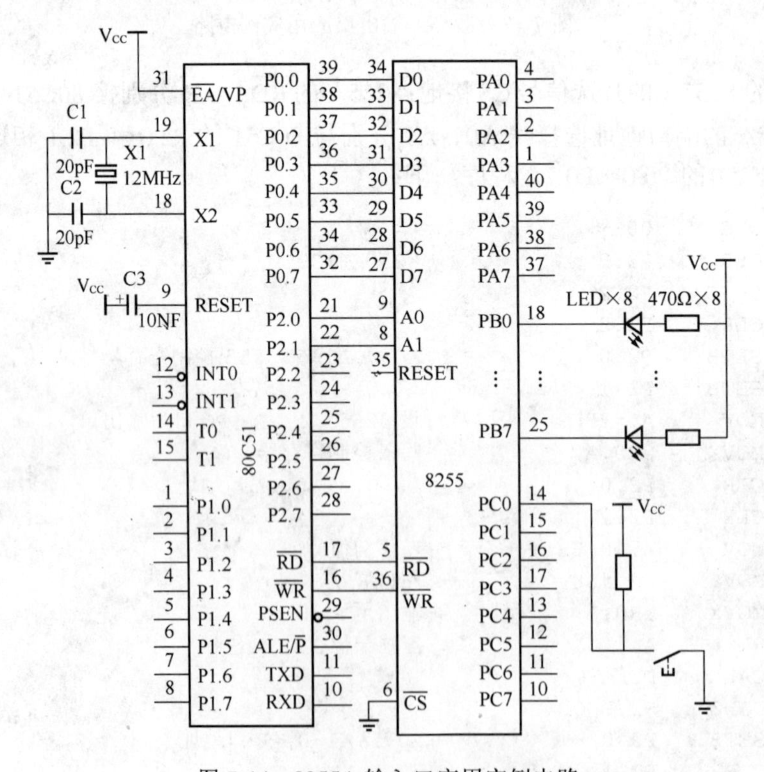

图 7-14　8255A 输入口应用实例电路

解：程序如下：

```
        ORG     00H
        CLR     P2.2            ;8255  RESET
        SETB    P2.2
        CLR     P2.2
        SETB    P2.0            ;A0=1,A1=1 8255 控制寄存器地址
        SETB    P2.1
        MOV     A,#10010001B    ;设 8255 PB 口为输出口,PC 口为输入口
        MOVX    @R0,A           ;写入控制寄存器
START:  CLR     P2.0            ;A0=1,A1=1,PC 口地址
        SETB    P2.1
        MOVX    A,@R0           ;读取 PC 口数据
        JNB     ACC.0,LEFT      ;判断 PC0 按否?00 表示按
        CJNE    A,#00H,LEFT     ;未按则跳至左移
        SETB    P2.0            ;A0=1,A1=0,PB 口地址
        CLR     P2.1
        MOV     A,#7FH          ;右移初值
        MOV     R2,#08          ;右移 8 次
LOOP:   MOVX    @R0,A           ;输出至 PB 口
        RR      A               ;右移一位
        CALL    DELAY
        DJNZ    R2,LOOP
        JMP     START
LEFT:   SETB    P2.0            ;A0=1,A1=0,PB 口地址
        CLR     P2.1
        MOV     A,#0FEH         ;左移初值
        MOV     R2,#08          ;左移 8 次
LOOP1:  MOVX    @R0,A           ;输出至 PB 口
        RL      A               ;左移一位
        CALL    DELAY
        DJNZ    R2,LOOP1
        JMP     START
DELAY:  MOV     R6,#0FFH
D1:     MOV     R7,#0FFH
        DJNZ    R7,$
        DJNZ    R6,D1
        RET
        END
```

想一想

（1）简述 8255A 的内部结构及各部分的特点。

（2）8255A 有哪三种工作方式？端口 A、端口 B、端口 C 分别可工作在哪几种工作方式下？

（3）8255A 的工作方式控制字和 C 口的按位置位/复位控制字有何差别？若将 C 口的 PC2 引脚输出高电平（置位），假设 8255A 控制口地址是 303H，程序段应是怎样的？

练一练

假设 8255A 的端口 A 工作在方式 0，作为输入口；端口 B 工作在方式 0，作为输出口。

8255A 的控制端口地址为 A0H。试写出方式选择控制字的程序段。

3. 8155A 可编程并行 I/O 的扩展

8155 芯片是单片机应用系统中广泛使用的芯片之一，其内部包含 256B 的 RAM、2 个 8 位并行接口，1 个 6 位并行接口和 1 个 14 位计数器（当输入脉冲频率固定时，可以作为定时器），它与 80C51 系列单片机的接口非常简单。

（1）引脚功能。8155 为 40 脚双列直插式封装，其组成构图及引脚如图 7-15 所示。

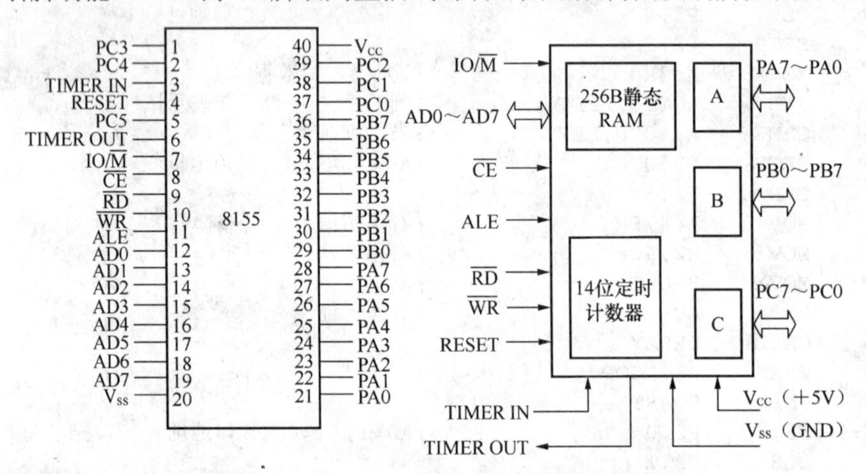

图 7-15　8155 引脚和结构图

各引脚功能如下。

①RESET：8155 的复位信号输入端。该信号的脉冲宽度为 600ns，复位后，A 口、B 口、C 口均初始化为输入工作方式。

②AD0～AD7：三态地址/数据总线。通常与 80C51 单片机的 P0 口相连。

③$\overline{CE}$：片选信号线，低电平有效。

④IO/$\overline{M}$：RAM 或 I/O 端口选择线。IO/$\overline{M}$ =0 时，则 CPU 选中 8155 的片内 RAM 工作；IO/$\overline{M}$ =1 时，选中 I/O 端口。8155 端口地址分配如表 7-5 所示。

表 7-5　8155 端口地址分配表

IO/$\overline{M}$	AD7	AD6	AD5	AD4	AD3	AD2	AD1	AD0	所选端口
1	×	×	×	×	×	0	0	0	命令/状态寄存器
1	×	×	×	×	×	0	0	1	A 口
1	×	×	×	×	×	0	1	0	B 口
1	×	×	×	×	×	0	1	1	C 口
1	×	×	×	×	×	1	0	0	计数器低 8 位
1	×	×	×	×	×	1	0	1	计数器高 8 位
0	×	×	×	×	×	×	×	×	RAM 单元

⑤$\overline{RD}$：读选通信号。低电平时有效，将 8155 片内 RAM 单元或 I/O 口的内容读至数

据总线上。

⑥ $\overline{WR}$：写选通信号端，低电平时有效，将 AD7～AD0 上的数据写入片内 RAM 某一单元或 I/O 接口中。

⑦ALE：地址锁存允许信号输入端，高电平有效。当其为高时 8155 接收地址及片选信号，高电平的下降沿锁存地址及片选信号。

⑧PA7～PA0：A 口的 8 根通用 I/O 线。它由命令寄存器中的控制字来决定输入或输出。

⑨PB7～PB0：B 口的 8 根通用 I/O 线。它由命令寄存器中的控制字来决定输入/输出。

⑩PC7～PC0：C 口的 6 根数据/控制线。通用 I/O 方式时传送 I/O 数据，A 或 B 口选通 I/O 方式时传送控制和状态信息。控制功能的实现由可编程命令寄存器内容决定。

⑪TIMER IN：定时器/计数脉冲信号输入端。

⑫TIMER OUT：定时器/计数脉冲信号输出端。其输出信号是矩形还是脉冲，是输出单个信号还是连续信号，由计数器的工作方式决定。

⑬V_{CC}：+5V 电源。

⑭V_{SS}：接地端。

（2）8155 的工作方式及状态字格式。8155 的工作方式由可编程命令寄存器内容决定，状态可以由读出状态寄存器的内容获得。8155 命令寄存器和状态寄存器为独立的 8 位寄存器。在 8155 内部，从逻辑上说，只允许写入命令寄存器和读出状态寄存器。实际上，读命令寄存器内容及写状态寄存器的操作是既不允许，也是不可能实现的。因此，命令寄存器和状态寄存器可以采用同一地址，以简化硬件结构，并将两个寄存器简称为命令/状态寄存器，用 C/S 表示。

①8155 的工作方式。8155 的工作方式选择由 8155 的内部控制寄存器的内容决定。命令寄存器由 8 位锁存器组成，只能写入不能读出。控制字的格式如表 7-6 所示。

表 7-6　　控制字的格式

D7	D6	D5	D4	D3	D2	D1	D0
TM2	TM1	IEB	IEA	PC2	PC1	PB	PA

PA：A 口数据传送方向设置位。0：输入；1：输出。

PB：B 口数据传送方向设置位。0：输入；1：输出。

PC1、PC2：C 口工作方式设置位，如表 7-7 所示。

表 7-7　　C 口工作方式

PC2	PC1	工作方式	说明
0	0	ALT1	A、B 口为基本 I/O，C 口方向为输入
1	1	ALT2	A、B 口为基本 I/O，C 口方向为输出
0	1	ALT3	A 口为基本 I/O，PC0～PC2 作为 A 口的选通应答 B 口为基本 I/O，PC3～PC5 方向为输出
1	0	ALT4	A 口为选通 I/O，PC0～PC2 作为 A 口的选通应答 B 口为选通 I/O，PC3～PC5 作为 B 口的选通应答

IEA：A 口的中断允许设置位。0：禁止；1：允许。

IEB：B 口的中断允许设置位。0：禁止；1：允许。

TM2、TM1：计数器工作方式设置位，见表 7-8 所示。

表 7-8　　定时/计数器命令字

TM2	TM1	工作方式	说明
0	0	方式 0	空操作，对计数器无影响
0	1	方式 1	使计数器停止计数
1	0	方式 2	减 1 计数器回 0 后停止工作
1	1	方式 3	未计数时，送完初值及方式后立即启动计数； 正在计数时，重置初值后，减 1 计数器回 0 则按新计数器初值计数

②8155 的状态字格式。8155 的状态寄存器由 8 位锁存器组成。该寄存器只能读出，不能写入，其地址与控制寄存器相同。状态寄存器的格式如图 7-16 所示。

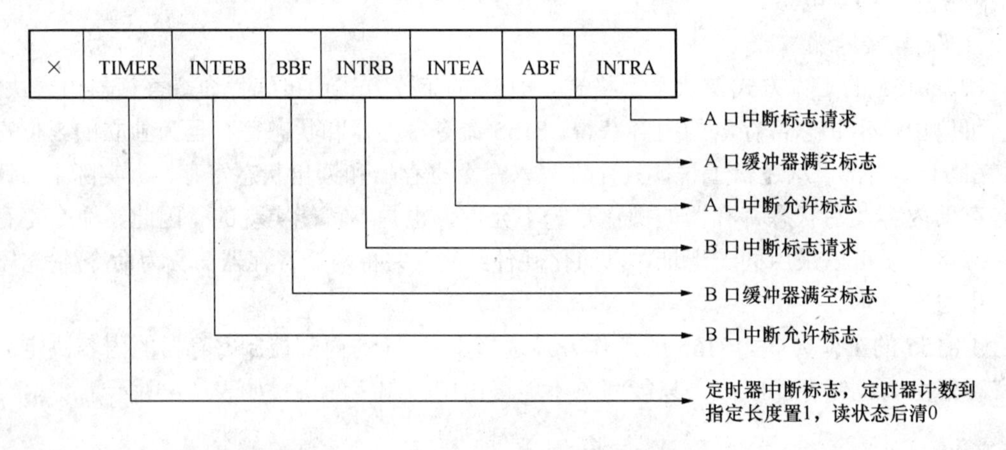

图 7-16　8155 状态寄存器的格式

（3）8155 定时/计数器的使用。8155 的定时/计数器的工作方式由定时/计数器的内容决定，定时/计数寄存器为 16 位，其中 14 位用作定时/计数常数，另 2 位为定时/计数工作方式控制位，其格式如表 7-9 所示。

表 7-9　　定时/计数寄存器格式

D15	D14	D13	D12	D11	D10	D9	D8	D7	D6	D5	D4	D3	D2	D1	D0
M2	M1	T13	T12	T11	T10	T9	T8	T7	T6	T5	T4	T3	T2	T1	T0
工作方式		14 位计数器													

启动定时/计数器前，首先应装入定时/计数器长度，因为是 14 位减法计数器，故计数长度的值可在 0002H～3FFFH 之间选择。其低 8 位值应装入定时/计数器低位字节，高 6 位值应装入定时/计数器高位字节。然后再装入命令并启动定时/计数器。定时/计数器最高两位（M2、M1）定义为定时/计数器的工作方式，如表 7-10 所示。

表 7-10　　定时/计数器的工作方式

M2	M1	方　式	说　　明
0	0	方式 0	单方波输出。计数期间为低电平，计数器回 0 后输出高电平
0	1	方式 1	连续方波输出。计数前半部分输出高电平，后半部分输出低电平
1	0	方式 2	单脉冲输出。计数器回 0 后输出单脉冲
1	1	方式 3	连续脉冲输出（计数值自动重装）。计数器回 0 后输出单脉冲，又自动向计数器重装原计数值，回 0 后又输出单脉冲

（4）单片机与 8155 接口。8155 可以直接与 80C51 单片机连接，不需要任何外加逻辑电路。如图 7-17 所示为 80C51 的基本连接方法。由于 8155 片内有地址锁存器。所以 P0 口输出的低 8 位地址不需另加锁存器，直接与 8155 的 AD7～AD0 相连，既作为低 8 位地址总线，又作为数据总线，利用 80C51 的 ALE 信号的下降沿锁存 P0 口送出的地址信息。片选信号和 IO/$\overline{M}$ 选择信号分别连 P2.7 和 P2.0。

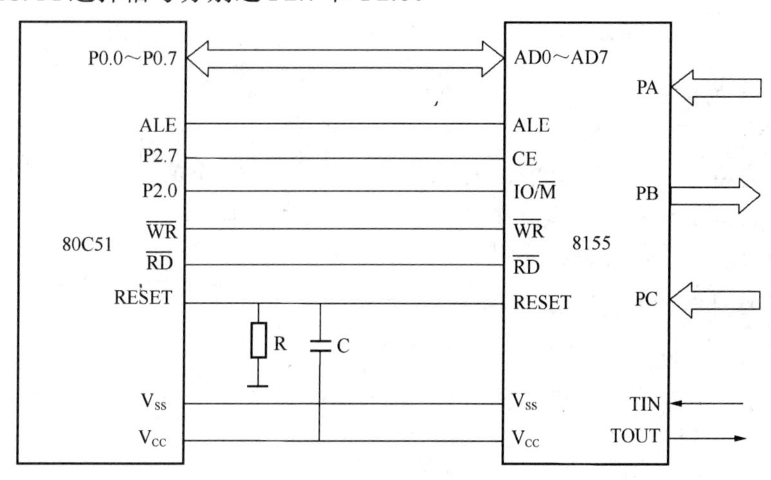

图 7-17　80C51 与 8155 的连接

根据表 7-5 8155 地址编码如下所示。

RAM 字节地址：　7E00H～7EFFH

命令/状态寄存器：　7F00H

A 口地址：　7F01H

B 口地址：　7F02H

C 口地址：　7F03H

TL：　7F04H

TH：　7F05H

（5）应用举例。

【例 7-3】 要求 8155A 口、B 口作为输出口，不要求中断请求，不启动定时器。

解：命令字应为 03H，编程如下：

```
MOV     DPTR,#7F00H          ;命令寄存器地址送 DPTR
MOV     A,#03H               ;命令字送命令寄存器
MOVX    @DPTR,A
```

【例 7-4】A 口定义为基本输入方式，B 口定义为基本输出方式，对输入脉冲进行 15 分频。

解：编程如下：

```
MOV     DPTR,#7F04H         ;指向定时器低 8 位
MOV     A,#0FH              ;计数常数(初值)
MOVX    @DPTR,A             ;计数常数装入低 8 位
INC     DPTR                ;指向定时器高 8 位
MOV     A,#40H              ;置定时器连续方波输出
MOVX    @DPTR,A
MOV     DPTR,#7F00H         ;指向命令寄存器
MOV     A,#0C2H             ;命令字设定
MOVX    @DPTR,A             ;命令字送命令寄存器
```

【例 7-5】要将立即数 6BH 写入 8155 中 RAM 的 31H 单元。

解：编程如下：

```
MOV     A,#6BH              ;立即数送 A
MOV     DPTR,#7E31H         ;指向 8155 的 31H 单元
MOVX    @DPTR,A             ;立即数送 31H 单元
```

【例 7-6】先将十六进制数 00H、01H、…、FFH 共 256 个值存入 8155 的 RAM 00H～FFH 地址，然后再从 8155 的 RAM 取出并输出至 PA 口，使 PA 口亮的 8 个 LED 显示相对应的二进制的值（亮：1；不亮：0）。

解：电路如图 7-18 所示，编程如下：

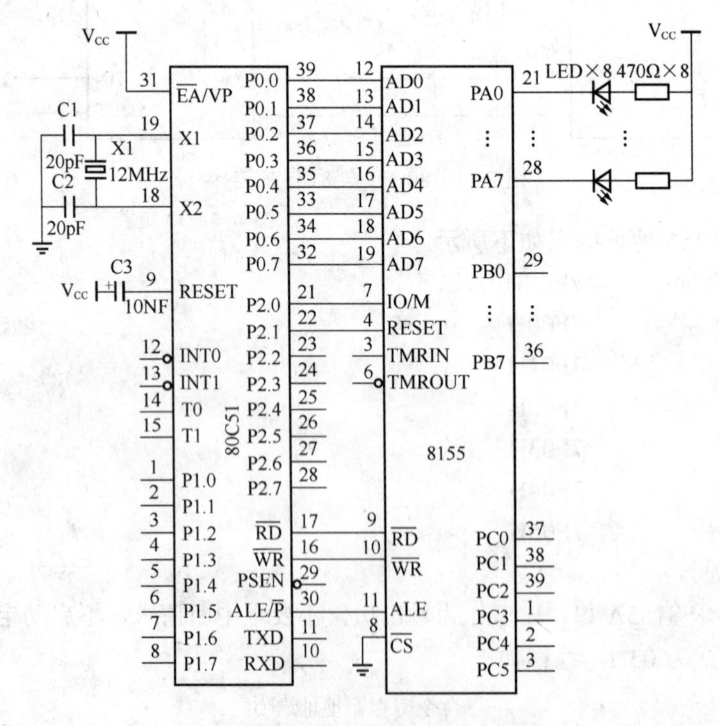

图 7-18　8155 与 RAM 的接口电路

```
        ORG     00H
        CLR     P2.1            ;81551 作 RESET
        SETB    P2.1
        CLR     P2.1
        MOV     R0,#00H         ;命令/状态寄存器地址 00H
        MOV     A,#01H          ;设定命令/状态寄存器 PA 为输出
        MOVX    @R0,A
        CLR     P2.0            ;8155 IO/M̄=0 作为存取内部 RAM
        MOV     R0,#00H         ;8155RAM 地址 00H
        MOV     R2,#00H         ;存入 8155 RAM 的初值
        MOV     R3,#00H         ;256 个 RAM 及数据
A1:     MOV     A,R2
        MOVX    @R0,A           ;将累加器的值存入 8155 的 RAM
        INC     R0              ;存下一个 RAM
        INC     R2              ;存下一个 RAM 的数据
        DJNZ    R3,A1
A3:     MOV     R0,#00H         ;8155  RAM 地址
        MOV     R1,#01H         ;PA 口地址
        MOV     R3,#00H         ;取 256 个 RAM 的值并输出
A2:     CLR     P2.0            ;8155 IO/M̄=0 存取 RAM
        MOVX    A,@R0           ;取内部 RAM 的值
        SETB    P2.0            ;8155 IO/M̄=1 做输入输出口
        CPL     A               ;输出为低电平动作
        MOVX    @R1,A           ;输出至 PA
        INC     R0              ;取下一个 RAM 数据
        CALL    DELAY           ;延时 1s
        DJNZ    R3,A2
        JMP     A3
DELAY:  MOV     R6,#10          ;1s
D2:     MOV     R4,#200
D1:     MOV     R5,#248
        DJNZ    R5,$
        DJNZ    R4,D1
        DJNZ    R6,D2
        RET
        END
```

练一练

（1）使 8155 用作 I/O 接口和定时器工作方式，定时器作为方波发生器对输入脉冲进行 12 分频（8155 中定时器最高频率为 4MHz）。

（2）编制对 8155 的初始化程序，使 A 口按工作方式 0 输入，B 口按工作方式 1 输入，C 口高 4 位按方式 0 输出，C 口低 4 位按方式 1 输入。

模块八

接 口 电 路

单片机能广泛地适用于工业测控和智能化仪器仪表中，由于工作需要和用户的不同要求，单片机应用系统常常需要配置键盘、显示器、A/D、D/A 转换器等外设。接口技术就是解决计算机与外设联系的技术。接口技术通常包括两部分：一是人机联系接口技术，是指人与计算机进行信息交互的接口，输入/输出设备包括键盘、显示器等；二是过程I/O通道，是指单片机系统和被控对象之间进行信息交互的通道，涉及开关量输入和输出以及模拟量输入（A/D）和输出（D/A）4个方面的问题。

本模块主要介绍键盘、LED显示器、A/D和D/A转换接口电路以及开关量驱动输出接口电路。

任务一 熟 悉 显 示 接 口

学习目标

★ 熟练掌握LED数码管的显示原理。

★ 熟练掌握静态显示方式和动态显示方式及其典型应用电路。

★ 正确编写基本的LED显示控制程序。

在单片机应用系统中，如果需要显示的内容只有数码和某些字母，使用LED数码管是一种较好的选择。LED数码管显示清晰，成本低廉，配置灵活，与单片机接口简单易行。

1. LED显示器及接口方法

LED（Light Emitting Diode，LED）是发光二极管的缩写。LED显示器是由发光二极管构成的，所以在显示器前面冠以LED，LED显示器在单片机中的应用非常普遍。

（1）LED显示器的结构及分类。通常所说的LED显示器由7个发光二极管组成，其排列形状如图8-1所示。

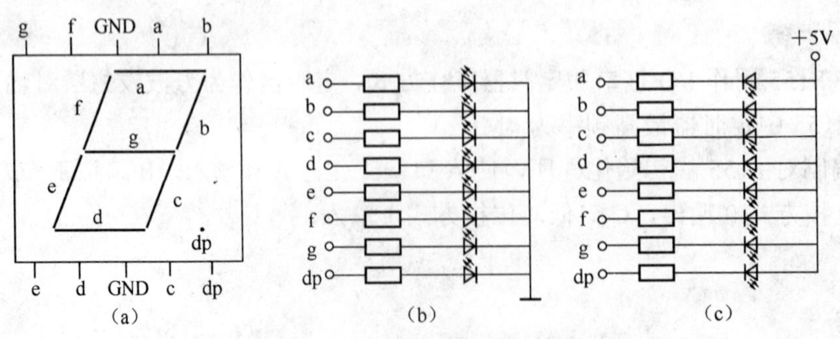

图8-1 七段LED数码管

（a）符号和引脚；（b）共阴极；（c）共阳极

此外，显示器中还有一个圆点形发光二极管（图中以 dp 表示），用于显示小数点。

通过七段发光二极管亮暗的不同组合，可以显示多种数字、字母以及其他符号。

LED 显示器中的发光二极管有两种接法：

①共阳极接法。把发光二极管的阳极连在一起构成公共阳极。使用时，公共阳极接+5V。

②共阴极接法。把发光二极管阴极连在一起构成公共阴极。使用时，公共阴极接地。

使用 LED 显示器时，要注意区分这两种不同的接法。

为了显示数字或符号，要为 LED 显示器提供代码，因为这些代码是供显示字形的，故称之为字形代码。

七段发光二极管再加上一个小数点位，共计八段，因此，提供给 LED 显示器的字形代码正好 1 个字节。各代码位的对应关系如表 8-1 所示。

表 8-1　　代码位对应关系

代码位	D7	D6	D5	D4	D3	D2	D1	D0
显示段	dp	g	f	e	d	c	B	a

用 LED 显示器显示十六进制数的字形代码如表 8-2 所示。

表 8-2　　十六进制数字形代码表

显示数字	共阳极代码	共阴极代码	显示数字	共阳极代码	共阴极代码
0	C0H	3FH	B	83H	7CH
1	F9H	06H	C	C6H	39H
2	A4H	5BH	D	A1H	5EH
3	B0H	4FH	E	86H	79H
4	99H	66H	F	8EH	71H
5	92H	6DH	H	89H	76H
6	82H	7DH	P	8CH	73H
7	F8H	07H	暗	FFH	00H
8	80H	7FH	P.	0CH	F3H
9	90H	6FH	1.	79H	86H
A	88H	77H	2.	24H	DBH

（2）LED 显示器的接口方法。单片机与 LED 显示器有以硬件为主和软件为主两种接口方法。

①以硬件为主的接口方法。这种接口方法的电路如图 8-2 所示。

在数据总线和 LED 显示器之间，必须有锁存器或 I/O 接口电路，此外，还需有专用的译码器/驱动器。通过译码器把 1 位十六进制数（4 位二进制）译码为相应的字形代码，然后由驱动器提供足够的功率去驱动发光二极管。

这种接口方法仅需使用一条输出指令就可以进行 LED 显示，但使用硬件电路较多，而硬件译码缺乏灵活性，且只能显示十六进制数。

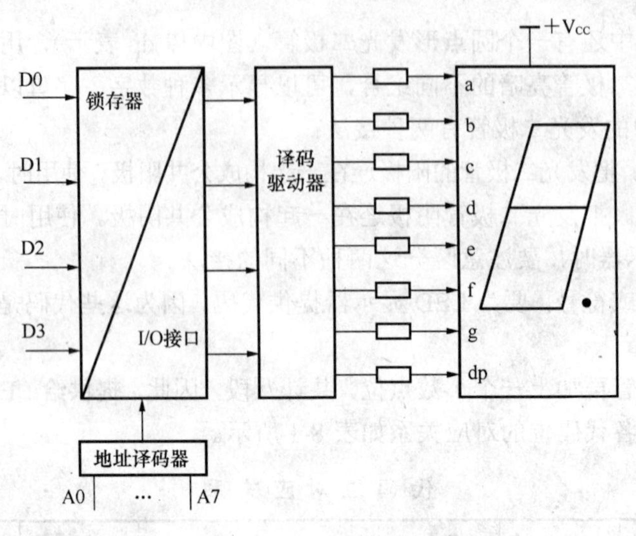

图 8-2　以硬件为主的 LED 接口电路

②以软件为主的接口方法。这种接口方法是以软件查表来代替硬件译码，不但省去了译码器，而且还能显示更多的字符，以软件为主也需要简单的硬件配合。图 8-3 是以软件为主的 LED 显示器接口电路。

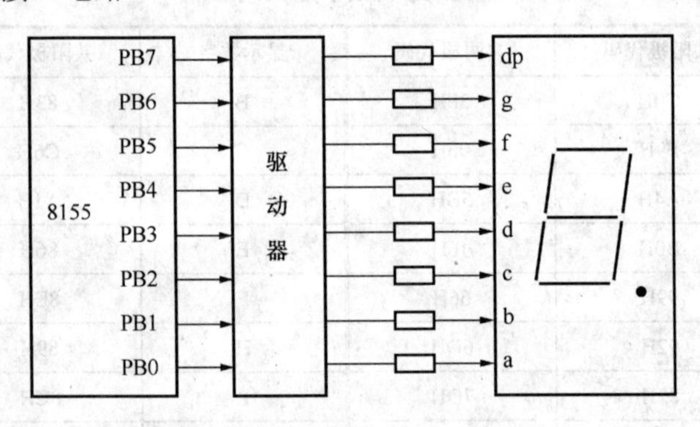

图 8-3　以软件为主的 LED 接口电路

2. 静态显示方式及其典型应用电路

LED 数码管显示电路在单片机应用系统中可分为静态显示方式和动态显示方式。

在静态显示方式下，每一位显示器的字段需要一个 8 位 I/O 口控制，而且该 I/O 口须有锁存功能，*N* 位显示器就需要 *N* 个 8 位 I/O 口，公共端可直接接＋5V（共阳）或接地（共阴）。显示时，每一位字段码分别从 I/O 控制口输出，保持不变直至 CPU 刷新显示为止，也就是各字段的亮灭状态不变。

静态显示方式编程较简单，但占用 I/O 口线多，即软件简单、硬件成本高，一般适用显示位数较少的场合。

(1)并行扩展静态显示电路。图 8-4 为并行扩展 3 位 LED 数码管静态显示电路，74377 并行扩展 8 位 I/O 口，P0 口输出 8 位字段码，P2.5、P2.6、P2.7 分别片选百、十、个位 74377，LED 数码管为共阳结构。

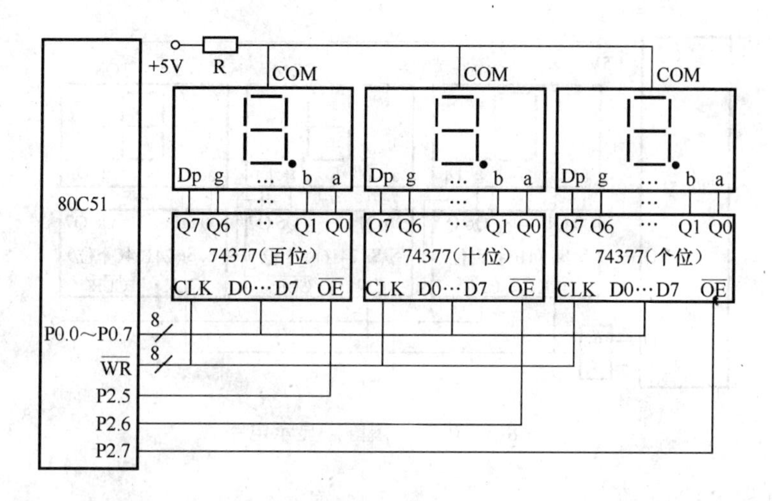

图 8-4 3 位 LED 静态显示电路

【例 8-1】按图 8-4 编制显示子程序，显示数（≤255）存在内 RAM 30H 中。

解：编程如下：

```
DIS:   MOV     A,30H              ;读显示数
       MOV     B,#100             ;置除数
       DIV     AB                 ;产生百位显示数字
       MOV     DPTR,#TAB          ;置共阳字段码表首址
       MOVC    A,@A+DPTR          ;读百位显示字符
       MOV     DPTR,#0DFFFH       ;置 74377(百位)地址
       MOVX    @DPTR,A            ;输出百位显示符
       MOV     A,B                ;读余数
       MOV     B,#10              ;置除数
       DIV     AB                 ;产生十位显示数字
       MOV     DPTR,#TAB          ;置共阳字段码表首址
       MOVC    A,@A+DPTR          ;读十位显示符
       MOV     DPTR,#0BFFFH       ;置 74377(十位)地址
       MOVX    @DPTR,A            ;输出十位显示符
       MOV     A,B                ;读个位显示数字
       MOV     DPTR,#TAB          ;置共阳字段码表首址
       MOVX    A,@A+DPTR          ;读个位显示符
       MOV     DPTR,#7FFFH        ;置 74377(个位)地址
       MOVX    @DPTR,A            ;输出个位显示符
       RET
TAB:   DB  0C0H,0F9H,0A4H,0B0H,99H     ;共阳字段码表
       DB  92H,82H,0F8H,80H,90H;
```

（2）串行扩展静态显示电路。图 8-5 为串行扩展 3 位 LED 数码管静态显示电路。RXD 串行输出显示字段码，TXD 发出移位脉冲，P1.0 控制串行输出，LED 数码管为共阳结构。

【例 8-2】按图 8-5 编制显示子程序，显示字段码已分别存在 32H～30H 内 RAM 中。

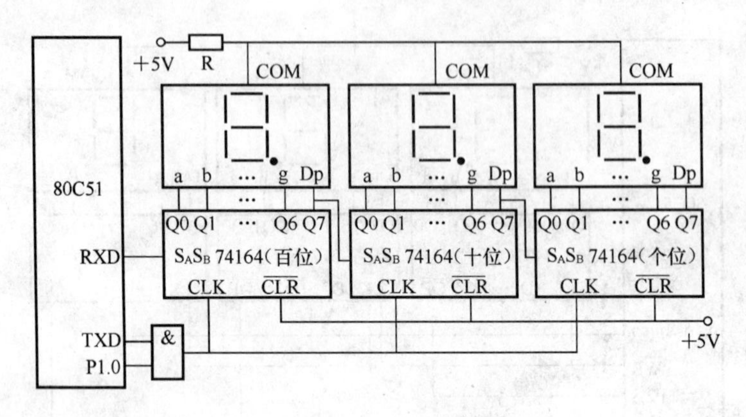

图 8-5　串行扩展静态显示电路

解：编程如下：

```
DIS:    MOV     SCON,#00H       ;置串行口方式 0
        CLR     ES              ;串行口禁止中断
        SETB    P1.0            ;“与”门开,允许 TXD 发移位脉冲
        MOV     SBUF,30H        ;串行输出个位显示字段码
        JNB     TI,$            ;等待串行发送完毕
        CLR     TI              ;清串行中断标志
        MOV     SBUF,31H        ;串行输出十位数显示字段码
        JNB     TI,$            ;等待串行发送完毕
        CLR     TI              ;清串行中断标志
        MOV     SBUF,32H        ;串行输出百位显示字段码
        JNB     TI,$            ;等待串行发送完毕
        CLR     TI              ;清串行中断标志
        CLR     P1.0            ;“与”门关,禁止 TXD 发移位脉冲
        RET
```

3. 动态显示方式及其典型应用电路

当显示器位数较多时，可以采用动态显示。所谓动态显示就是一位一位地轮流点亮显示器的各个位（扫描）。对于显示器的每一位而言，每隔一段时间点亮一次。虽然在同一时刻只有一位显示器在工作（点亮），由于人的视觉滞留效应和发光二极管熄灭时的余晖，人们看到的是多位“同时”显示。

为了实现 LED 显示器的动态扫描，除了要给显示器提供段（字形代码）的输入之外，还要对显示器加位的控制，这就是通常所说的段控和位控。因此，多位 LED 显示器接口电路需要有两个输出口，其中一个用于输出 8 条段控线（有小数点显示），另一个用于输出位控线，位控线的数目等于显示器的位数。

使用 8155 作 6 位 LED 显示器的接口电路，如图 8-6 所示。

图 8-6 中 C 口为输出口（位控口），以 PC5～PC0 输出位控线。由于位控线的驱动电流较大，8 段全亮时，约为 40～60mA，因此，PC 口输出加了 74LS06，以实现反相和提高驱动能力，然后再接各 LED 显示器的位控端。A 口为输出口（段控口），以 PA7～PA0 输出 8 位字形代码（段控线）。段控线的负载电流约为 8mA。为了提高显示亮度，通常加 74LS244 进行段控输出驱动。

为了存放显示的数字或符号，通常在内部 RAM 中设置显示缓冲区，其单元个数与 LED

显示器位数相同。本例中 6 个显示器的缓冲单元是 79H～7EH。由于动态扫描是从右向左进行的，则缓冲区的首地址应为 79H。格式如表 8-3 所示。

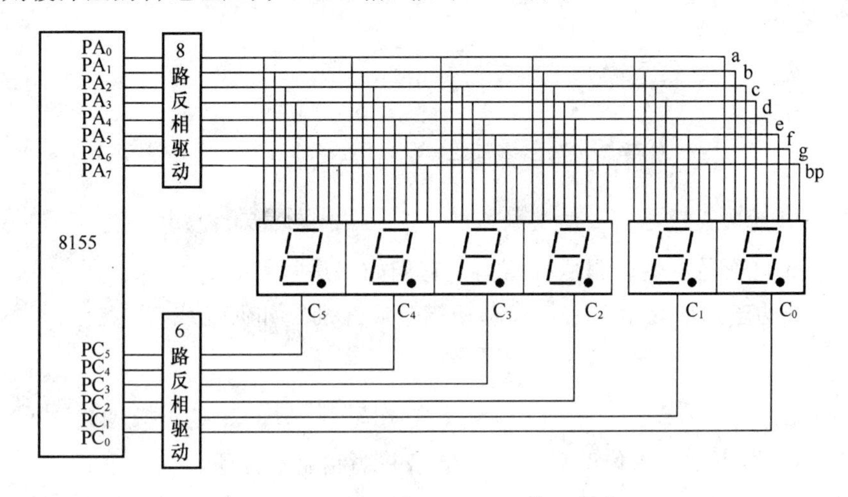

图 8-6　6 位动态 LED 显示接口电路

表 8-3　　6 个显示器的缓冲单元

LED5	LED4	LED3	LED2	LED1	LED0
7EH	7DH	7CH	7BH	7AH	79H

程序清单如下：

假定位控口地址为 0101H，段控口地址为 0102H，以 R0 存放当前位控值，DL 为延时子程序。

```
DIS:    MOV     R0,#79H          ;显示缓冲区首址送 R0
        MOV     R3,#01H          ;从右数第一位显示器开始
        MOV     A,R3             ;位控码初值
LD0:    MOV     DPTR,#0101H      ;位控口地址
        MOVX    @DPTR,A          ;输出位控码
        INC     DPTR             ;段控口地址
        MOV     A,@R0            ;取出显示数据
        ADD     A,#0DH           ;加上偏移量
        MOVC    A,@A+PC          ;查表取字形代码
        MOVX    @DPTR,A          ;输出端控码
        ACALL   DELAY            ;延时 1s
        INC     R0               ;转向下一显示段数据地址
        MOV     A,R3
        JB      ACC.0,LD1        ;判是否到最高位,到则返回
        RL      A                ;不到,扫描码左移一位
        MOV     R3,A             ;位控码送 R3 保存
        AJMP    LD0              ;继续扫描
LD1:    RET
DSEG:   DB  3FH,06H,5BH,4FH,66H  ;字形代码表
        DB  6DH,7DH,07H,7FH,6FH
        DB  77H,7CH,39H,5EH,79H
        DB  71H,40H,00H
DELAY:  MOV     R6,#10           ;1s
```

```
D2:     MOV     R4,#200
D1:     MOV     R5,#248
        DJNZ    R5,$
        DJNZ    R4,D1
        DJNZ    R6,D2
        RET
        END
```

想一想

（1）LED 数码管显示器有哪两种结构？它们如何进行编码？

（2）什么是动态扫描显示？它与静态扫描有何区别？如何连线？

练一练

参照图 8-4，按下列要求修改后，画出电路并编制显示程序。

（1）用 4 片 74164 显示 4 位。

（2）用 P1.7 控制串行输出。

（3）4 位显示符已存在以 40H（低位）为首址的内 RAM 中。

任务二　熟 悉 键 盘 接 口

学习目标

★ 熟练掌握独立式按键和矩阵式键盘的结构特点。

★ 熟练掌握 80C51 单片机键盘接口的方法及其典型应用电路。

★ 编写基本的键盘控制程序。

键盘是由若干个按键组成的，它是单片机最简单的输入设备。操作员通过键盘输入数据或命令，实现简单的人机对话。

按键就是一个简单的机械开关，当按键按下时，相当于开关闭合；当按键松开时，相当于开关断开。按键在闭合和断开时，触点会存在抖动现象。抖动现象如图 8-7 所示。

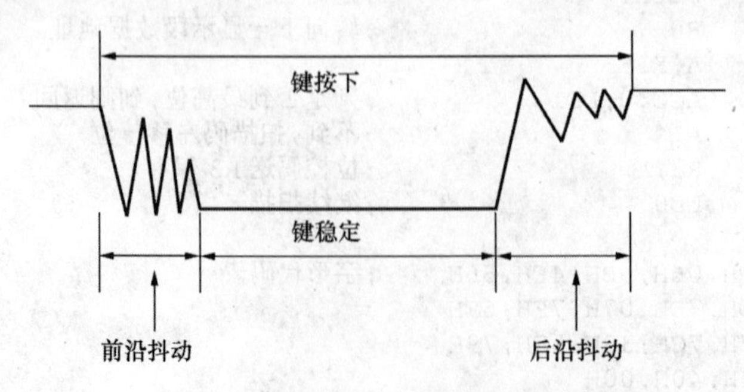

图 8-7　键闭合和断开时的电压抖动

按键的抖动时间一般为 5～10ms，抖动可能造成一次按键的多次处理问题。应采取措施消除抖动的影响。去抖动有硬件和软件两种方法。硬件方法就是加去抖动电路，从根本上避免抖动的产生；软件方法则采用时间延迟以躲过抖动，待信号稳定之后再进行键扫描。一般为简单起见，多采用软件方法，大约延时 10～20ms 即可。

1. 独立式按键及其接口电路

独立式按键的各个按键相互独立，判断有无键按下只需根据相应端口电平高低。

（1）按键直接与 I/O 口连接。图 8-8 为 3 个独立式按键直接与 80C51 单片机 I/O 口连接的电路。图 8-8（a）为键按下输入低电平；图 8-8（b）为键按下输入高电平。

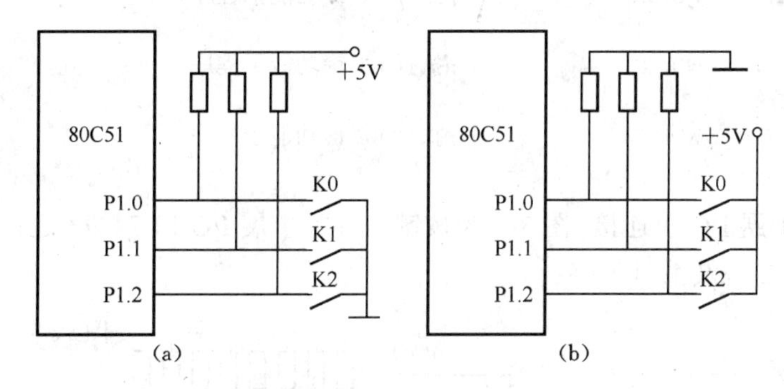

图 8-8 独立式按键接口电路

【例 8-3】按图 8-8（a）、（b），试分别编制按键扫描子程序。

解：按图 8-8（a）编程如下：

```
KEYA:   ORL     P1,#07H         ;置 P1.0~P1.2 为输入态
        MOV     A,P1            ;读键值,键闭合相应位为 0
        CPL     A               ;取反,键闭合相应位为 1
        ANL     A,#07H          ;屏蔽高 5 位,保留有键值信息的低 3 位
        JZ      GRET            ;全 0,无键闭合,返回
        CALL    DELAY           ;软件去抖动
        MOV     A,P1            ;重读键值,键闭合相应位为 0
        CPL     A               ;取反,键闭合相应位为 1
        ANL     A,#07H          ;屏蔽高 5 位,保留有键值信息的低 3 位
        JZ      GRET            ;全 0,无键闭合,返回;非全 0,确认有键闭合
        JB      Acc.0,KA0       ;转 K0 键功能子程序
        JB      Acc.1,KA1       ;转 K1 键功能子程序
        JB      Acc.2,KA2       ;转 K2 键功能子程序
GERT:   RET
KA0:    CALL    WORK0           ;执行 K0 键功能子程序
        RET
KA1:    CALL    WORK1           ;执行 K1 键功能子程序
        RET
KA2:    CALL    WORK2           ;执行 K2 键功能子程序
        RET
```

按图 8-8（b）编程如下：

```
KEYB:   ORL     P1,#07H         ;置 P1.0~P1.2 为输入态
        MOV     A,P1            ;读键值,键闭合相应位为 1
```

```
         ANL     A,#07H          ;屏蔽高5位,保留有键值信息的低3位
         JZ      GRET            ;全0,无键闭合,返回
         CALL    DELAY           ;延时10ms,软件去抖动
         MOV     A,P1            ;重读键值,键闭合相应位为1
         ANL     A,#07H          ;屏蔽高5位,保留有键值信息的低3位
         JZ      GRET            ;全0,无键闭合,返回;非全0,确认有键闭合
         JB      Acc.0,KB0       ;转K0键功能子程序
         JB      Acc.1,KB1       ;转K1键功能子程序
         JB      Acc.2,KB2       ;转K2键功能子程序
GRET:    RET
KB0:     CALL    WORK0           ;执行K0键功能子程序
         RET
KBI:     CALL    WORK1           ;执行K1键功能子程序
         RET
KB2:     CALL    WORK2           ;执行K2键功能子程序
         RET
```

(2)按键与扩展I/O口连接。图8-9为按键与并行扩展I/O口74373连接电路，10kΩ×8和0.1μF×8为RC滤波消抖电路。

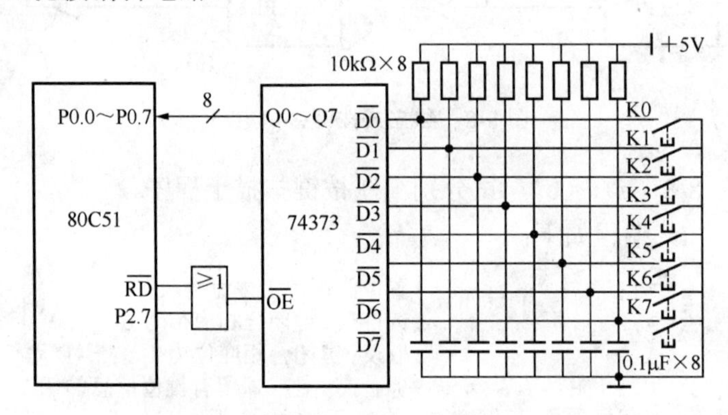

图8-9　按键与并行扩展I/O口连接电路

【**例8-4**】按图8-9，试编制按键扫描子程序，将键信号存入内RAM 30H。

解：编程如下：

```
KEY99:   MOV     DPTR,#7FFFH     ;置74373口地址
         MOVX    A,@DPTR         ;输入键信号(0有效)
         MOV     30H,A           ;存键信号数据
         RET
```

2. 矩阵式键盘及其接口电路

图8-10为4×4矩阵式键盘。当无键闭合时，P2.0～P2.3与相应的P2.4～P2.7之间开路；当有键闭合时，与闭合键相连接的两条I/O端线之间短路。判断有无键按下的方法是：第一步，置列线P2.4～P2.7为输入态，行线P2.0～P2.3输出低电平，读入列线数据，若某一列线为低电平，则该列线上有键闭合。第二步，置行线P2.0～P2.3为输入态，列线P2.4～P2.7输出低电平，读入行线数据，若某一行线为低电平，则该行线上有键闭合。综合一、二两步的结果，可确定按键编号。但是键闭合一次只能进行一次键功能操作，因此需等待

按键释放后，再进行键功能操作，否则按一次键，有可能会连续多次进行同样的键操作。

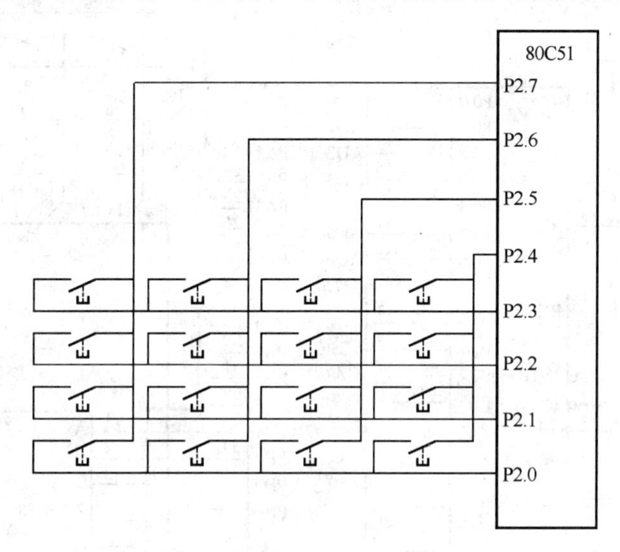

图 8-10　矩阵式键盘的结构

【**例 8-5**】按图 8-10，试编制矩阵式键盘扫描子程序。

解：编程如下：

```
KEY:    MOV     R3,#0F7H        ;扫描初值(P2.3=0)
        MOV     R1,#00H         ;计数指针初值
L1:     MOV     A,R3            ;载入扫描指针
        MOV     P2,A            ;输出至 P2,开始扫描(P2.3~P2.0)
        MOV     A,P2            ;读入 P2
        SETB    C               ;令 C=1
        MOV     R5,#04H         ;检测 P2.7~P2.4
L2:     RLC     A               ;左移一位(P2.7~P2.4)
        JNC     KEYIN           ;检测 C=0?C=0 表示有键按下
        INC     R1              ;未按则计数指针加 1
        DJNZ    R5,L3           ;4 列检测完了吗
        MOV     A,R3            ;载入扫描指针
        SETB    C               ;令 C=1
        RRC     A               ;扫描下一行,即下一行为 0
        MOV     R3,A            ;存回 R3 扫描指针寄存器
        JC      L1              ;C=0 表示行扫描完毕
        RET
KEYIN:  MOV     R7,#60          ;取消抖动
D2:     MOV     R6,#248
        DJNZ    R6,$
        DJNZ    R7,D2
        …
```

3. 8155 键盘控制的应用

【**例 8-6**】如图 8-11 所示，8155 的 PA 口、PB 口为输出口，PA 口为键盘行扫描，PB 口作为 6 个显示器的扫描，PC 口设定为输入口，作为键盘的列检测。编程实现在键盘上所输入 6 个数字能够在 LED 上显示出来。

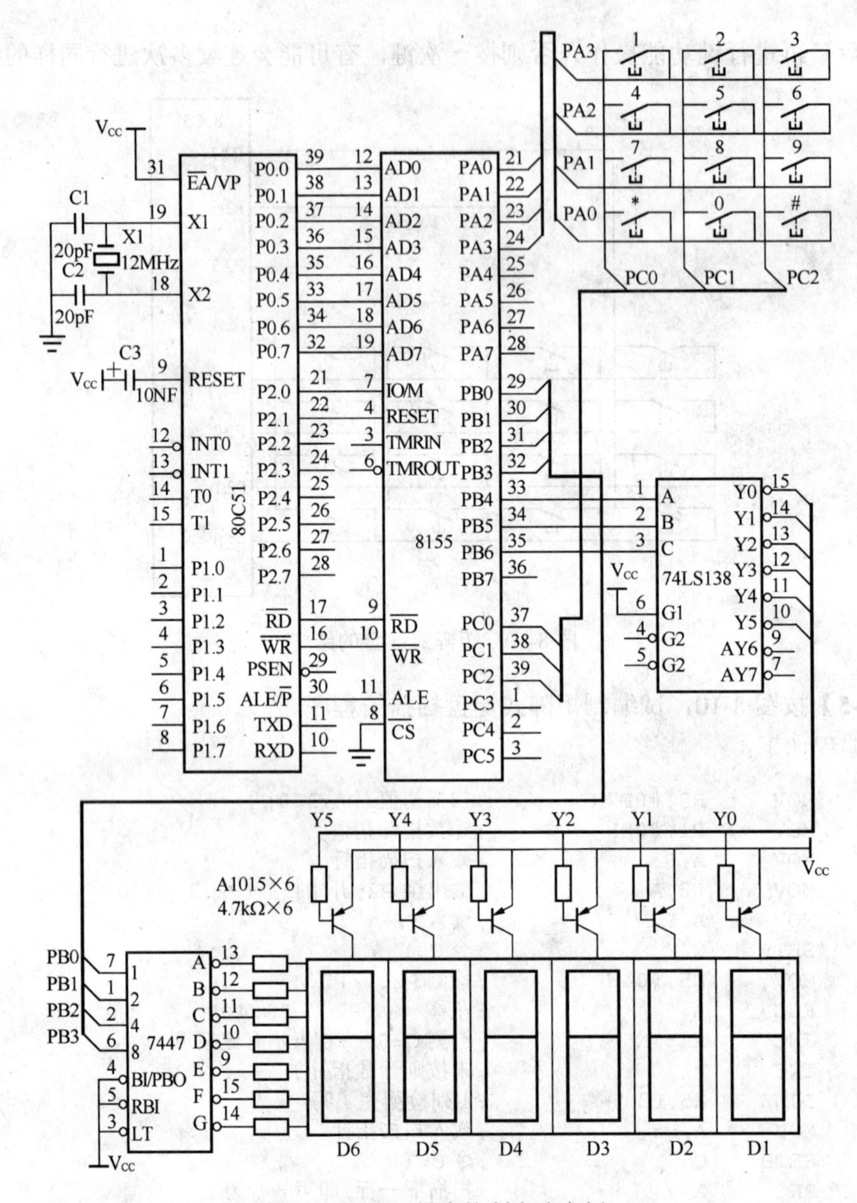

图 8-11　8155 键盘控制电路实例

解：键盘设计如图 8-11 所示，程序如下：

```
        ORG     00H
        CLR     P2.1              ;8155 RESET
        SETB    P2.1
        CLR     P2.1
        SETB    P2.0              ;8155 IO/M=1
        MOV     R1,#00H           ;8155 命令/状态寄存器地址
        MOV     A,#03H            ;设定 PA、PB 口为输出,PC 口为输入
        MOVX    @R1,A
        MOV     R1,#01H           ;PA 口地址
```

```
        MOV     A,#0FFH         ;令 PA=FFH
        MOVX    @R1,A
START:  MOV     R0,#30H         ;清除显示器地址 30H~35H
        MOV     R4,#06
CLEAR:  MOV     @R0,#00H
        INC     R0
        DJNZ    R4,CLEAR
L1:     MOV     R0,#01H         ;PA 口地址
        MOV     R3,#0F7H        ;PA 口行扫描初值
        MOV     20H,#00H        ;键盘计数指针
L2:     MOV     A,R3            ;行扫描值输出至 PA 口
        MOVX    @R0,A
        SETB    C               ;C=1
        MOV     R5,#03H         ;检测 PB 口的 3 列
L3:     MOV     R1,#03H         ;PC 口地址
        MOVX    A,@R1           ;读取 PC 口到累加器
        CJNE    A,#0FFH,KEYIN   ;判断是否有键按下,未按 ACC=FFH
        INC     20H             ;未按则计数指针加 1
L5:     DJNZ    R5,L3           ;3 列检测完毕否
        CALL    DISP            ;调用显示子程序
        MOV     A,R3
        SETB    C
        RRC     A               ;PA 口扫描下一行
        MOV     R3,A
        JC      L2
        JMP     L1
KEYIN:  MOVX    A,@R1           ;有键按下则读取 PC 口的数据
        MOV     R4,A            ;存入 R4,作为判断按键放开否
        MOV     21H,#03         ;检测 3 列 PC0~PC2
L4:     RRC     A               ;右移,检测 C
        JNC     KEYIN1          ;C=0 表示键被按下
        INC     20H             ;计数指针加 1
        DJNZ    21H,L4
        JMP     L5
KEYIN1: MOV     R7,#60          ;消除抖动
D2:     MOV     R6,#248
        DJNZ    R6,$
        DJNZ    R7,D2
D3:     MOVX    A,@R1           ;读取 PC 口的值
        XRL     A,R4            ;与刚才读取值进行比较
        JZ      D3              ;相同表示按键尚未放开
        MOV     A,20H           ;计数指针载入 ACC
        MOV     DPTR,#TABLE     ;至 TABLE 取码
        MOVC    A,@A+DPTR
        XCH     A,30H           ;现按键值存入(30H)
        XCH     A,31H           ;旧(30H)值存入(31)
        XCH     A,32H           ;旧(31H)值存入(32)
```

```
        XCH     A,33H           ;旧(32H)值存入(33)
        XCH     A,34H           ;旧(33H)值存入(34)
        XCH     A,35H           ;旧(34H)值存入(35)
        CALL    DISP            ;调用显示子程序
        JIM     L1
DISP:   MOV     R0,#02H         ;PB 口地址
        MOV     A,35H
        ADD     A,#50H          ;D6 数据值加上 74138 扫描值
        MOX     @R0,A           ;显示 D6
        CALL    DELAY           ;扫描延时
        MOV     A,34H
        ADD     A,#40H          ;D5 数据值加上 74138 扫描值
        MOVX    @R0,A           ;显示 D5
        CALL    DELAY           ;扫描延时
        MOV     A,33H
        ADD     A,#30H          ;D4 数据值加上 74138 扫描值
        MOVX    @R0,A           ;显示 D4
        CALL    DELAY           ;扫描延时
        MOV     A,32H
        ADD     A,#20H          ;D3 数据值加上 74138 扫描值
        MOVX    R0,A            ;显示 D3
        CALL    DELAY           ;扫描延时
        MOV     A,31H
        ADD     A,#10           ;D2 数据值加上 74138 扫描值
        MOVX    @R0,A           ;显示 D2
        CALL    DELAY           ;扫描延时
        MOV     A,#30
        ADD     A,#00H          ;D1 数据值加上 74138 扫描值
        MOVX    @R0,A           ;显示 D1
        CALL    DELAY           ;扫描延时
        MOV     R0,#01H         ;回到 PA 口地址
        RET
DELAY:  MOV     R7,#06          ;显示器扫描时间
D1:     MOV     R6,#248
        DJNZ    R6,$
        DJNZ    R7,D1
        RET
TABLE:  DB      01H,02H,03H     ;键盘码
        DB      04H,05H,06H
        DB      07H,08H,09H
        DB      0AH,00H,0BH
        END
```

想一想

（1）试说明矩阵式键盘的工作原理。

（2）在读键时，为什么要进行延时去抖动？延时去抖动的时间一般为多长？如何解决？

练一练

（1）参照图 8-8（a）电路，要求有 4 个按键 K0～K3，分别从 P1.4～P1.7 输入，改画电路，并编制按键扫描子程序。

（2）试设计一个用 8155 与 32 个键盘连接的接口电路，并编写程序，要求用 8155 定时器定时，每隔 2s 读一次键盘，并将其读入的键值存入 8155 片内 RAM30H 开始的单元中。

任务三　熟悉打印机接口

学习目标

★ 了解微型打印机工作时的信号控制。

★ 熟悉 80C51 单片机与微型打印机的接口方法及其典型应用电路。

★ 编写基本的微型打印机控制程序。

1. 微型打印机简介

单片机使用的打印机多是微型打印机，例如，μP 系列打印机，这种打印机是点阵式打印机，能打印各种数字和字符，并能绘制曲线。与计算机的接口遵从 Centronic 标准，各信号线通过 20 线扁平插座引出，信号引脚排列如表 8-4 所示。

表 8-4　　引　脚

（2）	GND	GND	GND	GDN	GND	GND	GND	GDN	$\overline{ACK}$	$\overline{ERR}$	（20）
（1）	$\overline{STB}$	DB0	DB1	DB2	DB3	DB4	DB5	DB6	DB7	BUSY	（19）

（1）DB7～DB0：数据线。

（2）$\overline{STB}$：数据选通信号，打印机输入。该信号上升沿时，打印数据被打印机读入并锁存。

（3）BUSY：“忙”信号，打印机输出。高电平表示打印机正忙于处理打印机数据，此时单片机不得向打印机送入新的数据。

（4）$\overline{ACK}$：应答信号，打印机输出。该信号是打印机读入打印数据后返回的应答。

（5）$\overline{ERR}$：出错信号，打印机输出。当打印命令格式有错时，即输出 50ms 的低电平出错信号。

使用中可根据打印机驱动需要，对这些信号进行连接。

2. 电路连接与打印驱动程序

（1）电路连接。假定使用的单片机芯片为 80C51，电路连接包括 8255A 与 80C51 的连接和 8255A 与打印机的连接，如图 8-12 所示。

①8255A 与 80C51 的连接。采用线选法编址，且假定以 P0.7 作为 8255A 的片选地址位，把 74LS373 的 Q7 与 8255A 的 $\overline{CS}$ 端连接，以地址的两个最低位对应接 8255A 的口选

择端 A0 和 A1。假定没有连接的地址为 1，则 8255A 的 A 口地址为 7CH，B 口地址为 7DH，C 口地址为 7EH，控制寄存器地址为 7FH。

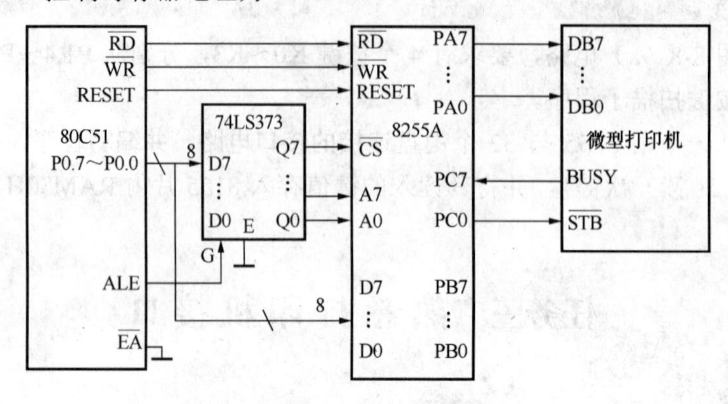

图 8-12　8255A 作为打印机接口

②8255A 与打印机的连接。采用查询方式驱动打印，8255A 与打印机的连线包括以下三项内容。

a. A 口（PA7～PA0）与打印机数据线相连，传送打印数据。

b. C 口的 PC0 提供数据选通信号，接打印机的 $\overline{\text{STB}}$ 端，对打印机数据送打印机进行选通控制。

c. C 口的 PC7 接打印机的 BUSY 端，以 BUSY 信号作为状态查询信号。

按上述电路连接和工作设置，确定 8255A 工作方式控制字状态如下：

A 口为方式 0 输出　　　　D6D5D4＝000

B 口不用　　　　　　　　D2D1＝00

C 口高位输入　　　　　　D3＝1

C 口低位输出　　　　　　D0＝0

则工作方式控制字为 10001000，即 88H。

（2）打印驱动程序。在内部 RAM 中设置缓冲区，打印数据（包括数据、命令、回车换行等）存放其中。为此应设置两个参数：一个缓冲区首址，另一个是缓冲区长度。送给打印机的选通信号 $\overline{\text{STB}}$ 是一个负脉冲，为此，应当在打印数据从单片机送到 8255A 后，在 PC0 端产生一个负脉冲。

假定 R1 为缓冲区首址，R2 为缓冲区长度。

打印驱动子程序如下：

```
        MOV     R0,#7FH          ;控制寄存器地址
        MOV     A,#88H           ;工作方式控制字
        MOVX    @R0,A            ;写入工作方式控制字
TP:     MOV     R0,#7EH          ;C 口地址
TP1:    MOVX    A,@R0            ;读 C 口
        JB      ACC.7,TP1
        MOV     R0,#7CH
        MOV     A,@R1            ;取缓冲区数据
```

```
        MOVX    R0,A                    ;打印数据送 8255A
        INC     R1                      ;指向下一单元
        MOV     R0,#7FH                 ;控制口地址
        MOV     A,#00H                  ;输出 STB 脉冲
        MOV     @R0,A
        MOV     A,#01H
        MOVX    @R0,A
        DJNZ    R2,TP                   ;数据长度减 1,不为 0 继续
        RET
```

练一练

（1）采用图 8-12 所示电路，编程实现微型打印机打印年、月、日。

（2）以 8255A 作打印机的接口，以中断方式进行驱动。请画出电路连接图并编写驱动程序。

任务四　熟悉 A/D 转换器接口

学习目标

★ 掌握 A/D 转换的工作原理。

★ 掌握 80C51 单片机与 A/D 转换器的接口方法及其典型应用电路。

★ 编写基本的 A/D 转换器控制程序。

在单片机应用系统中，常需要将检测的连接变化的模拟量如电压、温度、压力、流量、速度等转换成数字信号，才能输入到单片机进行处理。然后再将处理结果的数字量转换成模拟量输出，实现对被控对象的控制。将模拟量转换成数字量的过程称为 A/D 转换；将数字量转换成模拟量的过程称为 D/A 转换。

1. 模拟信号的采样、量化和编码

将模拟信号转换成数字信号，必须经过采样、量化和编码 3 个过程。

（1）采样。待采样的模拟信号是连续的，可看成无限多个瞬时值组成，而 A/D 转换以及计算机处理需要一定的时间，不可能把每一个瞬时值都转换成数字量。必须在连续变化的模拟量上每个一定的时间间隔 T 逐点取模拟信号的瞬时值来代表这个模拟量，这个过程就是采样，时间间隔 T 称为采样周期。

采样是通过采样保持电路实现的，采样器（电子模拟开关）在控制脉冲 $s(t)$的控制下，周期性地把随时间连续变化的模拟信号 $f(t)$转变为时间上离散的模拟信号 $f_s(t)$。采样过程如图 8-13 表示。

采样得到信号 $f_s(t)$的值和原始输入信号 $f(t)$在相应的瞬时值相同，因此采样后的信号在量值上仍然是连续的。可以证明，当采样器的采样频率 f_s 高于或至少等于输入信号最高频率 f_m 的两倍时（即 $f_s \geqslant 2f_m$ 时），采样输出信号 $f_s(t)$（采样器脉冲序列）能代表或恢复成输入模拟信号 $f(t)$，这就是采样定理。在应用中，一般取采样频率 f_s 为最高频率

f_m 的 4～8 倍。

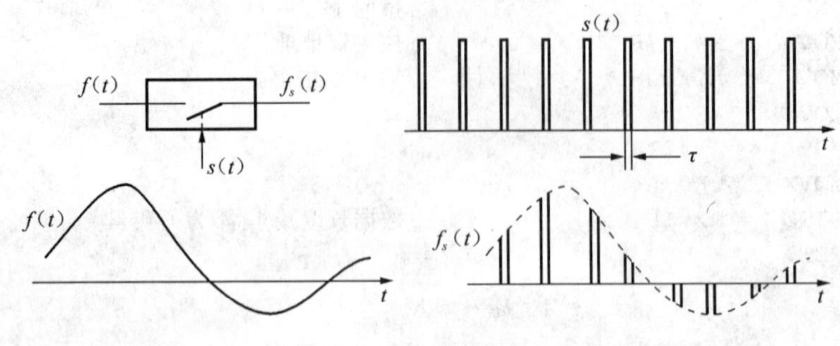

图 8-13　采样过程

（2）量化。采样后的信号仍是数值上连续的、时间上离散的模拟量。所谓量化，就是以一定的量化单位把数值上连续的模拟量转变为数值上离散的阶跃量的过程。就是用基本的量化单位 q 的个数来表示取样的模拟信号。量化相当于只取近似整数商的除法运算。量化单位用 q 表示，对于模拟量小于一个 q 的部分，可以用舍掉的方法使之整量化，通常为了减少误差采用“四舍五入”的方法使之整量化。这种量化方法的输入/输出特性如图 8-14 所示，图中虚线表示量化单位为 0 时的特性，实线表示实际特性。

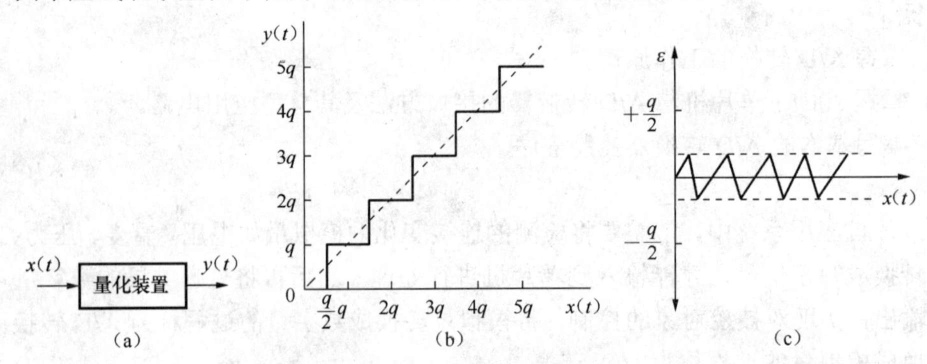

图 8-14　输入/输出特性

量化过程舍入误差为量化误差。以 $\varepsilon=x(t)-y(t)$ 表示量化误差，量化误差有正有负，最大为 $\pm q/2$，平均误差为 0。最大误差随量化单位而改变，q 愈小，ε 也愈小。

（3）编码。编码就是对量化后的模拟信号（它一定是量化单位的整数倍）用二进制的数字量编码来表示。如使用 BCD 码、补码、偏移二进制码等，编码往往涉及 A/D 转换的具体应用，若考虑为双极性信号，可采用补码方式。

2. A/D 转换器的主要性能指标

A/D 转换器的性能和指标与 D/A 转换器基本相似，主要的性能指标有分辨率、精度、转换时间、线性度、温度系数等。

（1）分辨率。指 A/D 转换器可转换成数字量的最小电压（量化阶梯），如 8 位 A/D 转换器满量程为 5V，则分辨率为 5000mV/256＝20mV，也就是说当模拟电压小于 20mV，A/D 转换器就不能转换了，所以分辨率一般表示式为：

分辨率＝V_{REF}/2 位数（单极性）或分辨率＝（V_{+REF}～V_{-REF}）/2 位数（双极性）

（2）转换时间。指从输入启动转换信号到转换结束，得到稳定的数字量输出的时间。常见有超高速（转换时间＜1ns）、高速（转换时间＜1μs）、中速（转换时间＜1ms）和低速（转换时间＜1s）等。

（3）精度。指 A/D 转换器实际输出与理论值之间的误差，一般采用数字量的最低有效位作为衡量单位（如±1/2LSB）。

（4）线性度。当模拟量变化时，A/D 转换器输出的数字量按比例变化的程度。

3. A/D 转换器的工作原理

实现 A/D 转换的方法很多，这里介绍三种：计数器式、双积分式和逐次逼近式。

（1）计数器式。计数器式是 A/D 转换最简单、最廉价的方法，转换时间长。计数器式 A/D 转换器如图 8-15 所示。

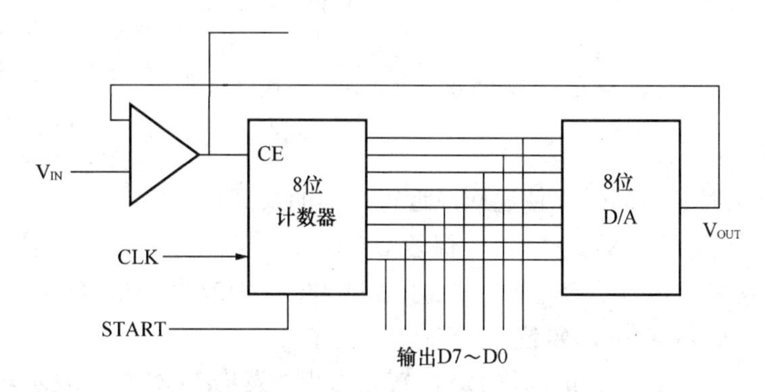

图 8-15　计数器式 A/D 转换器

它的工作原理是，V_{IN} 端接转换的模拟输入电压，当 $V_{IN} > V_{OUT}$，比较器输出高电平，计数器由 0 开始计数，使输出电压 V_{OUT} 不断上升，当 $V_{OUT} \geq V_{IN}$，停止计数，此时的数字输出量 D7～D0 就是与模拟电压等效的数字量。

（2）逐次逼近式。逐次逼近式 A/D 转换时，也用转换器的输出电压 V_{OUT} 和输入电压 V_{IN} 通过比较器进行比较。不同之处是用一个逐次逼近寄存器来存放转换过来的数字量。

逐次逼近式 A/D 转换器的结构如图 8-16 所示，转换原理图如图 8-17 所示。

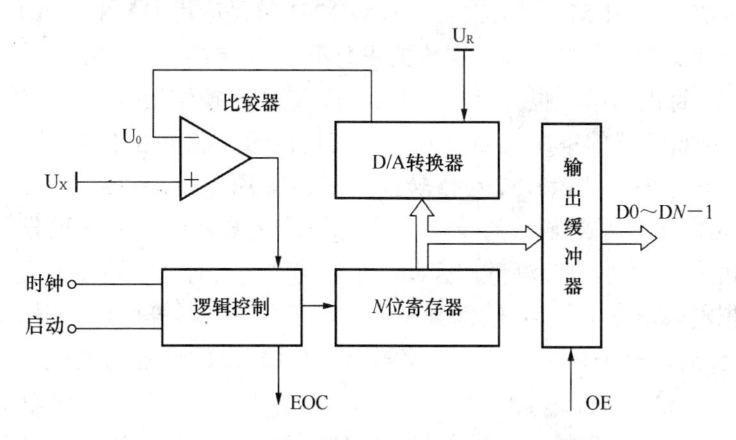

图 8-16　逐次逼近式 A/D 转换器的结构

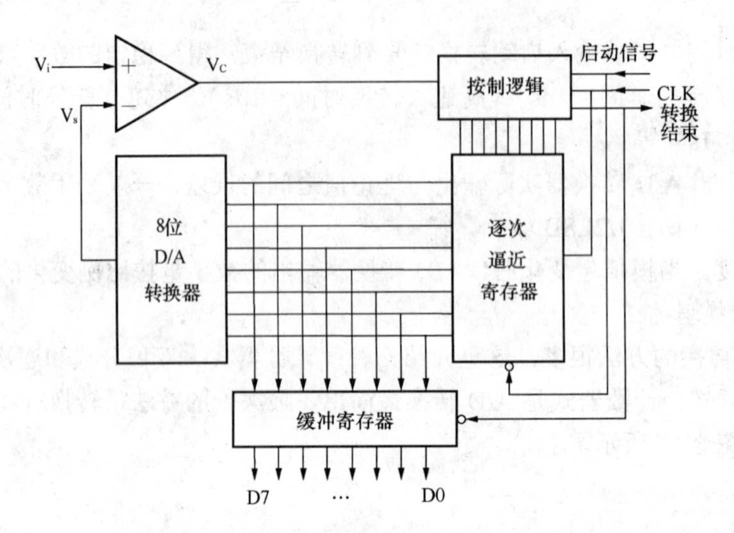

图 8-17 逐次逼近式 A/D 转换原理图

工作原理如下：

（1）在第一个时钟脉冲时，使逐次逼近寄存器的最高位 D7 为 1，即 10000000B，经 D/A 转换器输出 V_{OUT}，当 $V_{OUT} \leqslant V_{IN}$，保留 D7 的 1；若 $V_{OUT} > V_{IN}$，复位，D7 为 0。

（2）第二个时钟脉冲，令 D6 为 1，此时为 11000000B 或为 01000000B，当 $V_{OUT} \leqslant V_{IN}$，保留 D6 的 1；若 $V_{OUT} > V_{IN}$，复位，D6 为 0。

（3）重复上述过程，直到最低位 D0 比较完为止，发出 EOC 信号表示转换结束。这样经过 n 次比较后，n 位寄存器保留的状态就是转换后的数字量数据经过 n 次比较后，逐次逼近寄存器的数据经过 A/D 转换后，变成与输入模拟量相对应的数字量。

逐次逼近 A/D 转换是把输入的模拟电压 V_{IN} 作为一个关键字，用对分搜索的办法来逼近它。搜索一次比前一次区间缩小 1/2，对于 8 位 A/D 转换，只要搜索 8 次就可以找到逼近的 V_{IN}。因此，这种 A/D 转换的速度是很快的。

目前，逐次逼近式 A/D 转换器大都做成单片集成电路的形式，使用时只需发出 A/D 转换启动信号，然后在 EOC 端查知 A/D 转换过程结束后，取出数据即可。这类芯片有 ADC0809、ADC1210、ADC7574、AD574、TLC549、MAX1241 等是应用得最多的 A/D 转换器类型。

（4）双积分式。大多用于低速、廉价的积分型 A/D 转换器中，几乎无一例外地采用了十进制编码方式，每次输出一位并行十进制编码，整个转换结果分若干次输出。这种低速、廉价但高精度、强抗干扰的集成 A/D 转换器以其优良的性能价格比被广泛应用数字式测试仪表、温度测量等方面。双积分式 A/D 转换如图 8-18 所示。

双积分式 A/D 转换是对输入的模拟电压 V_I 和参考电压进行两次积分，转换成与输入电压 V_I 成比例的时间值来间接测量。因此，也称为 T-V（时间—电压）型 A/D 转换器。

首先将模拟输入电压 V_I 取样输入到积分器，积分器从零开始进行固定时间 T_I 的正向积分。时间到 T_I 后，电子开关自动切换将与 V_I 极性相反的参考电压输入到积分器进行反向积分，到输出为 0V 为止。从图 8-18（b）可以看出，反向积分时的斜率是固定的，V_I 越大，积分器的输出电压也越大，反向积分回到起始值的时间也越长。这样，只要用高频时钟来计数反向积分花费的时间加上 V_I 固定积分时间 T，再求平均值，就可以得到相应的模拟输入电压 V_I 的数字量。

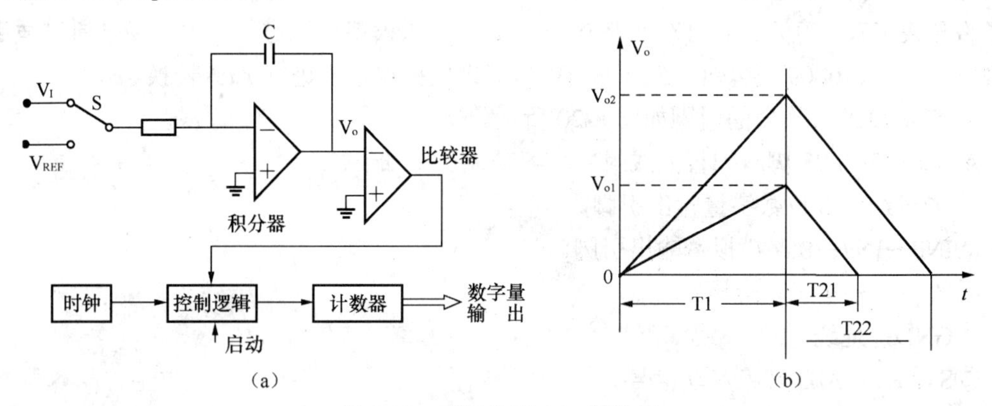

图 8-18 双积分型 A/D 转换器

（a）原理图；（b）波形图

4. ADC0809 芯片及其接口设计

实际应用中，最关心的是 A/D 转换器的转换速度和分辨率。应用较多的分辨率为 8 位和 12 位。如 ADC0809 分辨率为 8 位，AD574 分辨率为 12 位。下面分别予以介绍。

（1）ADC0809 的主要特性。ADC0809 的主要的特性如下。

①电源电压：＋5V。

②转换时间：－100μs。

③转换方法：逐次逼近法。

④分辨率：8 位。

⑤满量程误差：1LBS。

（2）ADC0809 的转换器的引脚和结构。ADC0809 的内部结构如图 8-19 所示。

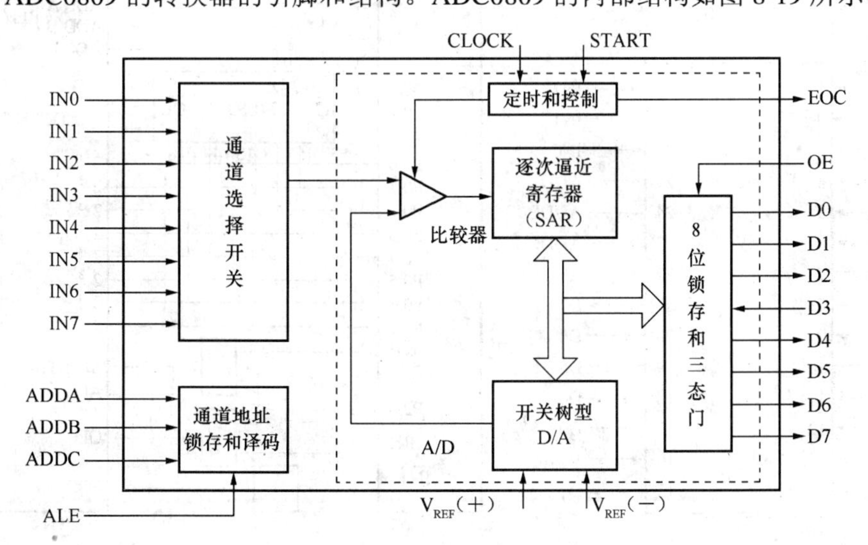

图 8-19 ADC0809 的内部结构图

ADC0809 的内部由 8 路模拟开关及其地址译码锁存电路、比较器、256R 电阻分压器、树状开关、逐次逼近型寄存器 SAR、三态输出缓冲锁存器和控制逻辑等组成。其中 8 路模拟多路开关带有锁存功能，可对 8 路 0～＋5V 的输入模拟电压进行分时切换。通过适当的外接电路，ADC0809 可以对－5V～＋5V 的双极性模拟电压进行 A/D 转换。

ADC0809 的转换器的引脚如图 8-20 所示。

ADC0809 为 28 脚双列直插式封装，各功能引脚如下。

①D7～D0：8 位数字量输出引脚。

②IN0～IN7：8 路模拟量输出引脚。

③V_{CC}：＋5V 工作电压。

④GND：地线。

⑤START：A/D 转换启动信号。

⑥ALE：地址锁存允许信号。

⑦EOC：转换结束信号。

⑧OE：输出允许控制。

⑨V_{REF}（＋）：参考电压正极。

⑩V_{REF}（－）：参考电压负极。

⑪CLOCK：时钟信号。

⑫ADDA、ADDB、ADDC：地址选择线，用于选通 8 个通道中的一个。

（3）ADC0809 与 80C51 的接口。A/D 转换，可用中断、延时和查询等三种方式编制程序。

①中断方式。

【例 8-7】按图 8-21，用中断方式对 8 路模拟信号依次 A/D 转换一次，并把结果存入 30H 为首址的内 RAM 中，试编制程序。

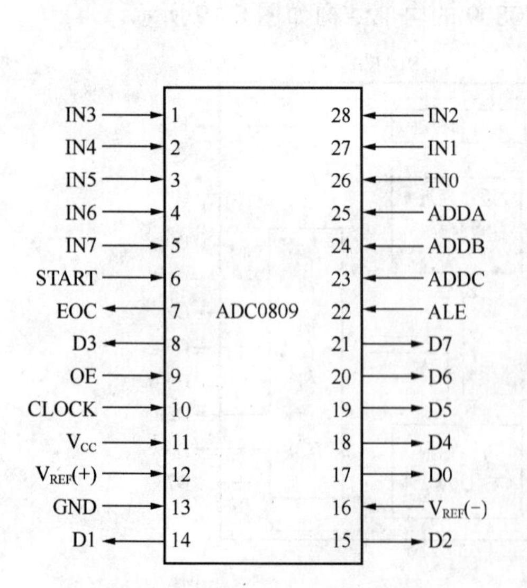

图 8-20 ADC0809 的引脚图

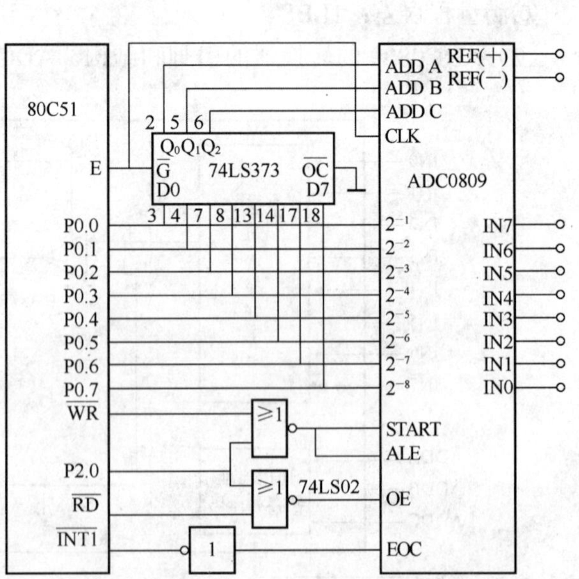

图 8-21 ADC0809 中断方式硬件接口

解：编程如下：

```
        ORG     0000H           ;复位地址
        JMP     START           ;转初始化程序
        ORG     0013H           ;INT1中断服务子程序入口地址
        JMP     PINT1           ;转INT1中断服务子程序
        ORG     0100H           ;初始化程序首地址
START:  MOV     R1,#30H         ;置数据区首址
        MOV     R7,#8           ;置通道数
        SETB    IT1             ;置INT1边沿触发方式
        SETB    EX1             ;INT1开中
        SETB    EA              ;CPU开中
        MOV     DPTR,#0FEF8H    ;置0809通道0地址
        MOVX    @DPTR,A         ;启动通道0  A/D
        SJMP    $               ;等待A/D中断
        ORG     0200H           ;INT1中断服务子程序首地址
PINT1:  PUSH    Acc             ;保护现场
        PUSH    PSW
        MOVX    A,@DPTR         ;读A/D值
        MOV     @R1,A           ;存A/D值
        INC     DPTR            ;修正通道地址
        INC     R1              ;修正数据区地址
        MOVX    @DPTR,A         ;启动下一通道A/D
        DJNZ    R7,GORET1       ;判8路采集完否?未完继续
        CLR     EX1             ;8路采集完,INT1关中
GORET1: POP     PSW             ;恢复现场
        POP     Acc
        RETI                    ;中断返回
```

②延时等待方式。工作在延时等待方式时，0809 EOC 端可不必与 80C51 相连，而是根据时钟频率计算出 A/D 转换时间，略微延长后直接读 A/D 转换值。

【例 8-8】 图 8-21 中，0809 EOC 端开路，f_{osc}=6MHz，试用延时等待方式编制程序，对 8 路模拟信号依次 A/D 转换一次，并把结果存入以 50H 为首址的内 RAM 中。

解：编程如下：

```
MAIN:   MOV     R1,#50H         ;置数据区首址
        MOV     R7,#8           ;置通道数
        MOV     DPTR,#0FEF8H    ;置0809通道0地址
LOOP:   MOVX    @DPTR,A         ;启动A/D
        MOV     R6,#17
        DJNZ    R6,$            ;延时68μs
        MOVX    A,@R1,A         ;读A/D值
        MOV     @R1,A           ;存A/D值
        INC     DPTR            ;修正通道地址
        INC     R1              ;修正数据区地址
        DJNZ    R7,LOOP         ;判8路采集完否?未完继续
        RET                     ;8路采集完毕,返回
```

③查询方式。ADC0809 和 80C51 的接线如图 8-21 所示。

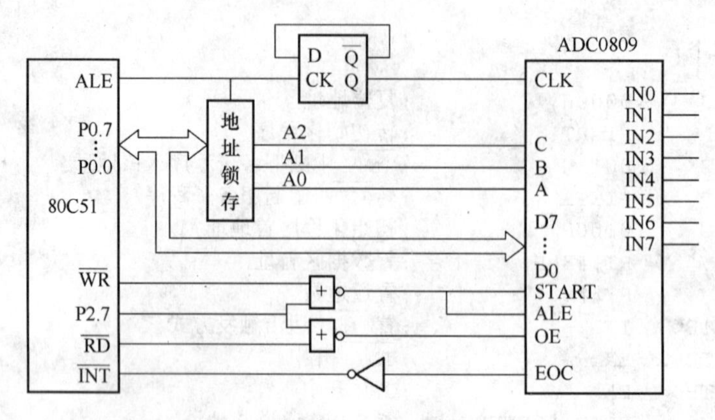

图 8-22　ADC0809 和 80C51 接线图

【例 8-9】 如图 8-22 所示，试用查询方式编写程序，对 IN0 通道上的数据进行采集，并将转换结果送入内部 RAM20H 单元。

解：查询方式程序清单如下。

```
        ORG     0000H
        MOV     DPTR,#0FEF8H
        MOVX    @DPTR,A                 ;启动 A/D 转换
LOOP:   JB      P3.3,LOOP               ;等待转换结束
        MOVX    A,@DPTR                 ;读取 A/D 转换数据
        MOV     20H,A                   ;存储数据
        END
```

工作在查询方式时，ADC0809 EOC 端可不必通过反相器与 $\overline{\text{INT0}}$ 或 $\overline{\text{INT1}}$ 相连，直接与 80C51 P1 口或 P3 口中任一端线相连。

查询方式与延时等待方式的区别是，前者是在启动 A/D 后，不断查询，直到 EOC 变为高电平，表明 A/D 转换结束后，读 A/D 值；后者是在启动 A/D 后延迟一段时间直接读 A/D 值，而根本不管 EOC 是低电平还是高电平，这样延迟时间必须大于 0809A/D 转换时间，好在 0809 A/D 转换时间与 0809 CLK 有固定关系，转换一次需 64 个时钟周期，根据注入 0809 CLK 的时钟频率可以计算出 A/D 转换时间，例 0809 CLK 640kHz，A/D 转换时间为 100μs，500kHz 时为 128μs，1000kHz 时为 64μs，取延时等待时间比 A/D 转换时间略长即可。若延迟等待时间短，在 A/D 转换尚未结束时去读 A/D 值，精度会稍低。因为 0809 属逐次逼近式，其逼近方式是从高位到低位。若时间未到，则高位以转换完毕，低位尚未转换完毕，是个随机数，将形成误差。

综上所述，上述三种 A/D 工作方式，中断方式最方便灵活，但要占用一个外中断资源；查询方式不占用外中断资源，但要占用 CPU 工作时间和占用一条 I/O 口线；延时等待方式，不占用 CPU 资源，但要占用 CPU 工作时间。

想一想

（1）A/D 转换器为什么要进行采样？采样频率应根据什么选定？

（2）若 A/D 转换器输入模拟电压信号的最高频率位 20kHz，取样频率的下限是多少？完成一次 A/D 转换时间的上限是多少？

练一练

（1）设被测温度的变化范围为 300～10 000℃，如要求测量误差不超过±10，应选用分辨率为多少位的 A/D 转换器？

（2）图 8-21 中，用 P1.0 直接与 0809 EOC 端相连，试用查询方式编制程序，对 8 路模拟信号依次 A/D 转换一次，并把结果存入以 40H 为首址的内 RAM 中。

（3）在一个由 89C51 单片机与一片 ADC0809 组成的数据采集系统中，ADC0809 的地址为 7FF8H～7FFFH。试画出有关逻辑电路图，并编写出程序，每隔 1min 轮流采集一次 8 个通道数据共采集 100 次，其采样值存入片外 RAM3000H 开始的存储器中。

5. AD574 芯片及其接口设计

AD574 是美国模拟器件公司（Analog Devices）生产的 12 位逐次逼近型快速 A/D 转换器。

（1）AD574 的主要特性。

①单片型 12 位逐次逼近型 A/D。

②转换时间 25μs，工作温度 0～70℃，功耗 390mW。

③输入电压，可为单极性（0～＋10V，0～＋20V）或双极性（－5V～＋5V，－10V～＋10V）。

④可由外部控制进行 12 位转换或 8 位转换。

⑤12 位数据可以一次输出，也可以分两次输出（先高 8 位，后低 4 位）。

⑥内部具有三态输出缓冲器。

（2）AD574 芯片的内部结构和引脚信号。AD574 芯片的内部结构和引脚信号如图 8-23 所示。

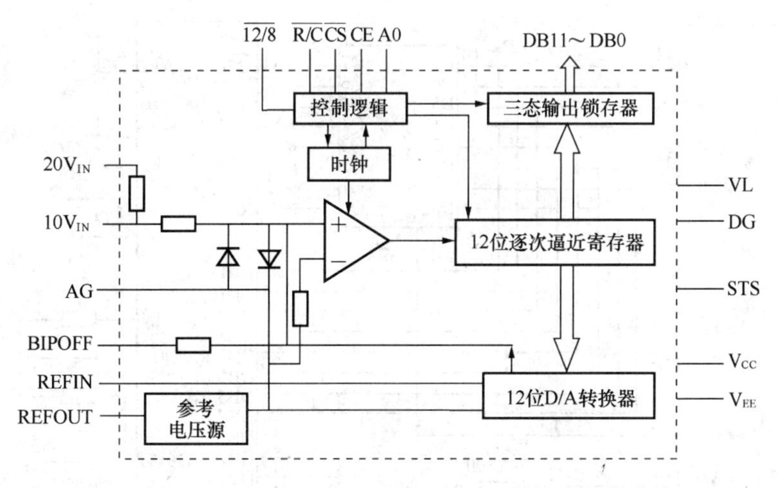

图 8-23　AD574 芯片的内部结构和引脚信号

各引脚定义如下：

①REFOUT：内部基准电压输出端（＋10V）。

②REFIN：基准电压输入端，该信号输入端与REFOUT配合，用于满刻度校准。

③BIP：偏置电压输入，用于调零。

④DB11～DB0：12位二进制数的输出端。

⑤STS：“忙”信号输出端，高电平有效。当其有效时，表示正在进行A/D转换。

⑥$12/\overline{8}$：用于控制输出字长的选择输入端。当其为高电平时，允许A/D转换并行输出12位二进制数；当其为低电平时，A/D转换输出为8位二进制数。

⑦$\overline{R}$/C：数据读出/启动A/D转换。当该输入脚为高电平时，允许读A/D转换器输出的转换结果；当该输入脚为低电平时，启动A/D转换。

⑧A0：字节地址控制输入端。当启动A/D转换时，若A0=1，仅作8位A/D转换；若A0=0，则作12位A/D转换。当作12位A/D转换并按8位输出时，在读入A/D转换值时，若A0=0，可读高8位A/D转换值；若A0=1，则读入低4位A/D转换值。

⑨CE：工作允许输入端，高电平有效。

⑩$\overline{CS}$：片选输入信号，低电平有效。

⑪$10V_{IN}$：模拟信号输入端，允许输入电压范围±5V或0～10V。

⑫$20V_{IN}$：模拟量信号输入端，允许输入电压范围±10V或0～20V。

⑬+15V，−15V：+15V，−15V电源输入端。

⑭AGND：模拟地。

⑮DGND：数字地。

（3）AD574A与80C51的连接。

①硬件接口电路设计。图8-23是80C51对AD574A的接口电路，现对图接线说明如下：其输入端接成双极性电路，输出端的DB0～DB3与DB4～DB7对应连接，其他控制端如图8-24所示。

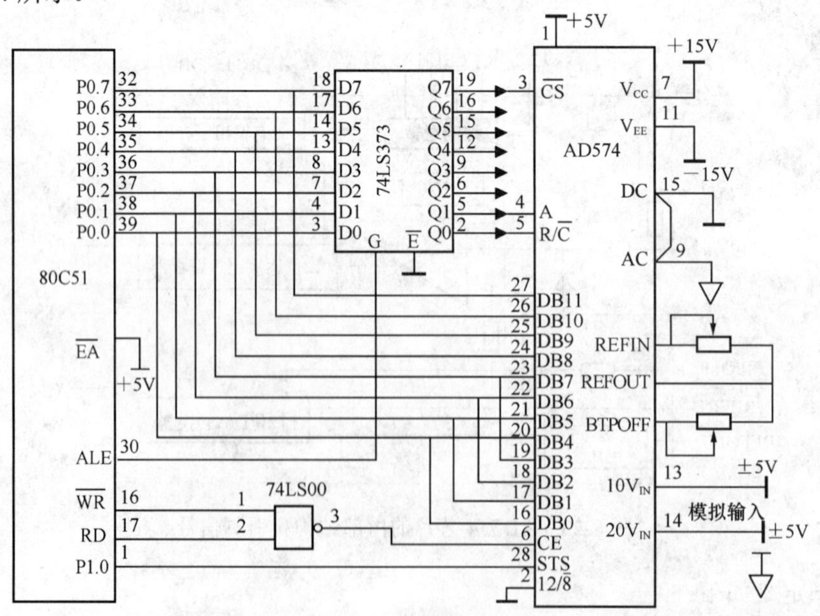

图8-24 AD574与80C51接口电路

80C51 采用查询方式读入 AD574 的转换数据，当 80C51 执行外部数据存储器写指令，使 CE＝1、$\overline{CS}$＝0、R/$\overline{C}$＝0、A0＝0 时，便启动转换。然后 80C51 通过 P1.0 线不断查询 STS 状态，当 STS＝0 时，表明转换结束。80C51 通过执行二次外部数据存储器读指令，读取转换结果，此时 CE＝1、$\overline{CS}$＝0、R/$\overline{C}$＝1、A0＝0（或 A0＝1），可分别读取高 8 位数据或低 4 位数据。图中，12/$\overline{8}$ 接地，这样可以与 8 位机接口。

②程序设计。12 位 A/D 转换与 80C51 单片机的程序设计方法，可采用三种方法，即查询方式、定时采样方式、中断方式。由于 12 位 A/D 转换器的转换速度比较快，所以大都采用查询方式。

【例 8-10】设某一个控制系统对一个模拟量输入到图 8-23 所示的系统后转换成对应的数字量，把这个数字量存放在内部 RAM 30H 和 31H 单元。

解：参考程序为：

```
        ORG     0000H
        AJMP    START
START:  CLR     P3.7
        CLR     P3.6                ;经与非门后使 CE=1
        MOV     DPTR,#0FF7CH        ;A0=0,CS=0,R/C=0
        MOVX    @DPTR,A             ;启动 A/D
HD:     JB      P1.0,HD             ;STS=1 未完,继续转换
        MOV     DPTR,#0FF7DH        ;A0=0,R/C=1
        MOVX    A,@DPTR             ;读高 8 位
        MOV     30H,A
        MOV     DPTR,#0FF7FH        ;A0=1,R/C=1
        MOVX    A,@DPTR             ;读低 4 位
        ANL     A,#0FH              ;屏蔽掉高 4 位随机数
        MOV     31H,A
        SJMP    END
```

上述程序是按查询法启动 A/D 转换器，并控制它进行 A/D 转换，结果存入指定 RAM 单元中。

任务五　熟悉 D/A 转换器接口电路

学习目标

★ 掌握 D/A 转换的工作原理。

★ 掌握 80C51 单片机与 D/A 转换器的接口方法及其典型应用电路。

★ 编写基本的 D/A 转换器控制程序。

单片机控制系统中，输出信号主要用来驱动执行机构，而执行机构中许多设备 P，能接收模拟量，例如：电动执行机构、直流电动机等。但是，在单片机内部，对检测数据进行处理后输出的还是数字量，这就需要将数字量通过 D/A 转换成相应的模拟量。

1. D/A 转换器的基本原理

D/A 转换器的基本功能，是将数字量转换成对应的模拟量输出。

D/A 转换器的具体电路有多种形式，但功能相同，输出的模拟量与输入的数字量一般呈线性正比关系。其中解码网络是普遍采用的形式，解码网络的主要形式有两种，二进制加权电阻网络和 T 型电阻网络。

（1）二进制权电阻网络。D/A 转换器的任务就是将二进制数字信号转换成正比关系的电流或电压信号。被转换的数字量是由数位构成的，每个数位代表一定的权。如 8 位二进制的最高位权值 $2^7=128$，若该位数等于 1，那么就表示 128。我们讲的数字量转换成模拟量，就是把每一位上的代码对照的权值转换成模拟量，再把各位所对应的模拟量相加，这个总模拟量就是转换得到的数据。为了了解 D/A 转换器的工作原理，先分析一个 4 路输入加法器，如图 8-25 所示为权电阻网络 D/A 转换器。

图 8-25 中 S_1、S_2、S_3、S_4 是数字位，R、2R、4R、8R 是二进制加权电阻。运算放大器的同相输入端接地，由于输入阻抗很高，流入反相输入端的电流几乎为 0；同相输入端和反相输入端之间电流很小，因此，反相输入端输入电压也为 0V。这样反相输入端当作相加点。当某个开关闭合时，电流就从 V_R 经过相应的电阻流入相加点，使运算放大器输出相应的模拟电压。

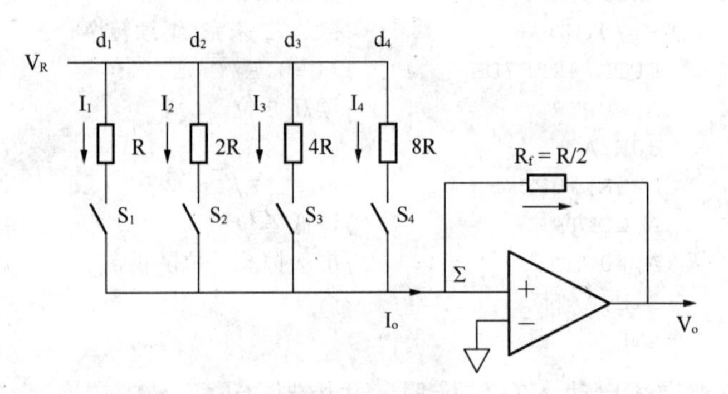

图 8-25　位加权 D/A 转换器

运算放大器的输出电流 I_0 等于每个支路上电流（I_1、I_2、I_3、I_4）的总和。即

$$
\begin{aligned}
I_0 &= d_1I_1+d_2I_2+d_3I_3+d_4I_4 \\
&= d_1\frac{V_R}{R}+d_2\frac{V_R}{2R}+d_3\frac{V_R}{4R}+d_4\frac{V_R}{8R} \\
&= \frac{2V_R}{R}\left(d_1 2^{-1}+d_2 2^{-2}+d_3 2^{-3}+d_4 2^{-4}\right)
\end{aligned}
$$

若 $d_1d_2d_3d_4=1\,000$，则运算放大器的输出电压为：

$$
\begin{aligned}
V_0 &= -I_0\times R_f \\
&= -\frac{2V_R}{R}\left(1\times\frac{1}{2}+0\times\frac{1}{4}+0\times\frac{1}{8}+0\times\frac{1}{16}\right)\times\frac{R}{2}=-2.5\text{V}
\end{aligned}
$$

（2）T 型电阻解码网络。T 型电阻解码网络 D/A 转换器的原理如图 8-26 所示。图中，

R 和 2R 两种阻值的电阻构成 T 型网络，U_R为基准电压，4 个模拟开关 S_0、S_1、S_2、S_3分别受输入代码 D_1、D_2、D_3、D_4的控制，D_i=1 开关向左闭合，D_i=0 开关向右闭合。电流各自流入 A_0、A_1、A_2、A_3 4 个节点。图中 S_0开关接通而其余开关断开，即数字输入为 D＝0001B。由于任一节点的 3 个分支的等效电阻都是 2R，根据欧姆定律可知，任一分支流进节点的电流都为 I＝U_R/（3R）。此电流经 A_0、A_1、A_2、A_3共 4 个节点被 4 次均分后得到 I/16 并注入运算放大器电路，进而将电流信号转换为电压信号。

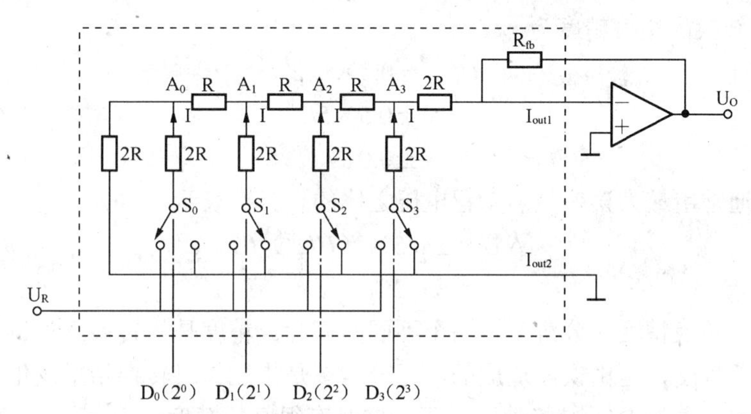

图 8-26　T 型电阻解码网络 D/A 转换器的原理

现假定反馈电阻 R_{fb}＝3R，则运算放大器的输出电压为

$$U_o = -(I/16) \times 3R = -(I/16) \times (U_R/3R) \times 3R = -U_R/16$$

根据叠加原理，可以得出 D 为任意 4 位数时，D/A 转换器的输出电压为

$$U_o = -U_R/16(2^3 \times D_3 + 2^2 \times D_2 + 2^1 \times D_1 + 2^0 \times D_0) = -(U_R/16) \times D$$

可见，输出电压大小与 D_3、D_2、D_1、D_0成正比，而极性与 U_R相反。

2. D/A 转换器的性能参数

目前 D/A 转换器的种类比较多，制造工艺也各不相同，按输入数据字长可分为 8 位、10 位、12 位及 16 位等；按输出形式可分为电压型和电流型等；按结构可分为有数据锁存器型和无数据锁存器型两种。不同类型的 D/A 转换器在性能上有很大的差异，适用的场合也各不相同。因此，搞清楚 D/A 转换器的一些技术参数是十分必要的。D/A 转换器的主要性能指标如下。

（1）分辨率。分辨率是指数字量可以转换成的最小模拟电压值。在理论上定义为最小输出电压（对应的输入数字量仅最低位为 1）与最大输出电压（对应的输入数字量全为 1）之比。分辨率与 D/A 转换器能够转换的二进制的位数 n 有关，表示为输出满量程电压与 2^n 的比值，它反映了输出模拟电压的最小变化量。例如，具有 8 位分辨率的 D/A 转换器，如果转换后满量程为 5V，则它能分辨的最小电压为

$$V = 1/2^8 \times 5V = 20mV$$

实际应用中，人们常用位数来表示分辨率，如 10 位的单片集成 D/A 转换器 AD7522，其分辨率为 12 位；16 位的单片集成 D/A 转换器 AD1147，其分辨率为 16 位。一般 8 位以下的 DAC 为低分辨率，9～12 位的为中分辨率，13 位以上的为高分辨率。

（2）转换精度。转换精度是指 D/A 转换器实际输出电压与理论输出电压之间的误差。有绝对精度和相对精度之分。一般采用数字量的最低有效位（LSB）的分数值来表示。绝对精度是指理想条件下，一般用 D/A 转换的数字位数表示，如±0.5LSB。若满量程为 5V，那么 8 位 D/A 转换的绝对精度为

$$
\begin{aligned}
U_E &= \pm 0.5 \times U/2^n \\
&= \pm 0.5 \times 5/2^8 \\
&= \pm 0.01\text{V}
\end{aligned}
$$

相对精度通常用最大误差与满量程电压之比的百分数表示。

$$
\begin{aligned}
\Delta U &= \pm 0.5 \times (U/2^n)/U \\
&= \pm 0.2\%
\end{aligned}
$$

应该注意，转换精度和分辨率是两个不同的概念。精度是指转换后所得的实际值相对于理想值的接近程度，是由误差造成的，而分辨率是指能够对转换结果发生影响的最小输入量，对于分辨率高的 D/A 转换器，并不一定具有很高的精度。

（3）建立时间。建立时间是指从数字量输入到完成转换，输出达到最终误差±1/2LSB 并稳定为止所需要的时间，故又称为稳定时间，用 t_s 表示。不同型号的 D/A 转换器，其建立时间不同，一般从几纳秒到几微秒。通常输出形式是电流的 D/A 转换器比输出形式是电压的 D/A 转换器建立时间要短一些。

（4）线性误差。D/A 转换器在工作范围内的理想输出是与输入数字量成正比的一条直线。由于误差的存在，实际输出的模拟量是一条近似直线的曲线。实际的模拟输出与理想直线的最大偏移就是线性误差。一般线性误差应小于 1/2LSB。如 8 位的 D/A 转换器，其线性误差应小于 0.2%。12 位的 D/A 转换器，其线性误差应小于 0.1%。

D/A 转换器的其他性能指标还有温度系数、输出极性、数字输入特性、输出电压范围等。

3. DAC0832 芯片及其接口设计

D/A 转换器有多种类型，在 8 位 D/A 转换器中最常用的是 DAC0832 转换器。

（1）DAC0832 转换器的特性。DAC0832 转换器是利用 CMOS/Si-Cr 工艺制造的电流输出型 8 位 D/A 转换器，带参考电压和两个数据缓存器，分别是输入寄存器和 DAC 寄存器，它可以与各种 CPU 相接。其主要特性如下。

①单电源：＋5V～＋15V。

②V_{REF}：－10V～＋10V。

③低功耗：20mW。

④分辨率：8 位。

⑤线性误差：0.2%（FS）。

⑥NL 误差：0.4%（FS）。

⑦建立时间：1μs。

⑧温度系数：200ppm/℃。

（2）DAC0832 的引脚与结构。DAC0832 的内部结构如图 8-27 所示，引脚如图 8-28 所示。

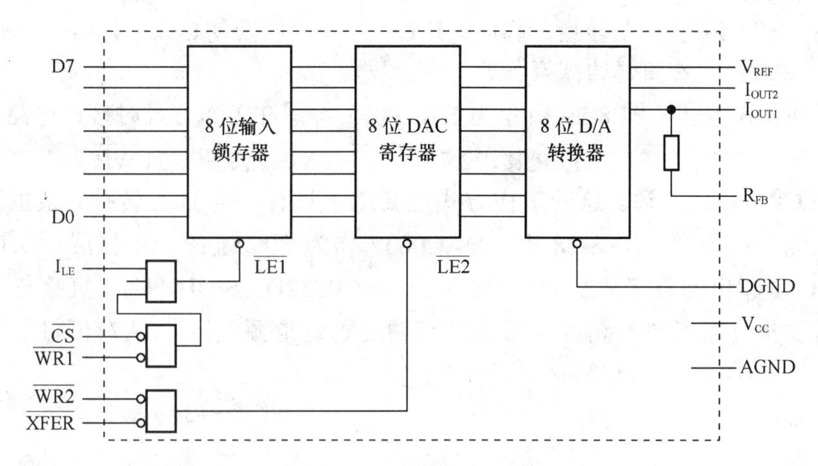

图 8-27 DAC0832 的内部结构

DAC0832 具有双缓冲功能，即输入数据可分别经过两个寄存器保存。第一个寄存器称为 8 位输入寄存器，数据输入端可直接连接到数据总线上，第二个寄存器为 8 位 DAC 寄存器。8 位 D/A 转换器接收被 8 位 DAC 寄存器锁存的数据，并把该数据转换成相对应的模拟量。各引脚功能如下。

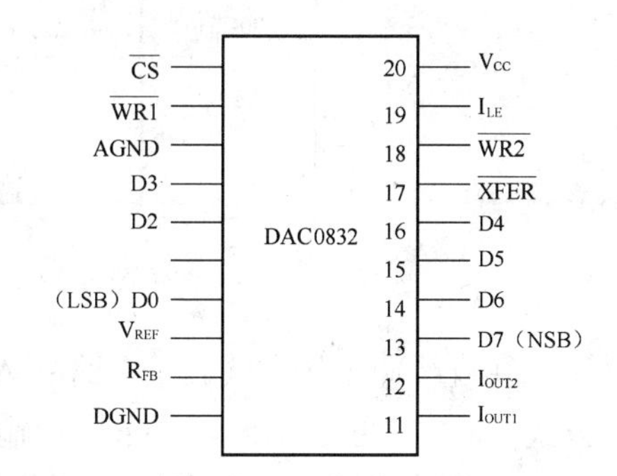

图 8-28 DAC0832 的引脚

①D0～D7：数据输入，D7 为最高位，D0 为最低位。

②$\overline{CS}$：片选信号，低电平效。

③ILE：数据寄存器允许，高电平有效。

④$\overline{WR1}$：输入寄存器写选通信号，低电平有效。

⑤$\overline{WR2}$：ADC 寄存器写选通信号，低电平有效。

⑥$\overline{XFER}$：数据传送信号，低电平有效。

⑦I_{OUT1}：输出电流 1，与数字量的大小成正比。

⑧I_{OUT2}：输出电流 2，与数字量的反码成正比。

⑨R_{FB}：反馈电阻输入引脚，电阻的另一端与 I_{OUT1} 端相连电阻约为 15Ω。

⑩V_{REF}：基准电源输入引脚，＋10V～－10V。

⑪V_{CC}：电源输入引脚，电压范围为＋5V～＋15V。

⑫AGND：模拟量的地。

⑬DGND：数字量的地。

（3）DAC0832 的工作方式。DAC0832 在不同信号组合的控制之下可实现直通、单缓冲和双缓冲三种工作方式。

①直通工作方式。DAC0832 内部有两个起数据缓冲器作用的寄存器，分别受$\overline{LE1}$和$\overline{LE2}$控制。如果使$\overline{LE1}$和$\overline{LE2}$都为高电平，那么 DI7～DI0 上的信号就可直通地达到"8 位 DAC 寄存器"，进行 D/A 转换。因此，ILE 接+5V，以及使$\overline{CS}$、$\overline{XFER}$、$\overline{WR1}$、$\overline{WR2}$接地，DAC0832 就可在直通方式互作。

②单缓冲工作方式。图 8-29 所示为 DAC0832 单缓冲工作方式时接口电路，其中 ILE 接正电源，始终有效，$\overline{CS}$、$\overline{XFER}$接 P2.7，$\overline{WR1}$、$\overline{WR2}$接 80C51 $\overline{WR}$，其指导思想是 5 个控制端由 CPU 一次选通。这种工作方式主要用于只有一路 D/A 转换，或虽有多路，但不要求同步输出的场合。图 8-28 中，DAC0832 作为 80C51 的一个扩展 I/O 口，地址为 7FFFH。80C51 输出的数字量从 P0 口输入到 DAC0832DI_0～DI_7，U_{REF}直接与工作电源电压相连，若要提高基准电压精度，可另接高精度稳定电源电压。μA741 将电流信号转换为电压信号。

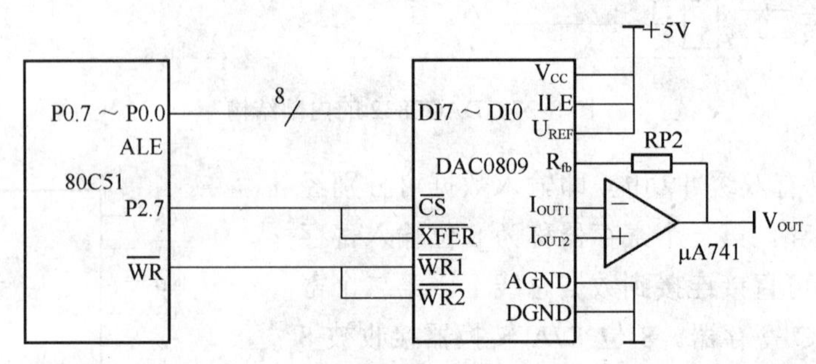

图 8-29　DAC0832 单缓冲方式接口电路

③双缓冲工作方式。在多路 D/A 转换情况下，若要求同步输出，必须采用双缓冲工作方式。例如，智能示波器要求同步输出 X 轴信号和 Y 轴信号，若采用单缓冲方式，X 轴信号和 Y 轴信号只能先后输出，不能同步，会形成光点偏移。图 8-30 为双缓冲工作方式时接口电路。P2.5 选通 DAC0832（1）的输入寄存器。P2.6 选通 DAC0832(2)的输入寄存器，P2.7 同时选通两片 DAC0832 的 DAC 寄存器。工作时 CPU 先向 DAC0832(1)输出 X 轴信号，后向 DAC032(2)输出 Y 轴信号，但是该两信号均只能锁存在各自的输入寄存器内，而不能进入 D/A 转换器。只有当 CPU 由 P2.7 同时选通两片 0832 的 DAC 寄存器时，X 轴信号和 Y 轴信号才能分别同步地通过各自的 DAC 寄存器进入各自的 D/A 转换器，同时进行 D/A 转换，此时从两片 DAC0832 输出的信号时同步的。

综上所述，三种工作方式的区别是：直通方式不选通，直接 D/A；单缓冲方式，一次选通；双缓冲方式，二次选通。至于 5 个控制引脚如何应用，可灵活掌握。80C51 的$\overline{WR}$信号在 CPU 执行写外 RAM 指令 MOVX 时能自动有效，可接两片 0832 的$\overline{WR1}$或$\overline{WR2}$，但$\overline{WR}$属 P3 口第二功能，负载能力为 4 个 TTL 门，现在驱动两片 0832 共 4 个的$\overline{WR}$片选端门，显然适当。因此，宜用 80C51 的$\overline{WR}$与两片 0832 的$\overline{WR1}$相连，$\overline{WR2}$分别接地。

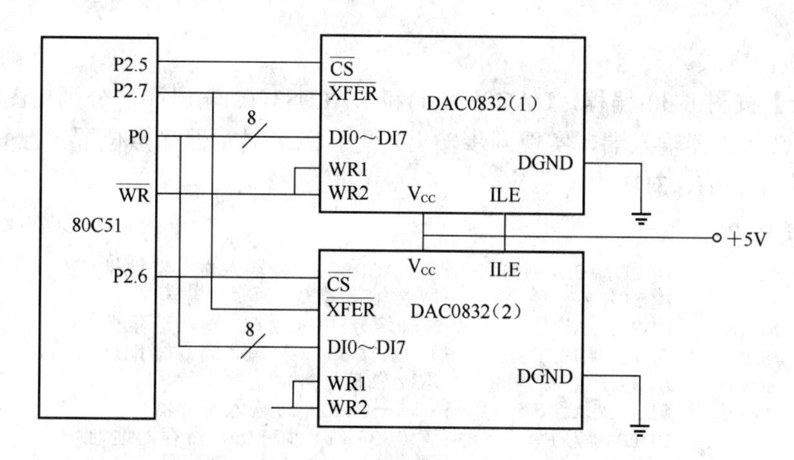

图 8-30 80C51 与两片 DAC0832 的接口

4. DAC0832 应用实例

（1）单缓冲方式。

【例 8-11】电路按图 8-29 所示，要求输出锯齿波如图 8-31 所示，幅度为 $U_{REF}/2=2.5V$。

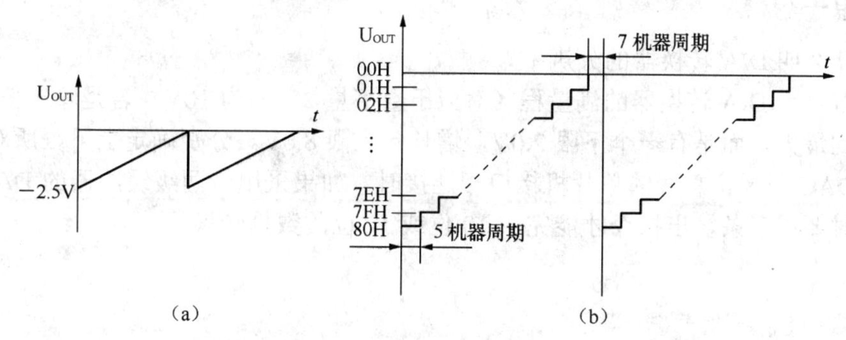

图 8-31 输出矩形波波形

（a）锯齿波波形（宏观）；（b）锯齿波波形（微观）

解：程序如下：

```
START:  MOV     DPTR,#7FFFH      ;置 DAC0832 地址
LOOP1:  MOV     R7,#80H          ;置锯齿波幅值；            1 机器周期
LOOP2:  MOV     A,R7             ;读输出值；                1 机器周期
        MOVX    @DPTR,A          ;输出；                    2 机器周期
        DJNZ    R7,LOOP2         ;判周期结束否?             2 机器周期
        SJMP    LOOP1            ;循环输出；                2 机器周期
```

说明

U_{REF} 值为+5V，对应于 100H，$U_{REF}/2$ 值对用于 80H，锯齿波的幅值为 80H，存于 R7 中。每次输出后递减，由于 CPU 控制相邻两次输出需要一定时间，上述程序为 5 机器周期，因此，输出的锯齿波从微观上看并不连续，而是有台阶的锯齿波。如图 8-31 所示，台阶平台为 5 机器周期，台阶高度为满量程电压$/2^8=5V/2^8=0.019\ 5V$，从宏观上看相当于一个连续的锯齿波。

（2）双缓冲方式。

【例 8-12】按图 8-30 编程，DAC0832(1)和 DAC0832(2)输出端，分别接图形显示器 X 轴和 Y 轴偏转放大器输入端，实现同步输出，更新图形显示器光点位置。已知 X 轴和 Y 轴信号分别存于 30H、31H 中。

解：程序如下：

```
DOUT:   MOV     DPTR,#0DFFFH    ;置 DAC0832(1)输入寄存器地址
        MOV     A,30H           ;取 X 轴信号
        MOVX    @DPTR,A         ;X 轴信号→0832(1)输入寄存器
        MOV     DPTR,#0BFFFH    ;置 DAC0832(2)输入寄存器地址
        MOV     A,31H           ;取 Y 轴信号
        MOVX    @DPTR,A         ;Y 轴→0832(2)输入寄存器
        MOV     DPTR,#7FFFH     ;置 0832(1)、(2)DAC 寄存器地址
        MOVX    @DPTR,A         ;同步 D/A,输出 X、Y 轴信号
        RET
```

第 3 条 MOVX @DPTR，A 指令与 A 中无关，仅使两片 0832 的 $\overline{\text{XFER}}$ 有效，打开两片 0832DAC 寄存器选通门。

想一想

（1）什么叫 D/A 转换器的分辨率？

（2）若一个 D/A 转换器的满量程（对应于数字量 255）为 10V。若是输出信号不希望从 0 增长到最大，而是有一个下限 2.0V，增长到上限 8.0V。分别确定上下限所对应的数。

（3）DAC 与 8 位总线的单片机接口相连接时，如果采用带两级缓冲器的 DAC 芯片，为什么有时要用三条输出指令才能完成 10 位或 12 位的数据转换。

练一练

（1）已知某 D/A 转换器的最小分辨电压 V_{LSB}＝5mV，满刻度输出电压 Vom＝10V，试求该电路输入二进制数字量的位数 *n* 应是多少？

（2）试用 DAC0832 芯片设计单缓冲方式的 D/A 转换接口电路，并编写两个程序，分别使 DAC0832 输出负向锯齿波和 15 个正向阶梯波。

（3）在一片 80C51 单片机与一片 DAC0832 组成的应用系统中，DAC0832 的地址为 7FFFH，输出电压为 0～5V，试画出有关逻辑电路图，并编写产生矩形波，其波形占空比为 1:4，高电平为 2.5V，低电平为 1.25V 的转换程序。

（4）要求输出图 8-32 所示连续锯齿波，其峰值对应 FFH，P2.0 片选，试画出 DAC0832 单缓冲应用电路，编制程序，并计算 t1 时间（f_{osc}＝6MHz）。

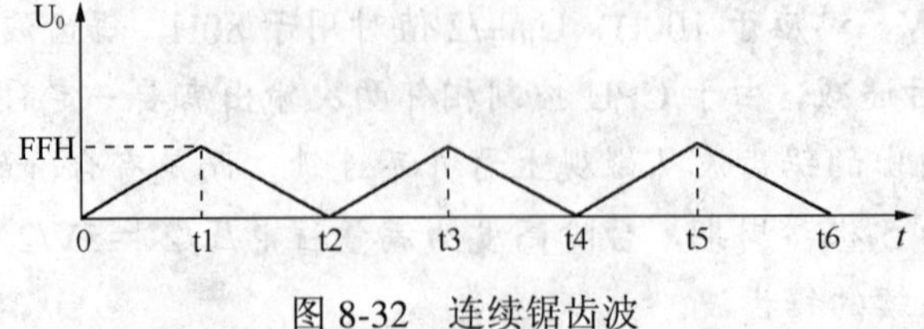

图 8-32　连续锯齿波

任务六 熟悉开关量驱动输出接口电路

学习目标

★ 熟悉常用的开关量驱动输出接口电路。

★ 掌握80C51单片机驱动输出接口电路的典型应用。

在单片机控制系统中，常需要用开关量去控制和驱动一些执行元件，如发光二极管、继电器、电磁阀、晶闸管等。但80C51单片机驱动能力有限，且高电平（拉电流）比低电平（灌电流）驱动电流小。一般情况下，需要加驱动接口电路，且用低电流驱动。

1. 驱动发光二极管

图8-33所示为驱动发光二极管典型应用电路。

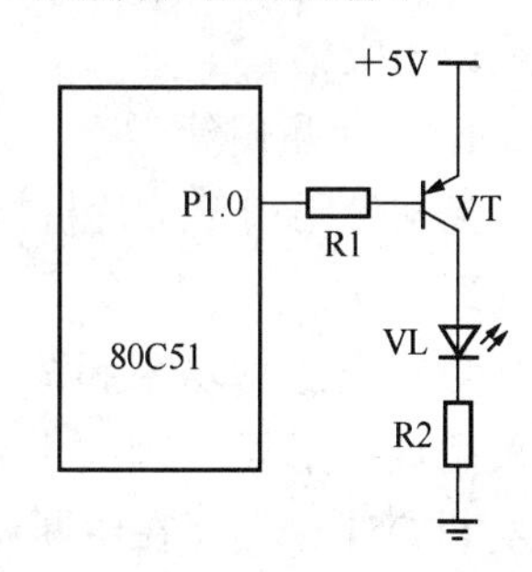

图8-33 80C51驱动LED电路

（1）驱动端口可用P0～P3口中任一端口（P0口应外接上拉电阻），输出低电平，LED亮；反之LED暗。

（2）驱动限流电阻R1可取10～100kΩ，可视驱动晶体三极管的β值而定，β大，R1可略大。R1大，可减小流过80C51的电流，降低功耗。

（3）驱动晶体管VT，灌电流驱动时，应选用PNP三极管，一般可选用9014、9012。9014β值较大，Icm较小；9012β值略小，Icm较大。

（4）发光二极管VL限流电阻R2，可根据VL电流设定，VL电流一般可取5～10mA，电流大，亮度高。

2. 驱动继电器

图8-34为驱动继电器典型应用电路。

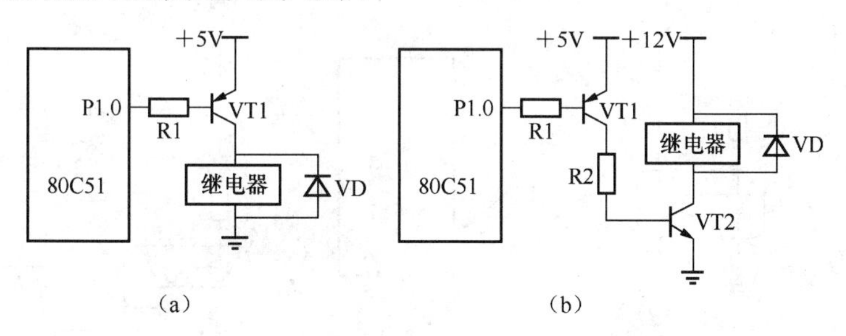

图8-34 80C51驱动继电器典型接口电路

驱动继电器主要考虑下列两个因素。

（1）继电器线圈额定电压。若额定电压为5V、6V，可按图8-34（a）连接；若额定电压大于6V，应按图8-34（b）连接；若额定电压为AC220V，则应用光耦合器隔离。

（2）继电器线圈驱动电流。一般来讲，额定电压低，驱动电流大；触点容量大，驱动电流大。可根据线圈驱动电流大小，选用有足够输出电流的晶体三极管，且晶体三极管β值要大，β值大时，80C51驱动电流可小些。需要指出的是要适当选取R1，R1过大，驱动电流不足，继电器会出现“颤抖”。

二极管 VD 的作用是防止换路时，继电器线圈产生感应电压损坏晶体三极管。

3. 光电隔离接口

在单片机控制系统中，有时要求将强电回路与单片机弱电供电回路隔离，以有效抑制强电干扰信号。常用的隔离方法是变压器耦合和光耦合。变压器耦合只能用于传送交变信号，且体大、量重、功耗大，还会产生电磁干扰。光耦合既能用于传送交变信号，又能用于传送直流信号，且体小、量轻、功耗小，抗干扰性强。

图 8-35 所示为 80C51 与光耦合器典型连接电路。需要指出的是，光耦合器中的发光二极管驱动电流较大，应用晶体三极管或有足够输出电流的门电路扩大 80C51 的输出电流。

另外，既然是隔离，强电回路的接地端与弱电回路的接地端不能连接在一起，否则隔离是一句空话。

4. 驱动晶闸管

晶闸管常用于单片机控制系统中交流强电回路的执行元件。一般来讲，均需用光耦合器隔离驱动。

为减小驱动功率和减小晶闸管触发时产生的干扰，用于交流电路双向晶闸管的触发常采用过零触发，因此上述电路还需要正弦交流过零检测电路，在过零时产生脉冲信号引发 80C51 中断，在中断服务子程序中发出晶闸管触发信号，并延时关断。这就增加了控制系统的复杂性。一种较为简单的方法是采用新型软件，图 8-36 为过零触发晶闸管电路，MOC3041 能在正弦交流过零时自动导通，触发大功率双向晶闸管导通。从而省去了过零检测及触发等辅助电路，并降低了材料成本，提高了可靠性。图 8-36 中，R3 为 MOC3041 触发限流电阻；R4 为 BCR 门极电阻，防止误触发，提高抗干扰性。

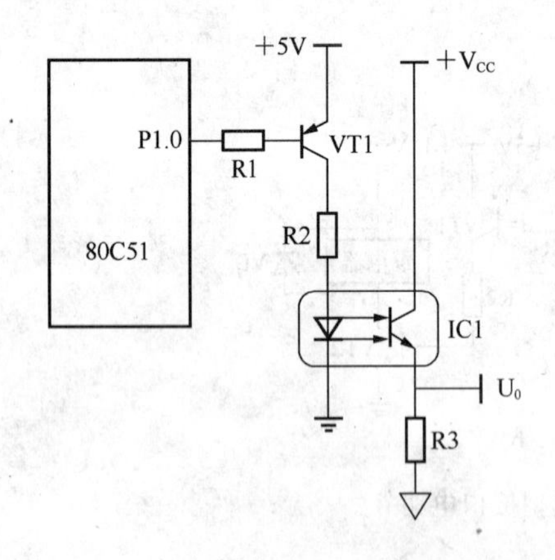

图 8-35 80C51 与光电耦合接口电路

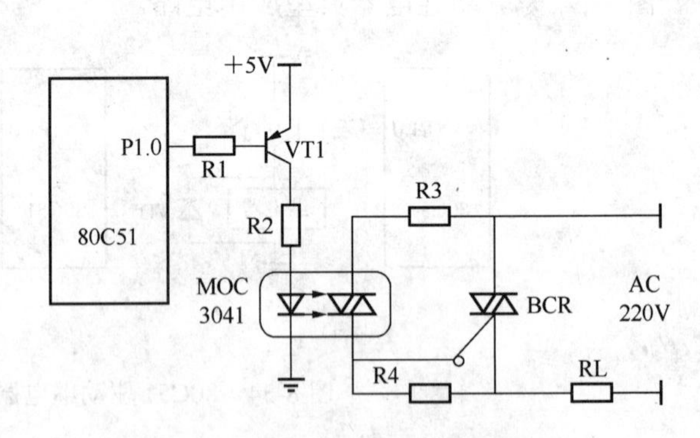

图 8-36 80C51 驱动双向晶闸管接口电路

模块九

80C51 应用系统设计方法

单片机以其独特优越的性能，在自动化装置、智能仪表、家用电器，乃至数据采集、工业控制、计算机通信、汽车电子、机器人等领域得到了日益广泛的应用。设计一个单片机应用系统就是以单片机为核心，配以一定的外围电路和软件来实现某种控制对象，如步进电机的控制、工业生产线的流程控制、显示器和电视机中的屏幕亮度或色彩等的控制等。一般地，一个应用系统由硬件部分（电路）和软件部分（程序）两部分组成。为了保证系统能可靠地工作，在设计过程中还要考虑抗干扰性、工作环境等。

本模块结合实例对单片机应用系统的软硬件设计、开发和调试方法以及可靠性进行讨论。

任务一　了解应用系统的设计过程

学习目标

★ 了解 80C51 单片机应用系统设计的基本要求及一般设计步骤。

★ 正确选择单片机及外围器件的型号。

★ 了解 80C51 单片机应用系统软硬件设计的内容要求。

一个实际的单片机应用系统的设计过程如图 9-1 所示，主要包括以下几个阶段。

（1）总体方案设计。

（2）硬件设计。

（3）软件设计。

（4）系统的调试运行。

（5）文档的编制。

在以上的设计过程中，其中步骤（1）～（3）中要始终包括系统的可靠性、保密性、抗干扰性等的设计。

1. 总体方案设计

（1）明确设计任务。认真进行目标分析，根据应用场合、工作环境、具体用途，考虑系统的可靠性、通用性、可维护性、先进性，以及成本还有日后升级的难易程度等。综合考虑以上内容提出合理的、详尽的功能技术指标。

（2）器件选择。

①单片机选择。主要从性能指标如字长，主频，寻址能力，指令系统，内部寄存器状况，存储器容量，有无 A/D、D/A 通道，功耗，价能比，中断系统等方面进行选择。对于一般的测控系统，对于处理速度没有特别要求的情况下，选择 8 位机即能满足要求。

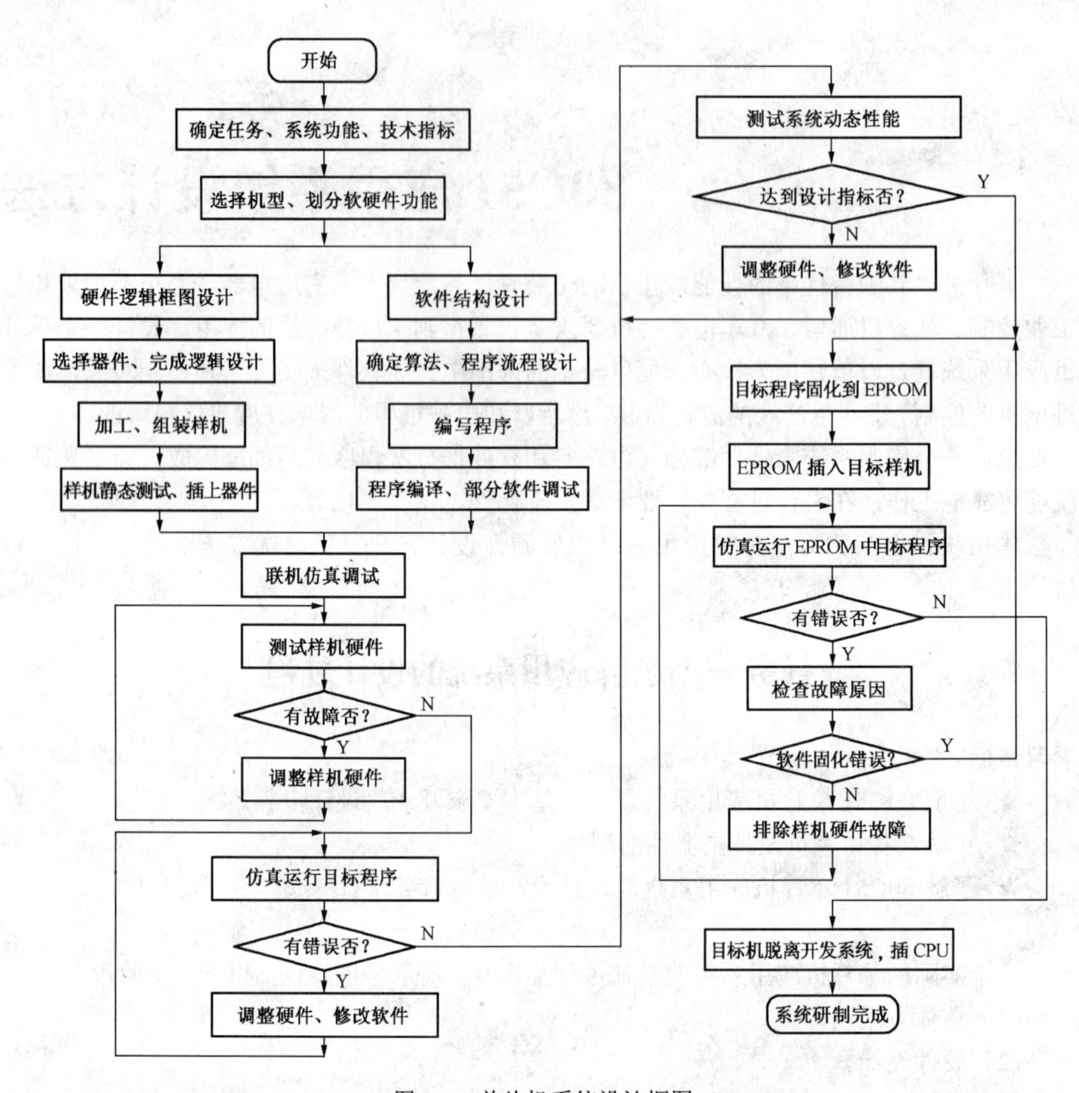

图9-1　单片机系统设计框图

②外围器件的选择。外围器件应符合系统的精度、速度和可靠性、功耗、抗干扰等方面的要求。应考虑功耗、价格、电压、温度、封装形式等其他方面的指标，应尽可能选择标准化、模块化、功能强、集成度高的典型应用电路。

（3）总体设计。总体设计就是根据设计任务、指标要求和给定条件，设计出符合现场条件的软件和硬件方案，并进行方案的优化。应划分硬件与软件任务，画出系统结构框图。要合理分配系统内部的硬件、软件资源。包括以下几个方面。

①从系统功能需求出发设计功能模块。包括显示器、键盘、数据采集、检测、通信、控制、驱动、供电方式等。

②从系统应用需求分配元器件资源。包括定时/计数器、中断系统、串行口、I/O接口、A/D、D/A、时钟发生器等。

③从开发条件与市场情况出发选择元器件。包括仿真器、编程器、元器件、语言、程

序设计及日后升级维护的简易等。

④从系统可靠性需求确定系统设计工艺。包括去耦、光隔、屏蔽、印制板、低功耗、散热、传输距离/速度、节电方式、掉电保护、软件措施等。

2. 硬件设计

所谓硬件设计，就是根据总体设计方案所确定的系统扩展所需要的存储器、I/O 接口电路、A/D 和 D/A 电路、通信接口电路等，设计出系统的原理图，并根据设计出来的原理图制作实验板或印制电路板（Printed Circuit Board，PCB）的过程。

（1）硬件电路设计的一般原则。

①采用新技术的同时应注意通用性，选择典型实用电路。

②注重标准化、模块化清晰的设计思路。

③满足应用系统的功能要求，并留有适当余地，以便进行二次开发和日后扩展。

④工艺设计时要考虑安装、调试、维修的方便。

（2）各模块电路设计时应考虑的问题。

①存储器扩展：类型、容量、速度和接口，尽量减少芯片的数量。

②I/O 接口的扩展：体积、价格、负载能力、功能，合适的地址译码方法。

③输入通道的设计：开关量（接口形式、电压等级、隔离方式、扩展接口等），模拟输入通道（信号检测、信号传输、隔离、信号处理、A/D、扩展接口、速度、精度和价格等）。

④输出通道的设计：开关量（功率、控制方式等），模拟量输出通道（输出信号的形式、D/A、隔离方式、扩展接口等）。

⑤人机界面的设计：键盘、开关、拨码盘、启/停操作、复位、显示器、打印、指示、报警、扩展接口等。

⑥通信电路的设计：根据需要选择 RS-232C、RS-485、红外收发等通信标准。

⑦印制电路板的设计与制作：专业设计软件（Protel、OrCAD 等）、设计、专业化制作厂家、安装元件、调试等。

⑧负载容限：总线驱动。

⑨信号逻辑电平兼容性：电平兼容和转换。

⑩电源系统的配置：电源的组数、输出功率、抗干扰。

⑪抗干扰的实施：芯片、器件选择、去耦滤波、印制电路板布线、通道隔离等。

3. 软件设计

软件设计流程图如图 9-2 所示。

可以分为如下几个方面。

（1）总体规划。结合硬件结构，明确软件任务，确定具体实施的方法，合理分配资源。定义输入/输出、确定信息交换的方式（数据速率、数据格式、校验方法、状态信

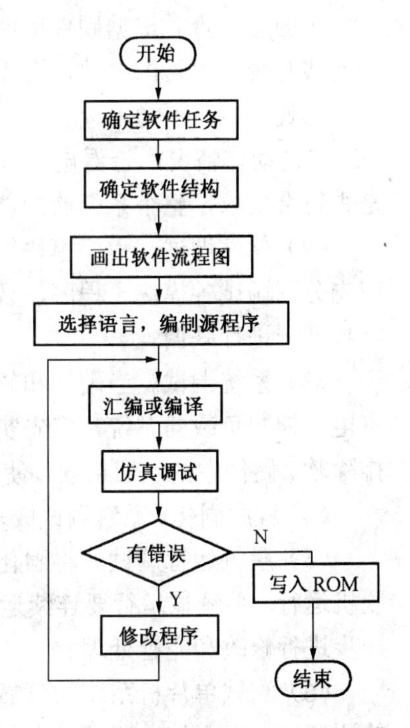

图 9-2 软件设计框图

号等）、时间要求，检查与纠正错误。

（2）程序设计技术。软件结构实现结构化，各功能程序实行模块化、子程序化，一般有以下两种设计方法。

①模块程序设计：优点是单个功能明确的程序模块的设计和调试比较方便，容易完成，一个模块可以为多个程序共享。其缺点是各个模块的连接有时有一定难度。

②自顶向下的程序设计：优点是比较符合人们的日常思维，设计、调试和连接同时按一个线索进行，程序错误可以较早发现。缺点是上一级的程序错误将对整个程序产生影响，一处修改可能引起对整个程序的全面修改。

（3）程序设计。

①建立数学模型：描述出各输入变量和各输出变量之间的数学关系。

②绘制程序流程图：以简明直观的方式对任务进行描述。

③程序的编制：选择语数据结构、控制算法、存储空间分配，系统硬件资源的合理分配与使用，子程序的入/出口参数的设置与传递。

（4）软件装配。各程序模块编辑之后，需进行汇编或编译、调试，当满足设计要求后，将各程序模块按照软件结构设计的要求连接起来，即为软件装配。在软件装配时，应注意软件接口。

4. 系统的调试

单片机应用系统的软、硬件制作完成后，必须反复进行调试、修改，直至完全正常工作，经过测试，功能完全符合系统性能指标要求，应用系统设计才算完成。

（1）硬件调试。

①静态检查。根据硬件电路图核对元器件的型号、极性、安装是否正确，检查硬件电路连线是否与电路图一致，有无短路、虚焊等现象。

②通电检查。通电检查时，可以模拟各种输入信号分别送入电路的各有关部分，观察I/O 口的动作情况，查看电路板上有无元件过热、冒烟、异味等现象，各相关设备的动作是否符合要求，整个系统的功能是否符合要求。

（2）软件调试。程序模块编写完成后，通过编译后，在开发系统上进行调试。调试时应先分别调试各模块子程序，调试通过后，再调试中断服务子程序，最后调试主程序，并将各部分进行联调。

（3）系统调试。当硬件和软件调试完成之后，就可以进行全系统软、硬件调试，对于有电气控制负载的系统，应先实验空载，空载正常后再实验负载情况。系统调试的任务是排除软、硬件中的残留错误，使整个系统能够完成预定的工作任务，达到要求的性能指标。

（4）程序固化。系统调试成功之后，就可以将程序通过专用程序固化器固化到 ROM 中。

（5）脱机运行调试。将固化好程序的 ROM 插回到应用系统电路板的相应位置，即可脱机运行。系统试运行要连续运行相当长的时间（也称为考机），以考验其稳定性，并要进一步进行修改和完善处理。

（6）测试单片机系统的可靠性。单片机系统设计完成时，一般需进行单片机软件功能的测试，上电、掉电测试，老化测试，静电放电（Electro Static Discharge，ESD）抗扰度和电快进瞬变脉冲群（Electrical Fast Transient，EFT）抗扰度等测试。可以使用各种干扰模拟器来测试单片机系统的可靠性，还可以模拟人为使用中可能发生的破坏情况。

经过调试、测试后，若系统完全正常工作，功能完全符合系统性能指标要求，则一个单片机应用系统的研制过程全部结束。

5. 文档的编制

用单片机所设计的系统一般都具有一定的应用背景，最终要变成产品交由用户使用，从设计完成到生产出产品中间一系列环节不可能均由设计者全部完成。因此，当系统设计完成时，应编制好一些必要的文档资料，如电原理图、印制板图、元器件清单及性能指标参数、加工制作工艺、产品调试测试工艺、产品检验工艺、技术说明书等。

想一想

（1）单片机应用系统由哪几部分组成？

（2）单片机应用系统的设计开发一般需经过哪几个步骤？

任务二　可 靠 性 设 计

学习目标

★ 了解 80C51 单片机应用系统中各种干扰源的性质特点及其抑制措施。

★ 掌握提高 80C51 单片机应用系统可靠性的软硬件设计方法。

可靠性通常是指在规定的条件（环境条件如温度、湿度、振动，供电条件等）下，在规定的时间内（平均无故障时间）完成规定功能的能力。

提高单片机本身的可靠性措施：降低外时钟频率，采用时钟监测电路与看门狗技术、低电压复位、EFT 抗干扰技术、软件抗干扰等几方面。

单片机应用系统的主要干扰渠道：空间干扰、过程通道干扰、供电系统干扰。在工业生产过程中的单片机应用系统中，应重点防止供电系统与过程通道的干扰。

1. 供电系统干扰与抑制

干扰源：电源及输电线路的内阻、分布电容和电感等。

抗干扰措施：采用交流稳压器、电源低通滤波器、带屏蔽层的隔离变压器、独立的（或专业的）直流稳压模块，交流引线应尽量短，主要集成芯片的电源采用去耦电路，增大输入/输出滤波电容等措施。

2. 过程通道的干扰与抑制

干扰源：长线传输。单片机应用系统中，从现场信号输出的开关信号或从传感器输出的微弱模拟信号，经传输线送入单片机，信号在传输线上传输时，会产生延时、畸变、衰减及通道干扰。

抗干扰措施如下。

①采用隔离技术：光电隔离、变压器隔离、继电器隔离和布线隔离等。典型的信号隔离是光电隔离。其优点是能有效地抑制尖峰脉冲及各种噪声干扰，从而使过程通道上的信噪比大大提高。

②采用屏蔽措施：金属盒罩、金属网状屏蔽线。但金属屏蔽本身必须接真正的地（保护地）。

③采用双绞线传输：双绞线能使各个小环路的电磁感应干扰相互抵消。其特点是波阻抗高、抗共模噪声能力强，但频带较差。

④采用长线传输的阻抗匹配：有四种形式，如图 9-3 所示。

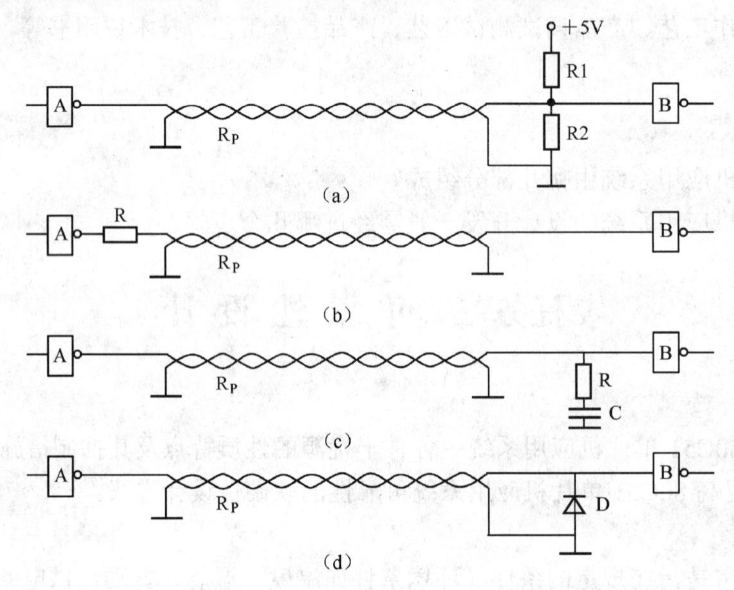

图 9-3　长传输线的阻抗匹配图

a．终端并联阻抗匹配：如图 9-3（a）所示，R_P＝R1//R2，其特点是终端阻值低，降低了高电平的抗干扰能力。

b．始端串联匹配：如图 9-3（b）所示，匹配电阻 R 的取值为 R_P 与 A 门输出低电平的输出阻抗 ROUT（约 20Ω）之差值，其特点是终端的低电平抬高，降低了低电平的抗干扰能力。

c．终端并联隔直流匹配：如图 9-3（c）所示，R＝R_P，其特点是增加了对高电平的抗干扰能力。

d．终端接钳位二极管匹配：如图 9-3（d）所示，利用二极管 D 把 B 门输入端低电平钳位在 0.3V 以下。其特点是减少波的反射和振荡，提高动态抗干扰能力。

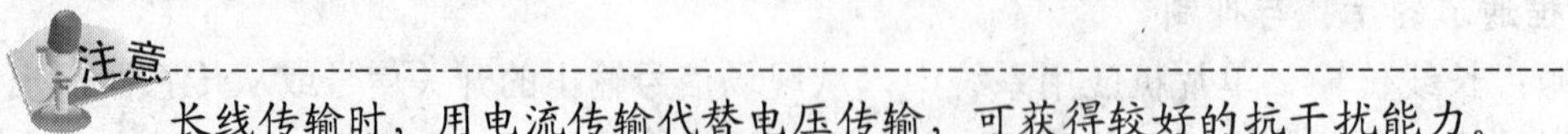

长线传输时，用电流传输代替电压传输，可获得较好的抗干扰能力。

3. 其他硬件抗干扰措施

（1）对信号整形：可采用斯密特电路整形。

（2）组件空闲输入端的处理。组件空闲输入端的处理方法如图 9-4 所示。其中，图 9-4（a）所示的方法最简单，但增加了前级门的负担。图 9-4（b）所示的方法适用于慢速、多干扰的场合。图 9-4（c）利用印制电路板上多余的反相器，让其输入端接地，使其输出去控制工作门不用的输入端。

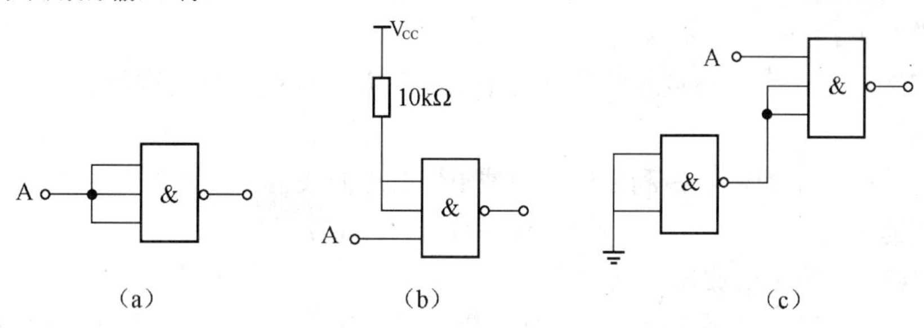

图 9-4 组件空闲输入端的处理方法

（3）机械触点，接触器、可控硅的噪声抑制。

①开关、按钮、继电器触点等在操作时应采取去抖处理。

②在输入/输出通道中使用接触器、继电器时，应在线圈两端并接噪声抑制器，继电器线圈处要加装放电二极管。

③可控硅两端并接 RC 抑制电路，可减小可控硅产生的噪声。

（4）印制电路板（PCB）设计中的抗干扰问题。合理选择 PCB 板的层数，大小要适中，布局、分区应合理，把相互有关的元件尽量放得靠近一些。印制导线的布设应尽量短而宽，尽量减少回路环的面积，以降低感应噪声。导线的布局应当是均匀的、分开的平行直线，以得到一条具有均匀波阻抗的传输通路。应尽可能地减少过孔的数量。在 PCB 板的各个关键部位应配置去耦电容。要将强、弱电路严格分开，尽量不要把它们设计在一块印刷电路板上。电源线的走向应尽量与数据传递方向一致，电源线、地线应尽量加粗，以减小阻抗。

（5）地线设计。地线结构大致有保护地、系统地、机壳地（屏蔽地）、数字地、模拟地等。

在设计时，数字地和模拟地要分开，分别与电源端地线相连；屏蔽线根据工作频率可采用单点接地或多点接地；保护地的接地是指接大地。不能把接地线与动力线的零线混淆。

此外，应提高元器件的可靠性，注意各电路之间的电平匹配，总线驱动能力要符合要求，单片机的空闲端要接地或接电源，或者定义成输出。室外使用的单片机系统或从室外架空引入室内的电源线、信号线，要防止雷击，常用的防雷击器件有气体放电管、TVS（瞬态电压抑制器）等。

4. 软件的抗干扰设计

常用的软件抗干扰技术有软件陷阱、时间冗余、指令冗余、空间冗余、容错技术、设置特征标志和软件数字滤波等。

（1）实时数据采集系统的软件抗干扰。采用软件数字滤波，常用的方法有以下几种。

①算术平均值法：对一点数据连续采样多次（可取 3～5 次），以平均值作为该点的采样结果。这种方法可以减少系统的随机干扰对采集结果的影响。

②比较舍取法：对每个采样点连续采样几次，根据所采样数据的变化规律，确定取舍办法来剔除偏差数据。例如，“采三取二”，即对每个采样点连续采样三次，取两次相同数据作为采样结果。

③中值法：对一个采样点连续采集多个信号，并对这些采样值进行比较，取中值作为该点的采样结果。

④一阶递推数字滤波法：利用软件完成 RC 低通滤波器的算法。

其公式为

$$Yn = QXn + (1-Q)Yn-1$$

式中　Q——数字滤波器时间常数；

Xn——第 n 次采样时的滤波器的输入；

$Yn-1$——第 $n-1$ 次采样时的滤波器的输出；

Yn——第 n 次采样时的滤波器的输出。

注意

选取何种方法必须根据信号的变化规律予以确定。

（2）开关量控制系统的软件抗干扰。可采取软件冗余、设置当前输出状态寄存单元、设置自检程序等软件抗干扰措施。

5. 程序运行失常的软件对策

程序运行失常是指当系统受到干扰侵害，致使程序计数器 PC 值改变，造成程序的无序运行，甚至进入死循环。

程序运行失常的软件对策是发现失常状态后，及时引导系统恢复原始状态。可采用以下方法。

（1）程序监视定时器（Watchdog，WDT）技术。程序监视定时器（也称为“看门狗”）的作用：通过不断监视程序每周期的运行事件是否超过正常状态下所需要的时间，从而判断程序是否进入了“死循环”，并对进入“死循环”的程序作出系统复位处理。

“看门狗”技术：可由硬件、软件或软硬件结合实现。

①硬件“看门狗”可以很好地解决主程序陷入死循环的故障，但是，严重的干扰有时会出现中断关闭故障使系统无法定时“喂狗”，无法探测到这种故障，硬件“看门狗”电路失效。

②软件“看门狗” 可以保证对中断关闭故障的发现和处理，但若单片机的死循环发生在某个高优先级的中断服务程序中，软件“看门狗”也无法完成其作用。

③利用软硬结合的“看门狗”组合可以克服单一“看门狗”功能的缺陷，从而实现对故障的全方位监控。

（2）设置软件陷阱。软件陷阱指将捕获的“跑飞”程序引向复位入口地址 0000H 的指令。

设置方法如下。

①在 EPROM 中，非程序区设置软件陷阱，软件陷阱一般 1KB 空间有 2～3 个就可以进行有效拦截。指令如下：

```
NOP
NOP
LJMP 0000H
```

②在未使用的中断服务程序中设置软件陷阱，能及时捕获错误的中断。指令如下：

```
NOP
NOP
RETI
```

（3）指令冗余技术。指令冗余是指在程序的关键地方人为插入一些单字节指令，或将有效单字节指令重写，称为指令冗余。指令冗余可将“跑飞”的程序转向正确指令继续执行。

设置方法：通常是在双字节指令和三字节指令后插入两个字节以上的 NOP。这样即使程序“跑飞”到操作数上，由于空操作指令 NOP 的存在，避免了后面的指令被当做操作数执行，程序自动纳入正轨。此外，对系统流向起重要作用的指令（如 RET、RETI、LCALL、LJMP、JC 等指令）之前也可插入两条 NOP 指令，确保这些重要指令的执行。

想一想

（1）80C51 单片机应用系统中各种干扰源有什么特点？有哪些抑制措施？

（2）80C51 单片机应用系统抗干扰的软硬件设计方法有哪些？

任务三　分析单片机应用系统设计实例

学习目标

★ 正确分析简单的单片机应用系统具体设计实例。

★ 对具体课题进行概要设计。

以步进马达控制电路、汽车倒车测距仪为例，来说明单片机应用系统的构成及设计方法，以求对单片机的应用系统能有一个整体的认识。

1. 步进马达控制电路的设计

步进马达在当今信息工业社会中所扮演的角色日趋重要，尤以计算机外围的一些装置更是不可缺少，如软驱、打印机、绘图仪等，又如 CNC 工具机、机器人、顺序控制系统等各种信息工业产品中，无不以步进马达作为其传动核心。

（1）步进马达的特性。

①步进马达必须加上驱动电路才能转动，驱动电路的信号输入端必须输入脉冲信号。若无脉冲输入时，转子保持一定的位置，维持静止状态；反之，若加入适当的脉冲信号时，转子则会一定的角度转动。所以如果加入连续的脉冲时，则转子旋转的角度与脉冲频率成正比。

②步进马达的步进角一般为 1.8°，即一周为 360°，需要 200 步进数才能完成 1 转。

③步进马达具有瞬时启动与急速停止的优越特性。

④改变励磁绕组的通电顺序，可以改变马达的转动方向。

步进马达的励磁方式有 1 相励磁、2 相励磁、1-2 相励磁三种。表 9-1 为三种励磁方式—步进马达的共同点接电源的情况下，逆转的励磁方式（但如果共同点接地时，表 9-1 为正传的三种励磁）方式。参考电路图 9-5。

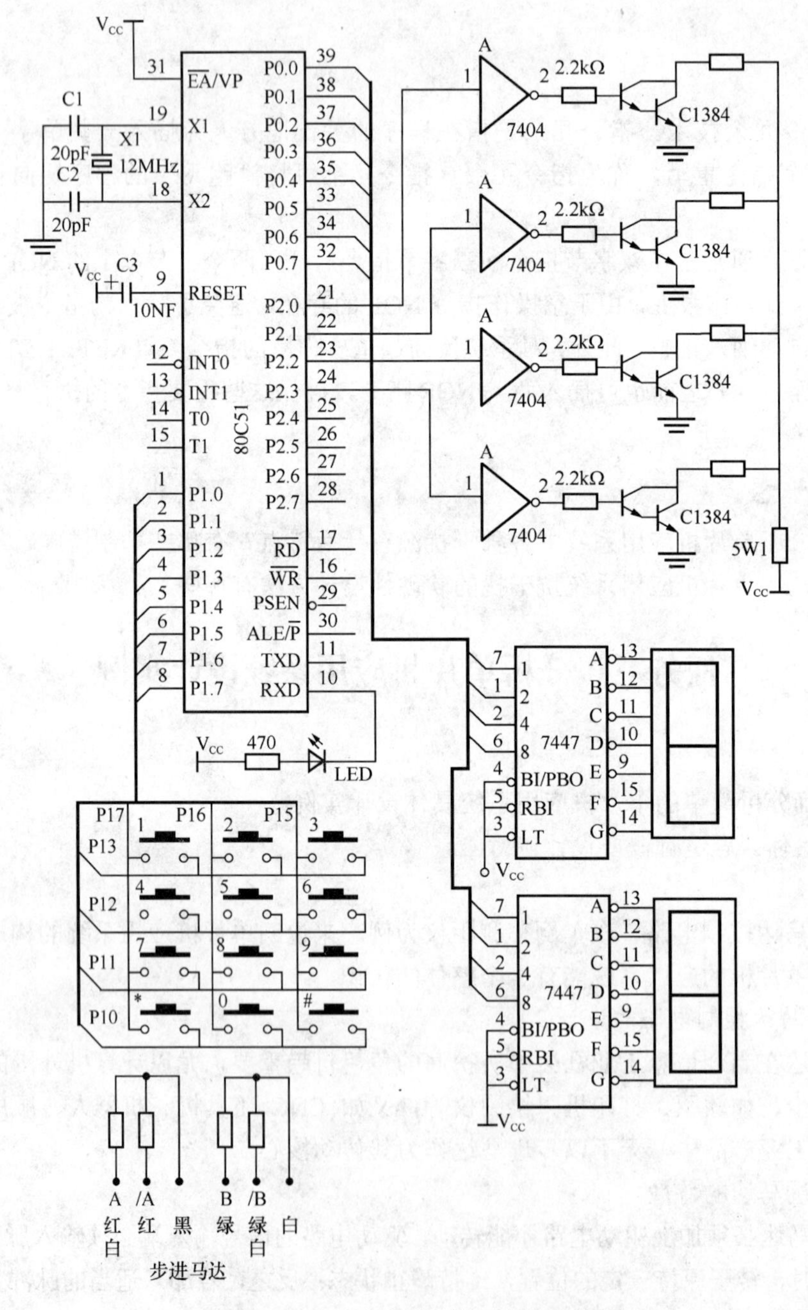

图 9-5　键盘设定步进马达正逆转及转数

表 9-1 三种励磁方式

1相励磁					2相励磁					1-2相励磁				
STEP	A	B	/A	/B	STEP	A	B	/A	/B	STEP	A	B	/A	/B
1	1	0	0	0	1	1	1	0	0	1	1	0	0	0
2	0	1	0	0	2	0	1	1	0	2	1	1	0	0
3	0	0	1	0	3	0	0	1	1	3	0	1	0	0
4	0	0	0	1	4	1	0	0	1	4	0	1	1	0
5	1	0	0	0	5	1	1	0	0	5	0	0	1	0
6	0	1	0	0	6	0	1	1	0	6	0	0	1	1
7	0	0	1	0	7	0	0	1	1	7	0	0	0	1
8	0	0	0	1	8	1	0	0	1	8	1	0	0	1

（2）系统要求。设计一个由键盘设定步进马达正逆转及转数的控制系统，系统要求如下。

①键盘设计如图 9-6 所示。

1	2	3	A
4	5	6	B
7	8	9	C
*	0	#	D

（a）

01	02	03	0C
04	05	06	0D
07	08	09	0E
0A	00	0B	0F

（b）

图 9-6 控制马达键盘的设计

（a）键盘；（b）键盘内码

图 9-6 中部分符号含义如下。

*：正逆转，转数设定完成后，按*启动步进马达。

#：清除设定为正转及转数为 00。

A：设定为正逆转。按 A 键则连接 P3.0 的 LED 灯亮，表示逆转；再按 P3.0，则 LED 熄，表示正转；再按，LED 亮，逆转。

0~9：数字键。

②送电时，设定为正转，显示器显示 00。在键盘上输入转数，显示器显示输入的转数。按 A 设定为正转，再按*步进马达开始运转。

③步进马达每转一转，显示器减 1，直至 00 步进马达停止运转。

（3）硬件设计。硬件电路如图 9-5 所示，80C51 的 P2.0～P2.3 四位作为控制脉冲的输出口，经驱动后连接到步进电机的 A、B、/A、/B 四相绕组上。P1.0～P1.7 作为键盘的输入口，P1.0～P1.3 为行线，P1.4～P1.7 为列线。由 P0.0～P0.3 控制 7447→个位数的七段显示器，P0.4～P0.7 控制 7447→十位数的七段显示器。P3.0 与 LED 相连，LED 的亮灭表示正逆转。

（4）软件设计。键盘内码放在 TABLE 表，正逆转控制码放在 TABLE1 表中，延时时间的长短决定步进马达的转速。程序清单如下：

```
        ORG     00H
START:  MOV     30H,#00H        ;清除键盘显示器 RAM 地址 30H~32H
        MOV     31H,#00H
        MOV     32H,#00H
        MOV     P2,#0FFH        ;步进马达停止运转
        SETB    P3.0            ;P3.0 LED 熄,表示正转
        MOV     21H,#00H        ;正转至 TABLE1 取码指针初值
L1:     MOV     R3,#0F7H        ;键盘列扫描初值
        MOV     R1,300H         ;至 TABLE 取码的键盘计数指针
L2:     MOV     A,R3            ;列扫描输出
        MOV     P1,A
        MOV     A,P1            ;键盘值暂存入 R4,以判断按键是否放开
        MOV     R4,A
        SETB    C               ;C=1
        MOV     R5,#04H         ;检测 4 行
L3:     RLC     A               ;将欲检测的行位左移 C 内
        JNC     KEYIN           ;检测 C=0?C=0 表示有键按下
        INC     R1              ;未按则计数指针加 1
        DJNZ    R5,L3
        MOV     A,32H           ;显示器地址(32H)输出至 P0 显示
        MOV     P0,A
        MOV     A,R3
        SETB    C
        RRC     A               ;扫描下一列
        MOV     R3,A
        JC      L2
        JMP     L1
KEYIN:  MOV     R7,#60          ;取消抖动
D2:     MOV     R6,#248
        DJNZ    R6,$
        DJNZ    R7,D2
D3:     MOV     A,P1            ;读入键盘值
        XRL     A,R4            ;比较刚才键盘值是否相同?相同表示未放开
        JZ      D3
        MOV     A,R1            ;按键放开,载入计数指针值
        MOV     DPTR,#TABLE
        MOVC    A,@A+DPTR
        MOV     20H,A           ;取码值暂存入 20H
        XRL     A,#0AH          ;是否按*
        JZ      SET0            ;是则启动步进马达
        MOV     A,20H           ;取码值载入 ACC
        MOV     A,#0BH          ;是否按#
        JZ      START           ;是则步进马达停止运转
        MOV     A,20H           ;取码值载入 20H
        XRL     A,#0CH          ;是否按 A
        JZ      CCW             ;是则设定正逆转
        MOV     A,20H           ;取码值暂存入 20H
        XCH     A,30H           ;现按键值存入(30H)地址
        XCH     A,31H           ;旧(30H)地址的值存入(31)地址
        MOV     A,31H           ;将(30H)、(31H)合并为两位数
```

```
        SAWP    A               ;(31H)为十位数
        ORL     A,30H           ;加(30H)个位数
        MOV     32H,A           ;存入(32H)地址
        MOV     P0,A            ;输出至 P0 显示
        JMP     L1
CCW:    CPL     P3.0            ;将 P3.0 反相,正逆转转换
        JB      P3.0,FOR        ;检测 P3.0=?1 为正转,0 为逆转
REV:    MOV     21H,#05H        ;逆转至 TABLE1 的取码指针初值存入(21H)
        JMP     L1
FOR:    MOV     21H,#00H        ;正转至 TABLE1 的取码指针初值存入(21H)
        JMP     L1
SET0:   MOV     A,32H           ;载入显示器值
        CJNE    A,#00H,SETX     ;是否为 00?是则表示未设定转数
        JMP     L1
SETX:   MOV     R3,#200         ;一转为 200 步
SEX1:   MOV     R0,21H          ;载入取码指针值
SET2:   MOV     A,R0
        MOV     DPTR,#TABLE1    ;至 TABLE1 取码
        MOVC    A,@A+DPTR
        JZ      SET1            ;是否取到结束码 00H
        CPL     A               ;反相输出至 P2 运转
        MOV     P2,A
        CALL    DELAY           ;转速
        INC     R0              ;取下一步
        DJNZ    R3,SET2         ;200 步吗
        MOV     A,30H           ;是则载入显示器的个位数
        CJNE    A,#00H,B1       ;是否为 00
        MOV     A,31H           ;个位数为 0,则载入十位数
        CJNE    A,#00H,B2       ;是否为 00
        JMP     START           ;是则运转停止
B1:     DEC     30H             ;个位数不为 00,则减 1
        JMP     B3
B2:     MOV     30H,#09H        ;个位数为 9
        DEC     31H             ;十位数减 1
B3:     MOV     A,31H           ;将十位数与个位数合并
        SWAP    A
        ORL     A,30H
        MOV     32H,A           ;存入(32H)
        MOV     P0,A            ;输出至 P0 显示
        JMP     SETX
DELAY:  MOV     R7,#20          ;20ms
D1:     MOV     R6,#248
        DJNZ    R6,$
        DJNZ    R7,D1
        RET
TABLE:  DB  01H,02H,03H,0CH     ;键盘码
        DB  04H,05H,06H,0DH
        DB  07H,08H,09H,0EH
        DB  0AH,00H,0BH,0FH
TABLE1: DB  03H,09H,0CH,06H     ;正转
        DB      00              ;正转结束码
```

```
        DB      03H,06H,0CH,09H       ;逆转
        DB      00                    ;逆转结束码
        END
```

2. 汽车倒车测距仪的设计

汽车倒车测距仪能测量并显示车辆后部障碍物离车辆的距离，同时用间歇嘟嘟声发出警报，嘟嘟声随障碍物距离缩短而缩短，驾驶员不但可以直接观察显示的障碍物距离，还可凭听觉判断车后障碍物离车辆距离的远近。

（1）技术指标。

①最大探测距离：不小于5m。

②测距相对误差：＜±5%

③工作环境：−10～55℃。雨、雪、雾、黑夜均不受影响。

（2）硬件电路。

如图9-7所示，P1口输出8段段码，低电平有效，P3.0～P3.2输出位码，低电平有效。VT1～VT3作为显示位码驱动。P3.4控制超声波发射；P3.3接收超声波反射信号；P3.5控制音响电路，P3.6控制报警指示。

图9-8所示为40kHz超声波发射电路。4011两个与非门E、F组成多谐振荡器，调节RP1可调节振荡频率。P3.4控制多谐振荡器的振荡。输出高电平时，电路振荡，发射40kHz超声波；输出低电平，停发射。

图9-9所示为嘟声音响电路。4011另两个与非门G、H组成多谐振荡器，振荡频率为800Hz,。P3.5控制多谐振荡器振荡，输出高电平时发嘟声；低电平时无声。CPU根据距离的远近控制P3.5输出方波的频率，即控制嘟声间隙时间。LM386作为功率放大，驱动扬声器发声。

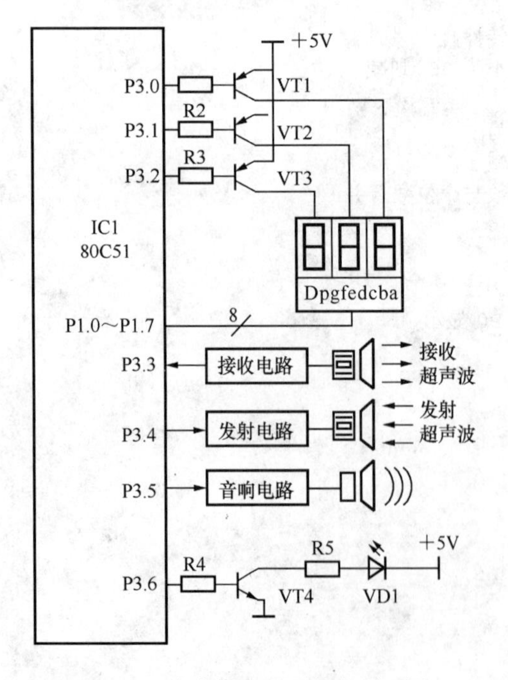

图9-7 汽车倒车测距仪电原理图

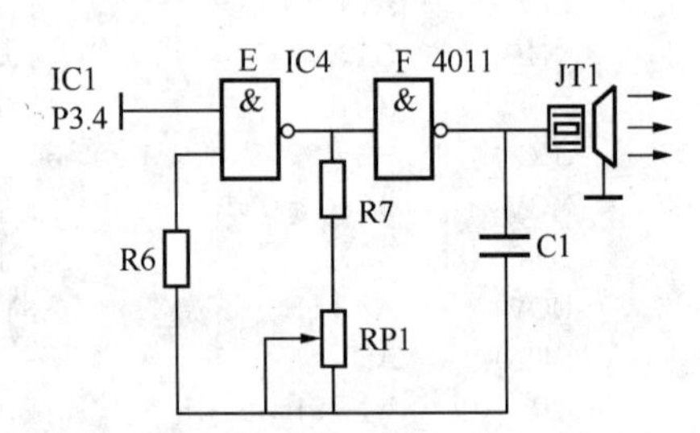

图9-8 40kHz超声波发射电路

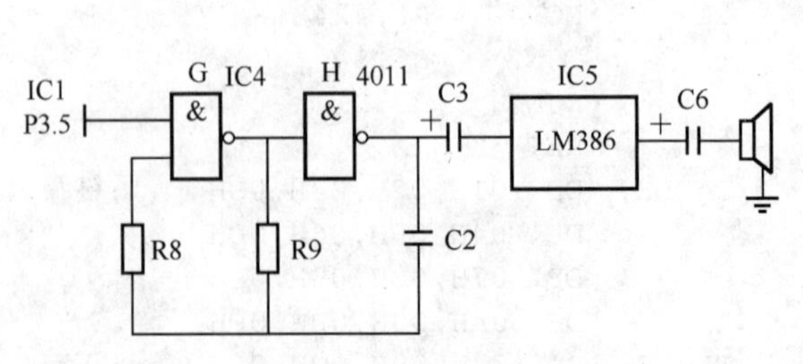

图9-9 嘟声音响电路

图 9-10 所示为超声波遇障碍物反射信号接收电路。LM324 三个运算放大器 A、B、C 组成三级回波信号放大电路。其中 L1、C9 组成选频电路，滤除 40kHz 以外的干扰信号。VD2、C12 组成信号半波整流滤波电路，将接收到的 40kHz 反射波交流信号转化成直流信号。LM324 第四个运算放大器 D 作为电压比较器，将信号直流电压与设定的基准电压比较，信号电压大于基准电压，比较器输出正脉冲，VT5 导通，P3.3 接收负脉冲信号，CPU 中断，记录发射信号与接收信号之间的时间，并转换为距离。

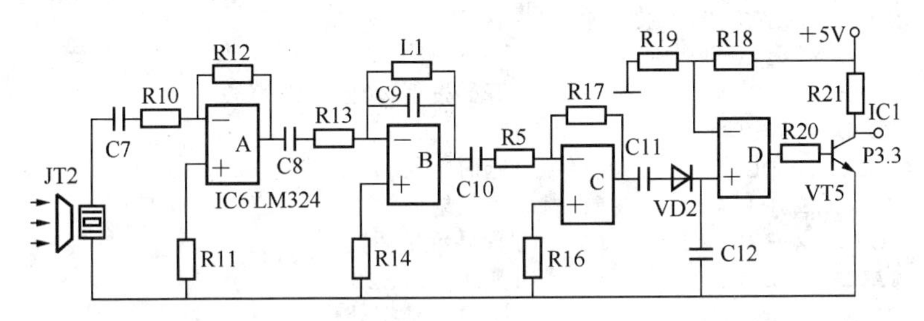

图 9-10　障碍物反射回波接收电路

（3）软件电路。

①主程序和中断服务程序。程序在初始化后，发射 40kHz 超声波 1ms，并立即启动定时/计数器 T0，CPU 在接收到回波信号后，立即中断，T0 停。定时/计数器专用于记录 CPU 发射脉冲信号的前沿至回波脉冲信号前沿之间的时间，这个时间就作为换算障碍物距离和控制嘟声间隙的数据。障碍物距离 d=T0×17cm/ms。

程序清单如下：

```
        ORG     00H
        JMP     START
        ORG     13H
        JMP     LINT1
        ORG     1BH
        JMP     IT1
START:  MOV     SP,#60H          ;置堆栈指针
        MOV     P1,#0FFH         ;停显示
        CLR     P3.4             ;不发射
        SETB    P3.6             ;灯亮
        SETB    P3.5             ;开机发嘟声
        MOV     40H,#7EH         ;显示符号“——”.
        MOV     41H,#7EH
        MOV     42H,#7EH
        MOV     32H,#160         ;置显示循环数
        CALL    DIR              ;调显示子程序
        MOV     IP,#04H          ;置高优先级
        MOV     TMOD,#11H        ;置 T0、T1 定时方式 1
        MOV     TH1,#9EH         ;T1=25ms
        MOV     TL1,#58H
        SETB    TR1              ;T1 运行
        MOV     IE,#8CH          ;中断 1,T1 开中
```

```
        MOV     20H,#00H        ;各标志位清 0
        MOV     21H,#00H
        MOV     22H,#00H
        MOV     23H,#00H
        MOV     44H,#FFH        ;置嘟声方波初值 255×25ms
        MOV     45H,#04H        ;置闪烁间隙时间 4×25ms
        MOV     R2,#04H         ;置信号计数器初值
        MOV     R3,#04H         ;置连续无回波信号计数器初值
TLOOP:  MOV     TH0,#00H        ;T0 清 0
        MOV     TL0,#00H
        SETB    P3.4            ;开始发射 40kHz 超声波
        SETB    TR0             ;启动 T0
        CALL    DELAY           ;延时 1ms
        CLR     P3.4            ;停发射
        MOV     32H,#20         ;置显示循环数
        CALL    DIR             ;显示 3ms×20
        CALL    WORK            ;信息与数据处理
        SJMP    TLOOP           ;循环
LINT1:  CLR     TR0             ;T0 停
        SETB    01H             ;置有回波标志
        RETI
```

②显示与延时子程序。

```
DIR:    SETB    P3.2            ;百位停显示
        MOV     P1,40H          ;输出个位段码
        CLR     P3.0            ;个位显示
        CALL    DELAY           ;延时 1ms
DIR1:   SETB    P3.0            ;个位停显示
        MOV     P1,41H          ;输出十位段码
        CLR     P3.1            ;十位显示
        CALL    DELAY           ;延时 1ms
DIR2:   SETB    P3.1            ;十位显示
        MOV     P1,42H          ;输出百位段码
        CLR     P3.2            ;百位显示
        CALL    DELAY           ;延时 1ms
        DJNZ    32H,DIR
        ORL     P3,07H          ;显示结束,停显示
        RET
```

每一位显示 1ms，显示 3 位共 3ms，作为一个循环。

延时子程序清单如下：

```
DELAY:  MOV     R5,#10          ;延时 1ms
D1:     MOV     R6,#48
        DJNZ    R6,$
        DJNZ    R5,D1
        RET
```

③信号处理程序 WORK。

程序清单如下：

```
WORK:   JBC     01H,WORK1          ;有回波信号,转存信号
        DJNZ    R3,GORET           ;无回波信号,判断连续无回波信号次数
        MOV     R3,#04H            ;连续无回波计数器恢复初值
        CALL    FLASH              ;调用闪烁显示子程序
GORET:  RET
WORK1:  MOV     R3,#04H            ;有回波,连续无回波计数器恢复初值
        DJNZ    R2,WORK2           ;末存满 4 个信号,转存信号
        MOV     R2,#04H            ;存满 4 个信号,信号计数器恢复原值
        MOV     56H,TL0            ;存第 4 个信号
        MOV     57H,TH0
        CALL    SORT               ;调用排序子程序
        CALL    RIGHT              ;调用筛选正确信号子程序
        CALL    TRAS               ;调用更换显示子程序
        CALL    TONE               ;调用计算嘟声方波脉宽子程序
        RET
WORK2:  JBC     11H,WORK21         ;1#信号标志,转存第 1 个信号
        JBC     12H,WORK22         ;2#信号标志,转存第 2 个信号
        JBC     13H,WORK23         ;3#信号标志,转存第 3 个信号
        RET
WORK21: MOV     50H,TL0            ;存第 1 个信号
        MOV     51H,TH0
        RET
WORK22: MOV     52H,TL0            ;存第 2 个信号
        MOV     53H,TH0
        RET
WORK23: MOV     54H,TL0            ;存第 3 个信号
        MOV     55H,TH0
        RET
```

限于篇幅：SORT、RIGHT、TRAS、TONE 子程序不再罗列。

软件中用到了以下寄存器，用途说明如表 9-2 和表 9-3 所示。

表 9-2　　程序中使用的寄存器说明

寄存器	用途说明	寄存器	用途说明
30H	延时子程序外循环数	51H	1#信号高 8 位
31H	延时子程序内循环数	52H	2#信号低 8 位
32H	扫描显示循环数	53H	2#信号高 8 位
40H	个位显示符寄存器	54H	3#信号低 8 位
41H	十位显示符寄存器	55H	3#信号高 8 位
42H	百位显示符寄存器	56H	4#信号低 8 位
44H	嘟声方波脉宽值	57H	4#信号高 8 位
45H	闪烁显示间隙时间	R2	回波信号计数器
50H	1#信号低 8 位	R3	连续无回波计数器

表 9-3　　程序中使用的标志位说明

标　志　位	用　途　说　明	寄　存　器	用　途　说　明
P3.4	40kHz 超声波发射控制位	P3.5	嘟声控制位
P3.6	STOP 灯控制位	11H	1#信号存储标志
12H	2#信号存储标志	13H	3#信号存储标志
01H	回波标志，01H＝1 有回波		

3. 单片机作息时间控制

对于作息时间控制，我们以单片机控制的作息时间控制钟为例作较详细介绍。

（1）原理说明。时间的控制常在学校中使用，在单片机计时的过程中，每一课次加 1 时，都与规定的作息时间比较，如比较相等就进行电铃或放音机的开关控制。假定某校作息时间如下：

8:00～8:50　　第 1 节课

9:00～9:50　　第 2 节课

9:52～10:05　　课间操

10:10～11:00　　第 3 节课

11:10～12:00　　第 4 节课

12:10～13:30　　午间休息

13:30～14:20　　第 5 节课

14:30～15:20　　第 6 节课

15:21～15:50　　播放歌曲

本系统共有四项控制内容，即接通电铃和断开电铃、接通放音机及断开放音机。由 P1 口输出操作码进行控制，其操作码定义为：

接通电铃　　FEH

断开电铃　　FDH

接通放音机　　7FH

断开放音机　　BFH

假设控制字存放在内部 RAM 50H 开始的存储区中，如表 9-4 所示。

表 9-4　　作息时间控制字

存储单元	开操作码	时	分	秒	关操作码	时	分	秒
50H～57H	FEH	08	00	00	FDH	08	00	10
58H～5FH	FEH	08	50	00	FDH	08	50	10
60H～67H	FEH	09	00	00	FDH	09	00	10
68H～6FH	FEH	09	50	00	FDH	09	50	10
70H～77H	7EH	09	52	00	BFH	10	05	00
78H～7FH	FEH	10	10	00	FDH	10	10	10
80H～87H	FEH	11	00	00	FDH	11	00	10
88H～8FH	FEH	11	10	00	FDH	11	10	10

续表

存储单元	开操作码	时	分	秒	关操作码	时	分	秒
90H～97H	FEH	12	00	00	FDH	12	00	10
98H～9FH	FEH	13	30	00	FDH	13	30	10
A0H～A7H	FEH	14	20	00	FDH	14	20	10
A8H～AFH	FEH	14	30	00	FDH	14	30	10
B0H～B7H	FEH	15	20	00	FDH	15	20	10
B8H～BFH	7EH	15	21	00	BFH	15	50	00
C0H～C7H	00H	×	×	×				

上述控制字的存放是按时间顺序。实际上，控制字的存放顺序可以是任意的，这样就可以通过增减控制字随意修改作息时间。

（2）主程序。主程序为时钟计时程序，使用内部 RAM 单元。

```
20H              ;秒单元
21H              ;分单元
22H              ;时单元
```

每运行一次秒加 1 操作时，都调用时间比较子程序。

（3）时间比较子程序。

计时时间与存储字中的预置时间进行比较。如比较相等说明作息时间已到，发出开关控制码，控制电铃或扩音设备的开/断；否则子程序返回。

```
50H              ;存储区首地址
R0               ;存储区地址指针
2EH              ;存储区地址指针暂存单元
6AH              ;存开关控制码
6BH～6DH          ;依次存放存储字的小时值、分值和秒值
```

时间比较子程序清单为：

```
LOOP1:  MOV     R0,#4CH         ;存储字存储区首地址减 4
        MOV     2EH,R0          ;送存储区地址指针暂存单元
LOOP2:  MOV     R0,2EH
        MOV     R3,#04H         ;循环 4 次
        MOV     R1,#23H
LOOP3:  INC     R0              ;地址指针加 4,得开关控制码地址
        DJNZ    R3,LOOP3
        MOV     2EH,R0          ;暂存开关控制码地址
        MOV     R3,#03H         ;循环 3 次
        MOVX    A,@R0           ;读取控制码
        JZ      A,LOOP5         ;控制码为 0(结束)则返回
        MOV     6AH,A           ;存控制码
LOOP4:  INC     R0              ;地址指针增量指针
        DEC     R1              ;计时单元地址减量
        MOVX    A,@R0           ;读取作息时间(时、分、秒)
        MOV     6BH,A           ;存作息时间
        MOV     A,@R1           ;读取记时时间
```

```
        CJNE    A,6BH,LOOP2        ;记时时间与作息时间比较
        DJNZ    R3,LOOP4           ;共读取 3 次
        MOV     A,6AH              ;开关控制码送 A
        CPL     A                  ;取反(增大驱动能力)
        MOV     P1,A               ;开关控制码输出
LOOP5:  RET                        ;返回
```

练一练

试设计一个带时间显示的模拟交通灯。要求：双干线路口，交通信号灯的信号变化是定时的。假定：放行线，绿灯亮，车辆放行 25s，黄灯亮，警告 5s，然后红灯亮，车辆停止；禁止线，红灯亮，禁止 30s，然后，绿灯亮，放行。使两条路线交替的成为放行线、禁止线从而实现定时交通灯控制。

4. 超市人数统计显示装置设计

设计一个装置，它统计进入超市的人次数（4 位）、统计目前超市内滞留的人数（4 位），设计 RS-232 接口，要求波特率为 1200b/s，字节帧格式为：1 个起始位、8 个数据位、1 个停止位；数据通信协议为：02H、*XX*、*XX*、*XX*、*XX*、*YY*、*YY*、*YY*、*YY*，9 字节为一个数据包，其中：02H—数据起始标志，*XX*—进入超市人次数各位的 ASCII 码，千位在前；*YY*—超市滞留人数各位的 ASCII 码，千位在前；装置自动向串口发送统计数据。

（1）设计方案。在超市入口、出口各安装一对光电对射开关，开关信号接入单片机，由单片机对进入、离开超市的人数进行统计，并将统计结果显示到 LED 数码管上。方案框图如图 9-11 所示。

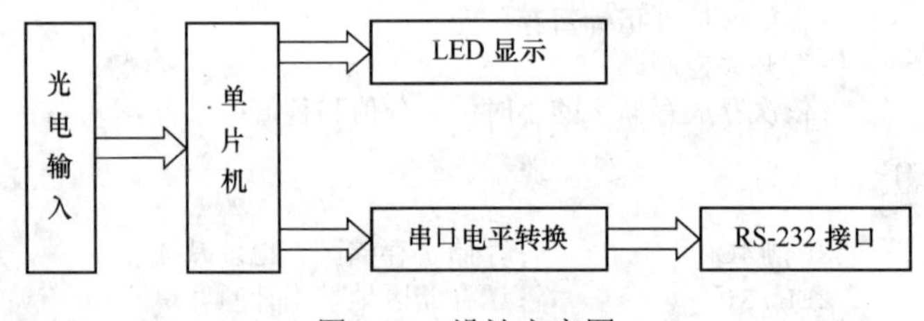

图 9-11　设计方案图

（2）硬件电路。

①光电输入。采用 E3JK-5L 作为发射，E3JK-5DM1 作为接收，它们的供电电压为 12～36VDC，对射距离 2m，输出是具有动合（常开）、动断（常闭）形式的干接点，节点容量为 3A/250VAC。使用动断节点，无人通过时，光电接收器收到光，节点断开，给单片机高电平；有人通过时，光电接收器收不到光，节点闭合，给单片机低电平。

②串行接口电平转换。本装置采用 MAX202 集成电路，+5V 电源供电。

③显示部分。采用动态扫描显示，由 P2 口送出字形码，P1 口送出位选信号，进入超市的人次数由 P1.7～P1.4 驱动，P1.7 对应千位，P1.4 对应个位；超市滞留人数由 P1.3～P1.0 驱动，P1.3 对应千位，P1.0 对应个位。LED 采用共阳极管。

④单片机部分。图 9-12 为超市人数统计显示装置的电气原理图，采用 80C51，$\overline{EA}$ 接

高电平，P3.2 作为入口，P3.3 作为出口。

（3）软件设计。本装置的功能是计数和显示，为了显示方便，采用 4 个存储器单元作为计数器的千位、百位、十位和个位，每个单元的内容在 0～9 之间，进入人次数、滞留人数各用 4 个单元，这样每进入一人，将进入人次数、滞留人数各加 1，而离开一人，则将滞留人数减一。对显示扫描，采用每位通电 2ms，16ms 扫描一遍。用定时器 0 作 2ms 定时，在定时器 0 的中断服务程序中实现通电位的转换。串口每 200ms 发送一个数据包，用设置发送中断标志的方式协调发送。

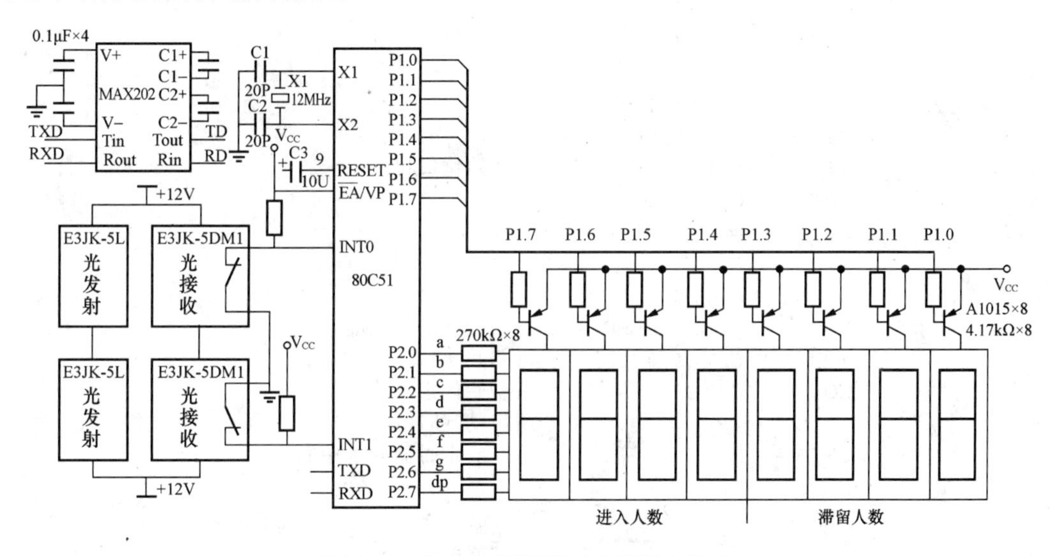

图 9-12　超市人数统计显示装置电路图

参考程序：

```
;计数统计程序
;串口数据协议:
;发送: 9 字节: 02,A0,A1,…A7;02H—标志,Ai—ASCII 码
;串口协议: 1200,N,8,1
SP0         EQU     5FH             ;堆栈区,32 字节
ZHILIU      EQU     30H             ;滞留人数 30H～33H
RENCI       EQU     34H             ;人次数 34H～37H
DINGSHI     EQU     38H             ;串口发送定时
FSBZ        EQU     39H             ;串行发送标志
SMDZ        EQU     3AH             ;扫描地址
SMWEI       EQU     3BH             ;扫描位
RU          BIT     P3.2            ;入口
CHU         BIT     P3.3            ;出口
RUK         BIT     0               ;入口状态
CHUK        BIT     1               ;出口状态
            ORG     00H
            JMP     START
            ORG     0BH
            JMP     SAOMIAO
            ORG     23H
```

```
          JMP     INT              ;串口服务程序
START:    MOV     SP,#SP0          ;置堆栈指针
          MOV     P1,#0FFH         ;停显示
          MOV     TMOD,#21H        ;定时器 0 工作在方式 1
          MOV     SCON,#40H        ;串口不接收
          MOV     PCON,#80H
          MOV     TH1,#0F0H        ;1200b/s
          MOV     TL1,#0F0H
          MOV     TH0,#0FDH        ;2ms 定时
          MOV     TL0,#09AH
          MOV     R7,#8            ;初始化计数单元
          MOV     A,#0
          MOV     R0,#ZHILIU       ;
          MOV     TL1,#0F0H
          SETB    RUK              ;初始化口状态
          SETB    CHUK
LOOP:     MOV     @R0,A            ;
          INC     R0
          DJNZ    R7,LOOP
          MOV     SMDZ,#RENCI+3    ;初始化扫描地址
          MOV     SMWEI,#7FH       ;初始化扫描位
          MOV     DINGSHI,#0       ;初始化定时单元
          SETB    TR0              ;启动定时器
          SETB    ET0              ;开放定时器 0 的中断
          SETB    TR1
          CLR     TI
          SETB    ES               ;开放串行中断
          SETB    EA               ;开放总中断
;主循环程序
JIN0:     MOV     A,DINGSHI
          CJNE    A,#100,JIN1
          MOV     DINGSHI,#0       ;发送定时到
          CALL    FASONG           ;发送
JIN1:     JB      RUK,JIN3
          JB      RU,JIN2
          JMP     CHU1             ;入口原、现状态均为 0
JIN2:     SETB    RUK              ;入口原为 0、现为 1
          CALL    JINRU            ;进入 1 人
          JMP     CHU1
JIN3:     JB      RU,CHU1          ;入口原、现状态均为 1 转移
          CLR     RUK              ;入口原为 1、现为 0,有人开始进入
CHU1:     JB      CHUK,CHU3
          JB      CHU,CHU2
          JMP     JIN0             ;出口原、现状态均为 0
CHU2:     SETB    CHUK             ;入口原状态为 0、现为 1
          CALL    LIKAI            ;离开 1 人
          LJMP    JIN0
CHU3:     JB      CHU,JIN0         ;出口原现状态均为 1,转移
          CLR     CHUK             ;出口原为 1,现为 0,有人开始离开
          JMP     JIN0
```

```
;有人进入的处理子程序
JINRU:      MOV     R0, #RENCI      ;人次数总数加 1
            INC     R0              ;个位
            CJNE    @R0,#0AH, JINRU1
            MOV     @R0,#0
            INC     R0
            INC     @R0             ;十位
            CJNE    @R0,#0AH, JINRU1
            MOV     @R0,#0
            INC     R0
            INC     @R0             ;百位
            CJNE    @R0,#0AH, JINRU1
            MOV     @R0,#0
            INC     R0
            INC     @R0             ;千位
            CJNE    @R0,#0AH, JINRU1
            MOV     @R0,#0
JINRU1:     MOV     R0,#ZHILIU      ;滞留人数
            INC     @R0             ;个位
            CJNE    @R0,#0AH, JINRU2
            MOV     @R0,#0
            INC     R0
            INC     @R0             ;十位
            CJNE    @R0,#0AH, JINRU2
            MOV     @R0,#0
            INC     R0
            INC     @R0             ;百位
            CJNE    @R0,#0AH, JINRU2
            MOV     @R0,#0
            INC     R0
            INC     @R0             ;千位
            CJNE    @R0,#0AH, JINRU2
            MOV     @R0,#0
JINRU1:     RET
;有人离开的处理子程序
LIKAI:      MOV     R0,#ZHILIU      ;滞留人数
            DEC     @R0             ;个位
            CJNE    @R0,#0FFH, LI1
            MOV     @R0,#9
            INC     R0
            DEC     @R0             ;十位
            CJNE    @R0,#0FFH, LI1
            MOV     @R0,#9
            INC     R0
            DEC     @R0             ;百位
            CJNE    @R0,#0FFH, LI1
            MOV     @R0,#9
            INC     R0
            DEC     @R0             ;千位
            CJNE    @R0,#0FFH,LI1
```

```
            MOV     @R0,#9
LI1:        RET
;发送子程序
FASONG:     MOV     FSBZ,#00H
            MOV     SBUF,#02H           ;发送标志字节
FM:         MOV     R5,FSBZ
            CJNE    R5,#0FFH,FM
            MOV     R4,#8               ;发送字节数
            MOV     R1,#RENCI+3         ;发送缓冲区地址
FM1:        MOV     FSBZ,#00H
            MOV     A,@R1               ;取发送数据
            ADD     A,#30H              ;转换为ASCII码
            MOV     SBUF,A
FM2:        MOV     R5,FSBZ
            CJNE    R5,#0FFH,FM2
            DEC     R1
            DJNZ    R4,FM1
            RET
;定时器0的中断服务程序
SAOMIAO:    PUSH    PSW
            PUSH    ACC
            PUSH    00
            MOV     TH0,#0FDH           ;重新装入常数
            MOV     TL0,#09AH
            INC     DINGSHI             ;定时计数加1
            MOV     DPTR,#TAB
            MOV     R0,SMDZ             ;取扫描地址
            MOV     A,@R0               ;取扫描数据
            MOVC    A,@A+DPTR           ;变换为显示码
            MOV     P1,#0FFH            ;关显示
            MOV     P2,A                ;送显示码
            MOV     A,SMWEI             ;取扫描地址
            MOV     P1,A                ;送显示位
            RR  A
            JC  SAO1
            MOV     SMWEI,#7FH          ;显示位循环
            MOV     SMDZ,#RENCI+3
            JMP     SAO2
SAO1:       MOV     SMWEI,A             ;移动显示位
            DEC     SMDZ
SAO2:       POP     00
            POP     ACC
            POP     PSW
            RETI
TAB:        DB  0C0H,   0F9H,   0A4H    ;0～9显示码表
            DB  0B0H,   099H,   092H
            DB  082H,   0F8H,   080H
            DB  090H
;串口中断服务程序
INT:        PUSH    PSW
```

```
PUSH    ACC
PUSH    07
MOV     FSBZ,#0FFH        ;设置发送结束标志
CLR     TI
POP     07
POP     ACC
POP     PSW
RETI
END
```

附录A

单片机指令表

序号	助记符		功能	字节数	振荡周期
1	MOV	A,Rn	寄存器内容送入累加器	1	12
2	MOV	A,direct	直接地址单元中的数据送入累加器	2	12
3	MOV	A,@Ri	间接RAM中的数据送入累加器	1	12
4	MOV	A,#tata	立即数送入累加器	2	12
5	MOV	Rn,A	累加器内容送入寄存器	1	12
6	MOV	Rn,direct	直接地址单元中的数据送入寄存器	2	24
7	MOV	Rn,#data	立即数送入寄存器	2	12
8	MOV	direct,A	累加器内容送入直接地址单元	2	12
9	MOV	direct,Rn	寄存器内容送入直接地址单元	2	24
10	MOV	direct,direct	直接地址单元中的数据送入另一个直接地址单元	3	24
11	MOV	direct,@Ri	间接RAM中的数据送入直接地址单元	2	24
12	MOV	direct,#data	立即数送入直接地址单元	3	24
13	MOV	@Ri,A	累加器内容送间接RAM单元	1	12
14	MOV	@Ri,direct	直接地址单元数据送入间接RAM单元	2	24
15	MOV	@Ri,#data	立即数送入间接RAM单元	2	12
16	MOV	DRTR,#dat16	16位立即数送入地址寄存器	3	24
17	MOVC	A,@A+DPTR	以DPTR为基地址变址寻址单元中的数据送入累加器	1	24
18	MOVC	A,@A+PC	以PC为基地址变址寻址单元中的数据送入累加器	1	24
19	MOVX	A,@Ri	外部RAM（8位地址）送入累加器	1	24
20	MOVX	A,@DPTR	外部RAM（16位地址）送入累加器	1	24
21	MOVX	@Ri,A	累计器送外部RAM（8位地址）	1	24
22	MOVX	@DPTR,A	累计器送外部RAM（16位地址）	1	24
23	PUSH	direct	直接地址单元中的数据压入堆栈	2	24
24	POP	direct	弹栈送直接地址单元	2	24
25	XCH	A,Rn	寄存器与累加器交换	1	12
26	XCH	A,direct	直接地址单元与累加器交换	2	12
27	XCH	A,@Ri	间接RAM与累加器交换	1	12
28	XCHD	A,@Ri	间接RAM的低半字节与累加器交换	1	12

续表

布尔变量操作类指令

序号	助 记 符		功　　能	字节数	振荡周期
1	CLR	C	清进位位	1	12
2	CLR	bit	清直接地址位	2	12
3	SETB	C	置进位位	1	12
4	SETB	bit	置直接地址位	2	12
5	CPL	C	进位位求反	1	12
6	CPL	bit	置直接地址位求反	2	12
7	ANL	C，bit	进位位和直接地址位相“与”	2	24
8	ANL	C，bit	进位位和直接地址位的反码相“与”	2	24
9	ORL	C，bit	进位位和直接地址位相“或”	2	24
10	ORL	C，bit	进位位和直接地址位的反码相“或”	2	24
11	MOV	C，bit	直接地址位送入进位位	2	12
12	MOV	bit，C	进位位送入直接地址位	2	24
13	JC	rel	进位位为1则转移	2	24
14	JNC	rel	进位位为0则转移	2	24
15	JB	bit，rel	直接地址位为1则转移	3	24
16	JNB	bit，rel	直接地址位为0则转移	3	24
17	JBC	bit，rel	直接地址位为1则转移，该位清零	3	24

逻辑操作数指令

序号	助 记 符		功　　能	字节数	振荡周期
1	ANL	A,Rn	累加器与寄存器相“与”	1	12
2	ANL	A,direct	累加器与直接地址单元相“与”	2	12
3	ANL	A,@Ri	累加器与间接RAM单元相“与”	1	12
4	ANL	A,#data	累加器与立即数相“与”	2	12
5	ANL	direct,A	直接地址单元与累加器相“与”	2	12
6	ANL	direct,#data	直接地址单元与立即数相“与”	3	24
7	ORL	A,Rn	累加器与寄存器相“或”	1	12
8	ORL	A,direct	累加器与直接地址单元相“或”	2	12
9	ORL	A,@Ri	累加器与间接RAM单元相“或”	1	12
10	ORL	A,#data	累加器与立即数相“或”	2	12
11	ORL	direct,A	直接地址单元与累加器相“或”	2	12
12	ORL	direct,#data	直接地址单元与立即数相“或”	3	24
13	XRL	A,Rn	累加器与寄存器相“异或”	1	12
14	XRL	A,direct	累加器与直接地址单元相“异或”	2	12
15	XRL	A,@Ri	累加器与间接RAM单元相“异或”	1	12

续表

序号	助记符		功能	字节数	振荡周期
逻辑操作数指令					
16	XRL	A,#data	累加器与立即数相“异或”	2	12
17	XRL	direct,A	直接地址单元与累加器相“异或”	2	12
18	XRL	direct,#data	直接地址单元与立即数相“异或”	3	24
19	CLR	A	累加器清“0”	1	12
20	CPL	A	累加器求反	1	12
21	RL	A	累加器循环左移	1	12
22	RLC	A	累加器带进位位循环左移	1	12
23	RR	A	累加器循环右移	1	12
24	RRC	A	累加器带进位位循环右移	1	12
25	SWAP	A	累加器半字节交换	1	12

控制转移类指令

序号	助记符		功能	字节数	振荡周期
1	ACALL	addr11	绝对（短）调用子程序	2	24
2	LCALL	addr16	长调用子程序	3	24
3	RET		子程序返回	1	24
4	RETI		中数返回	1	24
5	AJMP	addr11	绝对（短）转移	2	24
6	LJMP	addr16	长转移	3	24
7	SJMP	rel	相对转移	2	24
8	JMP	@A+DPTR	相对于 DPTR 的间接转移	1	24
9	JZ	rel	累加器为零转移	2	24
10	JNZ	rel	累加器非零转移	2	24
11	CJNE	A,direct,rel	累加器与直接地址单元比较，不相等则转移	3	24
12	CJNE	A,#data,rel	累加器与立即数比较，不相等则转移	3	24
13	CJNE	Rn,#data,rel	寄存器与立即数比较，不相等则转移	3	24
14	CJNE	@Ri,#data,rel	间接 RAM 单元与立即数比较，不相等则转移	3	24
15	DJNZ	Rn,rel	寄存器减 1，非零转移	3	24
16	DJNZ	direct,erl	直接地址单元减 1，非零转移	3	24
17	NOP		空操作	1	12

续表

算术操作类指令					
序号	助记符		功能	字节数	振荡周期
1	ADD	A,Rn	寄存器内容加到累加器	1	12
2	ADD	A,direct	直接地址单元的内容加到累加器	2	12
3	ADD	A,@Ri	间接ROM的内容加到累加器	1	12
4	ADD	A,#data	立即数加到累加器	2	12
5	ADDC	A,Rn	寄存器内容带进位加到累加器	1	12
6	ADDC	A,direct	直接地址单元的内容带进位加到累加器	2	12
7	ADDC	A,@Ri	间接ROM的内容带进位加到累加器	1	12
8	ADDC	A,#data	立即数带进位加到累加器	2	12
9	SUBB	A,Rn	累加器带借位减寄存器内容	1	12
10	SUBB	A,direct	累加器带借位减直接地址单元的内容	2	12
11	SUBB	A,@Ri	累加器带借位减间接RAM中的内容	1	12
12	SUBB	A,#data	累加器带借位减立即数	2	12
13	INC	A	累加器加1	1	12
14	INC	Rn	寄存器加1	1	12
15	INC	direct	直接地址单元加1	2	12
16	INC	@Ri	间接RAM单元加1	1	12
17	DEC	A	累加器减1	1	12
18	DEC	Rn	寄存器减1	1	12
19	DEC	direct	直接地址单元减1	2	12
20	DEC	@Rj	间接RAM单元减1	1	12
21	INC	DPTR	地址寄存器DPTR加1	1	24
22	MUL	AB	A乘以B	1	48
23	DIV	AB	A除以B	1	48
24	DA	A	累加器十进制调整	1	12

附录 B

ASCII（美国标准信息交换码）表

	列	0	1	2	3	4	5	6	7
行	位 654→ ↓3210	000	001	010	011	100	101	110	111
0	0000	NUL	DLE	SP	0	@	P	`	p
1	0001	SOH	DC1	!	1	A	Q	a	q
2	0010	STX	DC2	“	2	B	R	b	r
3	0011	ETX	DC3	#	3	C	S	c	s
4	0100	EOT	DC4	$	4	D	T	d	t
5	0101	ENQ	NAK	%	5	E	U	e	u
6	0110	ACK	SYN	&	6	F	V	f	v
7	0111	BEL	ETB	‘	7	G	W	g	w
8	1000	BS	CAN	(	8	H	X	h	x
9	1001	HT	EM	)	9	I	Y	i	y
A	1010	LF	SUB	*	:	J	Z	j	z
B	1011	VT	ESC	+	;	K	[	k	{
C	1100	FF	FS	,	<	L	\	l	|
D	1101	CR	GS	—	=	M	]	m	}
E	1110	SO	RS	.	>	N	↑	n	~
F	1111	SI	US	/	?	O	←	o	DEL

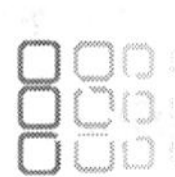

附录 C

80C51 指令一览表

数据传送类指令				
助 记 符	指 令 功 能	操作码	字节数	周期数
MOV A, Rn	A←Rn	E8H～EFH	1	1
MOV A, direct	A←(direct)	E5H	2	1
MOV A, @Ri	A←(Ri)	E6H,E7H	1	1
MOV A, #data	A←date	74H	2	1
MOV Rn, A	Rn←A	F8～FFH	1	1
MOV Rn, direct	Rn←(direct)	A8～AFH	2	2
MOV Rn, #data	Rn←data	78～7FH	2	1
MOV direct, A	direct←A	F5H	2	1
MOV direct, Rn	direct←Rn	88～8FH	2	2
MOV direct2, direct1	direct2←(direct1)	85H	3	2
MOV direct, @Ri	direct←(Ri)	86H,87H	2	2
MOV direct, #data	direct←data	75H	3	2
MOV @Ri, A	(Ri)←A	F6H,F7H	1	1
MOV @Ri, direct	(Ri)←direct	A6H,A7H	2	2
MOV @Ri, #data	(Ri)←date	76H,77H	2	1
MOV DPTR, # data16	DPTR←data16	90H	3	2
MOVC A, @A+DPTR	A←(A+DPTR)	93H	1	2
MOVC A, @A+PC	A←(A+PC)	83H	1	2
MOVX A, @Ri	A←(Ri)	E2H,E3H	1	2
MOVX A, @ DPTR	A←(DPTR)	E0H	1	2
MOVX @Ri, A	(Ri)←A	F2H,F3H	1	2
MOVX @ DPTR, A	(DPTR)←A	F0H	1	2
PUSH direct	SP←SP+1,(direct)→(SP)	C0H	2	2
POP direct	direct←(SP),SP←SP－1	D0H	2	2
XCH A, Rn	A←→Rn	C8～CFH	1	1
XCH A, direct	A←→direct	C5H	2	1
XCH A, @Ri	A←→(Ri)	C6H,C7H	1	1
XCHD A, @Ri	A3～0←→(Ri)3～(Ri)0	D6H,D7H	1	1

续表

助　记　符	指　令　功　能	操作码	字节数	周期数
算术运算指令				
ADD　A, Rn	A←A+Rn	28H～2FH	1	1
ADD　A, direct	A←A+(direct)	25H	2	1
ADD　A, @Ri	A←A+(Ri)	26H,27H	1	1
ADD　A, #data	A←A+data	24H	2	1
ADDC　A, Rn	A←A+Rn+CY	38H～3FH	1	1
ADDC　A, direct	A←A+(direct)+CY	35H	2	1
ADDC　A, @Ri	A←A+(Ri)+CY	36H,37H	1	1
ADDC　A, #data	A←A+data+CY	34H	2	1
SUBB　A, Rn	A←A−Rn−CY	98H～9FH	1	1
SUBB　A, direct	A←A−(direct)−CY	95H	2	1
SUBB　A, @Ri	A←A−(Ri)−CY	96H,97H	1	1
SUBB　A, #data	A←A−data−CY	94H	2	1
INC　A	A←A+1	04H	1	1
INC　Rn	Rn←Rn+1	08H～0FH	1	1
INC　direct	(direct)←(direct)+1	05H	2	1
INC　@Ri	(Ri)←(Ri)+1	06H,07H	1	1
INC　DPTR	A←DPTR+1	A3H	1	2
DEC　A	A←A−1	14H	1	1
DEC　Rn	Rn←Rn−1	18H～1FH	1	1
DEC　direct	(direct)←(direct)−1	15H	2	1
DEC　@Ri	(Ri)←(Ri)−1	16H,17H	1	1
MUL　AB	BA←A*B	A4H	1	4
DIV　AB	A÷B＝A…B	84H	1	4
DA　A	对A进行BCD调整	D4H	1	1

助　记　符	指　令　功　能	操作码	字节数	周期数
逻辑运算和移位指令				
ANL　A, Rn	A←A∧Rn	58H～5FH	1	1
ANL　A, direct	A←A∧(direct)	55H	2	1
ANL　A, @Ri	A←A∧(Ri)	56H,57H	1	1
ANL　A, #data	A←A∧data	54H	2	1
ANL　direct, A	direct←(direct)∧A	52H	2	1
ANL　direct, #data	direct←(direct)∧data	53H	3	2
ORL　A, Rn	A←A∨Rn	48H～4FH	1	1
ORL　A, direct	A←A∨(direct)	45H	2	1

续表

逻辑运算和移位指令				
助记符	指令功能	操作码	字节数	周期数
ORL A, @Ri	A←A∨(Ri)	46H,47H	1	1
ORL A, #data	A←A∨data	44H	2	1
ORL direct, A	direct←(direct)∨A	42H	2	1
ORL direct, #data	direct←(direct)∨data	43H	3	2
XRL A, Rn	A←A⊕Rn	68H～6FH	1	1
XRL A, direct	A←A⊕(direct)	65H	2	1
XRL A, @Ri	A←A⊕(Ri)	66H,67H	1	1
XRL A, #data	A←A⊕data	64H	2	1
XRL direct, A	direct←(direct)⊕A	62H	2	1
XRL direct, #data	direct←(direct)⊕data	63H	3	2
CLR A	A←0	E4H	1	1
CPL A	A←$\overline{A}$	F4H	1	1
RL A	A7←A0	23H	1	1
RLC A	C ← A7←A0	33H	1	1
RR A	A7→A0	03H	1	1
RRC A	C → A7→A0	13H	1	1
SWAP A	A7～A4 A3～A4	C4H	1	1

控制转移指令				
助记符	指令功能	操作码	字节数	周期数
ACALL addr11	PC←PC+1 SP←SP+1,(SP)←PCL SP←SP+1,(SP)←PCH PC10～PC0←addr11	&1(2)	2	2
LCALL addr16	PC←PC+3 SP←SP+1,(SP)←PCL SP←SP+1,(SP)←PCH PC15～PC0←addr16	12H	3	2
RET	PCH←(SP),SP←SP−1 PCL←(SP),SP←SP−1	22H	1	2

续表

控制转移指令				
助 记 符	指 令 功 能	操作码	字节数	周期数
RETI	PCH←(SP),SP←SP－1 PCL←(SP),SP←SP－1	32H	1	2
AJMP addr11	PC10～PC0←addr11	&0(1)	2	2
LJMP addr16	PC15～PC0←addr16	02H	3	2
SJMP rel	PC←PC＋2＋rel	80H	2	2
JMP @A＋DPTR	PC←PC＋DPTR	73H	1	2
JZ rel	若 A＝0,PC←PC＋2＋rel 若 A≠0,PC←PC＋2	60H	2	2
JNZ rel	若 A≠0,PC←PC＋2＋rel 若 A＝0,PC←PC＋2	70H	2	2
CJNE A, direct, rel	若 A≠(direct)，PC←PC＋3＋rel 若 A＝(direct)，PC←PC＋3 若 A≥(direct)，则 CY←0；否则，CY←1	B5H	3	2
CJNE A, #data, rel	若 A≠data，PC←PC＋3＋rel 若 A＝data，PC←PC＋3 若 A≥data，则 CY←0；否则，CY←1	B4H	3	2
CJNE Rn, #data, rel	若 Rn≠data，PC←PC＋3＋rel 若 Rn＝data，PC←PC＋3 若 Rn≥data，则 CY←0；否则，CY←1	B8H～BFH	3	2
CJNE @Ri, #data, rel	若(Ri)≠data，PC←PC＋3＋rel 若(Ri)＝data，PC←PC＋3 若(Ri)≥data，则 CY←0；否则，CY←1	B6H,B7H	3	2
DJNZ Rn, rel	若 Rn－1≠0，则 PC←PC＋2＋rel 若 Rn－1＝0，则 PC←PC＋2	D8H～DH	2	2
DJNZ direct, rel	若(direct)－1≠0，则 PC←PC＋2＋rel 若(direct)－1＝0，则 PC←PC＋2	D5H	3	2
NOP	PC←PC＋1	00H	1	1
位操作指令				
助 记 符	指 令 功 能	操作码	字节数	周期数
MOV C, bit	C←bit	A2H	2	1
MOV bit, C	bit←C	92H	2	2
CLR C	CY←0	C3H	1	1
CLR bit	bit←0	C2H	2	1
SETB C	CY←1	D3H	1	1
SETB bit	bit←1	D2H	2	1
CPL C	C← $\overline{C}$	B3H	1	1
CPL bit	(bit)← $\overline{bit}$	B2H	2	1
ANL C, bit	C∧(bit)→C	82H	2	2
ANL C, /bit	C∧($\overline{bit}$)→C	B0H	2	2
ORL C, bit	C∨(bit)→C	72H	2	2

续表

位操作指令				
助　记　符	指　令　功　能	操作码	字节数	周期数
ORL　C, /bit	$C \vee (\overline{bit}) \rightarrow C$	A0H	2	2
JC　rel	若C≠1，则PC←PC+2+rel 若C=0，则PC←PC+2	40H	2	2
JNC　rel	若C≠0，则PC←PC+2+rel 若C=1，则PC←PC+2	50H	2	2
JB　bit, rel	若bit=1，则PC←PC+3+rel 若bit=0，则PC←PC+3	20H	3	2
JNB　bit, rel	若bit=0，则PC←PC+3+rel 若bit=1，则PC←PC+3	30H	3	2
JBC　rel	若bit=1，则PC←PC+3+rel，且(bit)←0 若bit=0，则PC←PC+3	10H	3	2

参 考 文 献

[1] 张志良．单片机原理与控制技术［M］．2版．北京：机械工业出版社，2006.
[2] 吴金成，沈庆阳，郭庭吉．8051单片机实践与应用［M］．北京：清华大学出版社，2002.
[3] 李丹明．单片机原理与应用［M］．南京：南京大学出版社，2007.
[4] 邹振春．MCS-51系列单片机原理及接口技术［M］．2版．北京：机械工业出版社，2006.
[5] 胡汉才．单片机原理及其接口技术［M］．2版．北京：清华大学出版社，2004.
[6] 李全利．单片机原理及应用技术［M］．2版．北京：高等教育出版社，2004.
[7] 周志光，刘定良，等．单片机技术与应用［M］．长沙：中南大学出版社，2004.

专业技术人才知识更新工程（“653 工程”）简介

为贯彻落实《中共中央、国务院关于进一步加强人才工作的决定》，进一步加强专业技术人才队伍建设，国家人力资源和社会保障部于 2005 年 9 月 27 日印发了《专业技术人才知识更新工程（“653 工程”）实施方案》（国人部发［2005］73 号），《方案》指出：从 2005 年开始到 2010 年 6 年间，国家将在现代农业、现代制造、信息技术、能源技术、现代管理等 5 个领域，重点培训 300 万名紧跟科技发展前沿、创新能力强的中高级专业技术人才。

专业技术人才知识更新工程（“653 工程”）作为高素质人才队伍建设的重点项目被列入《中国国民经济和社会发展第十一个五年规划纲要》。

信息技术领域“653 工程”介绍

工业和信息化部为配合实施开展信息技术领域的“653 工程”，于 2006 年 1 月 19 日联合人力资源和社会保障部下发了《信息专业技术人才知识更新工程（“653 工程”）实施办法》（国人厅发［2006］8 号），《办法》指出：根据我国信息技术发展和信息专业技术人才队伍建设的实际需要，从 2006 年至 2010 年，在我国信息技术领域开展大规模的专业技术人员继续教育活动，每年开展专业技术人才知识更新培训 12 万人次左右，6 年内共培训信息技术领域各类中高级创新型、复合型、实用型人才 70 万人次左右。

信息技术领域的“653 工程”由人力资源和社会保障部、工业和信息化部共同组织实施，工业和信息化部具体负责。成立“全国信息专业技术人才知识更新工程办公室”，负责领导小组和专家指导委员会及“653 工程”的各项日常工作，办公室设立在信息产业部电子人才交流中心，承担具体工作。

全国计算机专业人才考试

“全国计算机专业人才考试”是国家信息产业部电子人才交流中心推出的国家级计算机人才评定体系，是信息技术领域“653 工程”示范性项目。该体系以计算机技术在各行业、各岗位的广泛应用为基础，对从事或即将从事信息技术工作的专业人才进行综合评价，通过科学、完善的测评体系，准确考量专业人才的技术水平和从事计算机工作所需的逻辑思维及协作能力，提高其整体素质和创新能力。

“全国计算机专业人才考试”采用全国统一大纲、统一命题、统一组织的考试方式，考试合格者获得由信息产业部电子人才交流中心颁发的《全国计算机专业人才证书》。该证书是计算机从业人员胜任相关工作的岗位能力证明，各单位可将证书作为专业技术人员职业能力考核、岗位聘用、任职、定级和晋升职务的重要依据。同时，证书持有人相关信息将被直接纳入工业和信息化部人才网。

中国 IT 人才网

中国 IT 人才网（www.ittalent.com.cn）是信息产业部电子人才交流中心主办的国内最大的 IT 人才服务综合平台，也是工业和信息化部直属 IT 人才库，为广大 IT 人才和企业提供一站式人才服务，具备以下鲜明的特点：

专业：集中于信息技术和工程领域，包含计算机软硬件、网络通信、电子电气等专业。

权威：由信息产业部电子人才交流中心主办，承担工业和信息化部 IT 人才库的功能，拥有海量的企业资源和 IT 人才信息。

系统：覆盖了人才服务的整个产业链，全面系统地整合了人才培养、人才评测、人才交流等环节的资源和功能，具备强大的 IT 人才网络体系。

每天有十万会员企业在中国 IT 人才网提供上百万的 IT 职位，搜索、招聘优秀的 IT 人才。针对个人用户，中国 IT 人才网提供详尽的简历库，专业、权威的职业测评报告和应聘进展动态报告，帮助求职者准确了解自己，即时知晓应聘过程。同时，网站还致力于打造一个终身教育培训的平台，通过线上线下配套的教育服务，提高 IT 职场人士的求职竞争力。

你获得的服务

本系列教材作为“653 工程”指定教材，严格按照《信息专业技术人才知识更新工程（“653 工程”）实施办法》的要求，以培养符合社会需求的信息专业技术人才为目标，力求培养创新型、复合型、实用型人才。为了更好地检验学生的专业技能，本系列教材编委会在编写教材的同时，还研发了一套既紧扣教材又贴近实际应用的考试，所有学习本系列教材的学员均可参加相应科目的考试，考试合格者将获得由信息产业部电子人才交流中心颁发的“全国计算机专业人才”证书，作为所掌握职业能力的权威证明，以及岗位聘用、任职、定级和晋升职务的重要依据。

同时，将为获得“全国计算机专业人才”证书的学员发放登录中国 IT 人才网的账号及密码，可以参加职场素质测评并获得职场素质测评报告。本测试基于“天生我材必有用”的理念，将通过职场天赋、职场潜能、职场惯性、职场经验等 4 个评价元素，让你全面了解自己的分析力、个性特质、职位素质、组织角色行为，帮助你发现和确定自己的职业兴趣和能力特长。

官方网站：http://www.miitec.org.cn/zyks/

咨询电话：010-68208669/72/62